普通高等教育"十三五"规划教材

房屋建筑学

（第2版）

主　编　李晓玲　张艳萍

副主编　胡文利　贾安强　付云松

中国水利水电出版社

www.waterpub.com.cn

·北京·

内 容 提 要

本书是普通高等教育"十三五"规划教材之一,根据房屋建筑方面国家的最新规范、规程和标准等进行编写。本书主要讲述了民用与工业建筑设计原理与构造方法的相关内容。全书共分15章,包括民用建筑设计概论,建筑平面设计,建筑剖面设计,建筑体型及立面设计,民用建筑构造概论,墙体,基础及地下室,楼地层及阳台、雨篷,建筑装饰,楼梯及其他垂直交通设施,屋顶,门和窗,建筑保温、隔热及节能,变形缝,工业建筑设计概论等。

为了使学生能够综合运用所学的专业理论知识,解决实际工程问题,本书附有章节复习思考题,阶段设计练习,课程设计任务书,附录中配有某公司宿舍楼建筑施工图的全套图。

本书既可作为高等院校土木工程专业或土木类其他相关专业的教学用书,也可作为从事建筑设计、房地产开发、建筑施工的技术人员及管理人员的参考用书。

图书在版编目(CIP)数据

房屋建筑学 / 李晓玲,张艳萍主编. -- 2版. -- 北京:中国水利水电出版社,2018.8(2021.2重印)
普通高等教育"十三五"规划教材
ISBN 978-7-5170-6824-2

Ⅰ. ①房… Ⅱ. ①李… ②张… Ⅲ. ①房屋建筑学—高等学校—教材 Ⅳ. ①TU22

中国版本图书馆CIP数据核字(2018)第209993号

书　　名	普通高等教育"十三五"规划教材 **房屋建筑学 (第 2 版)** FANGWU JIANZHU XUE
作　　者	主　编　李晓玲　张艳萍 副主编　胡文利　贾安强　付云松
出版发行	中国水利水电出版社 (北京市海淀区玉渊潭南路 1 号 D 座　100038) 网址:www.waterpub.com.cn E-mail:sales@waterpub.com.cn 电话:(010)68367658(营销中心)
经　　售	北京科水图书销售中心(零售) 电话:(010)88383994、63202643、68545874 全国各地新华书店和相关出版物销售网点
排　　版	中国水利水电出版社微机排版中心
印　　刷	北京瑞斯通印务发展有限公司
规　　格	184mm×260mm　16 开本　21.75 印张　539 千字　8 插页
版　　次	2009 年 2 月第 1 版第 1 次印刷 2018 年 8 月第 2 版　2021 年 2 月第 2 次印刷
印　　数	3001—6000 册
定　　价	**56.00 元**

《房屋建筑学》（第 2 版）

编写人员名单

主　编　李晓玲　张艳萍

副主编　胡文利　贾安强　付云松

参　编　毛　谨　董　萍　王光环　田金欢

　　　　李　涛　唐春娜

第 2 版前言

本书自 2009 年出版以来，经有关院校近 10 年来的教学使用，反映较好。近年来，随着建筑设计和构造技术的不断发展和进步，国家的相关规范、规程和标准也相应作了调整，同时，随着高等教育教学改革的持续深化和发展，各院校在教材使用过程中也提出一些建议，针对这些调整和建议，我们对本教材进行了全面修订。

此次修订的主要特点如下。

（1）保留了第 1 版教材的基本架构及通俗易懂、图文并茂的特点，根据非建筑学专业学生对建筑知识的需求，重点介绍了民用建筑设计原理与构造，而对工业建筑仅作了一般介绍。

（2）依据国家最新的建筑规范、规程和相关标准对教材的内容进行了调整，使得教学内容更贴近实际应用。

（3）增加了新材料、新技术、新工艺、新构造及建筑节能的内容，将建筑装饰、建筑保温、建筑隔热从相应的章节中提取出来，单独组成章节。

（4）更加注重"实用"性，突出强调实践内容的重要性，引用大量新的建筑工程实例。通过"复习思考题""阶段设计练习""课程设计指导书""课程设计任务书"等对理论知识进行实践训练。附录中配有某公司宿舍楼全套建筑施工图，便于学生课后复习、讨论及自学。

（5）更加注重与专业前导及后续课程的内容衔接。

本书由甘肃农业大学李晓玲、云南农业大学张艳萍任主编，内蒙古农业大学胡文利、河北农业大学贾安强、云南农业大学付云松任副主编。编写成员及编写的具体分工为：前言、第 3 章由甘肃农业大学李晓玲编写；第 1 章、第 5 章由云南农业大学付云松编写；第 2 章、第 6 章、第 15 章由云南农业大学张艳萍编写；第 4 章由云南农业大学毛谨编写；第 7 章、第 12 章由河北农业大学贾安强编写；第 8 章、第 14 章由内蒙古农业大学胡文利编写；第 9 章由云南农业大学董萍编写；第 10 章由李晓玲、胡文利共同编写；第 11 章由河西学院王光环编写；第 13 章由云南师范大学商学院田金欢、中国矿业大学银川学院李涛共同编写；附录Ⅰ由李晓玲、付云松共同编写；附录Ⅱ由成都基准方中建筑设计有限公司唐春娜、甘肃农业大学李晓玲共同编写。全书由李晓玲、张艳萍统稿、定稿，重印时李晓玲、张艳萍、唐春娜、胡文利做了修订。

本书在编写过程中参考并借鉴了一些国内学者编写的著作及同类教材，书中引用插图多为编者近年来收集的教学图片，部分图片来源于网络，在此特向有关作者表示诚挚的谢意。

由于编者水平所限，书中难免存在不足之处，恳请读者批评指正。

编　者

2020 年 12 月

第 1 版前言

　　本书是普通高等教育"十一五"精品规划教材之一，为适应普通高等院校培养应用型人才而编写。本书重点介绍民用建筑设计原理及构造，工业建筑仅作一般介绍。本书结合现行国家规范、标准，对民用建筑设计与构造的基本原理和方法进行了较为全面、系统的阐述，让学生了解相关建筑法规、规范的基本知识，掌握民用建筑设计与构造的基本原理和方法。在内容上精心组合，突出新材料和新技术的运用，语言简练，图文并茂，并精选了大量的建筑工程实例。

　　"房屋建筑学"是一门综合性、实践性很强的课程，既要运用现代多媒体教学手段，增强学生感性认识，更好地掌握理论知识，又必须加强实习、参观等实践性教学环节，认真完成各项作业，通过必要的课程设计，帮助学生系统地掌握所学知识，培养学生的综合应用能力。本书注重加强实践性教学内容，全书明确了三个课后作业，并附有住宅建筑设计的实例，每章后面有小结、复习思考题，便于学生课后复习、讨论及自学。

　　本书由云南农业大学付云松、甘肃农业大学李晓玲任主编，内蒙古农业大学胡文利、宁夏大学尹宁任副主编。编写成员及编写的具体分工为：河北农业大学赵晶编写第一章第一～第四节；云南农业大学张艳萍编写第二章；甘肃农业大学李晓玲编写第三章、第十一章；云南农业大学毛谨编写第四章；云南农业大学胡文才编写第五章；云南农业大学付云松和甘肃农业大学李晓玲共同编写第六章、第七章及第一章的第五节；宁夏大学尹宁编写第八章；内蒙古农业大学胡文利编写第九章、第十五章；云南农业大学董萍编写第十章；云南农业大学王燕波编写第十二章；河北农业大学贾安强编写第十三章；河北农业大学郝永刚编写第十四章；付云松编写第十六章及附录。本书由付云松、李晓玲最后统稿、定稿。

　　在编写过程中参考借鉴了一些国内外相关书籍，在此特向有关作者致谢。

　　由于编者水平所限，书中难免存在错误和不足，敬请读者批评指正。

作　者

2008 年 11 月

目 录

第1章　民用建筑设计概论

本章导读

　　本章基本要求：了解建筑设计的要求和依据；掌握建筑设计的内容和程序；掌握民用建筑的分类与分级；熟练掌握建筑模数协调；掌握民用建筑防火设计相关内容。

　　本章重点、难点：重点，建筑的分类与分级；建筑的基本模数、导出模数及其应用；建筑防火设计。难点，建筑防火设计的相关规定。

　　建筑在人类社会发展的很早阶段就出现了，建造房屋也是人类最早的生产活动之一。

　　人类在最初对建筑的要求就是能防止野兽的袭击、挡风避雨。原始人类最早栖身于洞穴，之后出现了早期的建筑形式——穴居和巢居，如图 1.1 所示。《韩非子·五蠹》中有记载："上古之世，人民少而禽兽众。人民不胜禽兽虫蛇，有圣人作，构木为巢，以避群害。"后来随着农业的发展，人类开始定居，以土石草木等天然材料建造简易房屋。这是人类最早的，把自然环境改造成为适合于人类居住的人工环境的所谓建筑活动。之后随着社会生产力的不断发展，人们对建筑物的要求日益多样和复杂化，于是发展形成了多种多样的建筑形式，而建筑的发展同样也反映了时代的变化和发展。

　　　　（a）穴居　　　　　　　　　　　　　（b）巢居

图 1.1　原始的穴居和巢居

　　建筑是能够满足社会需要，并在一定的物质技术条件下，在科学规律美学法则的制约下，通过对空间的组织和限定，形成的人为社会生活环境。建筑是人为创造的，供人们生活和活动的空间。

　　建筑设计通常包含两方面的内容，一般主要是指对建筑空间的研究以及对构成建筑空间的建筑物实体的研究。

1.1　民用建筑的分类与分级

随着社会的不断发展、建筑技术水平的不断提高，建筑的形象发生了巨大的变化，建筑物的类型日益增多。

1.1.1　建筑物的分类

1.1.1.1　按使用性质分类

建筑根据其使用性质，通常分为生产性建筑和非生产性建筑两大类。

生产性建筑根据其生产内容的不同一般可划分为工业建筑和农业建筑两大类。工业建筑指供人们从事各类工业生产的房屋，包括生产用房屋及辅助用房屋，例如厂房、车间、成品仓库等。农业建筑指供人们从事农牧业的种植、养殖、畜牧、储存等用途的房屋，如温室、畜禽饲养场等。

非生产性建筑可统称为民用建筑，主要指供人们居住、生活、工作和从事文化、商业、医疗、交通等公共活动的房屋。本书的学习内容主要针对的是民用建筑。

民用建筑按照其使用功能，又可分为居住建筑和公共建筑两大类。

居住建筑主要是供家庭、集体生活起居用的建筑物，包括各种类型的住宅、公寓和宿舍等。

公共建筑主要是指人们进行各种政治、文化、福利服务等社会活动所用的建筑物。公共建筑所覆盖的面较广，按其功能特征，大致包括以下方面。

（1）生活服务性建筑：食堂、菜场、浴室等。

（2）行政办公建筑：机关、企事业单位的办公楼等。

（3）文教建筑：各类学校、图书馆、文化宫等。

（4）托幼建筑：托儿所、幼儿园等。

（5）科研建筑：研究所、科学实验楼等。

（6）医疗建筑：医院、诊所、疗养院等。

（7）商业建筑：商场、商店等。

（8）观演建筑：电影院、音乐厅、剧院等。

（9）展览建筑：展览馆、博物馆等。

（10）体育建筑：各种类型体育竞技场馆、健身房、游泳池等。

（11）交通建筑：各类空港码头、火车站、地铁站、汽车站等。

（12）通信广播建筑：电信楼、电视台等。

（13）旅馆建筑：各类旅馆、宾馆、招待所等。

（14）园林建筑：公园、动植物园、各类城市绿化小品等。

（15）纪念性建筑：纪念堂、纪念碑、陵园等。

（16）宗教建筑：寺庙、教堂等。

1.1.1.2　按建筑规模大小分类

建筑根据其规模大小可分为大量性建筑和大型性建筑两类。

（1）大量性建筑。大量性建筑指单体建筑规模不大，但量大、面广的建筑，如住宅、学校、商场、医院等。

（2）大型性建筑。大型性建筑指规模宏大、耗资多、影响较大的建筑，如大型火车站、航空楼、大型体育馆、大型剧院等。这类建筑往往在一个国家或一个地区具有一定的代表性，对城市面貌的影响也比较大。

1.1.1.3　按地上建筑高度与层数分类

（1）低层或多层民用建筑。建筑高度不大于 27.0m 的住宅建筑、建筑高度不大于24.0m 的公共建筑及建筑高度大于 24.0m 的单层公共建筑为低层或多层民用建筑。

（2）高层民用建筑。建筑高度大于 27.0m 的住宅建筑和建筑高度大于 24.0m 的非单层公共建筑，且高度不大于 100.0m 的，为高层民用建筑。

（3）超高层建筑。建筑高度大于 100.0m 为超高层建筑。

建筑防火设计应符合现行国家标准《建筑设计防火规范》（GB 50016—2014）（2018年版）有关建筑高度和层数计算的规定。

1.1.1.4　按主要承重结构材料分类

（1）生土-木结构建筑。生土-木结构建筑是指以土坯、版筑（干打垒）等生土墙和木屋架作为主要承重结构的建筑。

（2）砖木结构建筑。砖木结构建筑是指用砖石和木材建造并由砖石和木骨架共同承重的建筑物，其结构构造可以由木结构（梁和柱）承重，砖石砌筑成围护墙。也可以是采用砖墙、砖柱承重的木屋架结构。

（3）砖混结构建筑。砖混结构建筑是指主要由砖、石和钢筋混凝土等作为承重材料的建筑物。其构造是砖墙、砖柱为竖向构件来承受竖向荷载，钢筋混凝土做楼板、大梁、过梁、屋架等横向构件，搁置在墙、柱上，承受并传递上部传下来的荷载。

（4）钢筋混凝土结构建筑。钢筋混凝土结构建筑是指房屋的主要承重结构如柱、梁、板、楼梯、屋盖用钢筋混凝土制作，墙用砖或其他材料填充的建筑物。此种结构的适应性强、抗震性能好、整体性好、耐用年限较长，并具有防火、可塑性强等优点。

（5）钢结构建筑。钢结构建筑是指由钢材作为承重结构的建筑物。钢结构力学性能好，便于制作和安装，结构自重轻，多用于超高层建筑和有大跨度要求的建筑物，如体育馆、影剧院、大跨度的工业厂房等。

1.1.1.5　按建筑结构承重方式分类

（1）墙体承重结构建筑。用墙体来承受由屋顶、楼板传来的全部荷载的建筑，称为墙体承重结构建筑。土木结构、砖木结构和砖混结构建筑都属于这一类。

（2）框架承重结构建筑。用柱、梁组成的框架来承受楼板及屋顶传来的全部荷载，称为框架承重结构建筑。实际是由柱、梁等构件做成建筑的骨架，一般采用钢筋混凝土结构或钢结构组成框架，用于大跨度的建筑和高层建筑。墙只起围护作用，为非承重墙。我国传统的木构架承重体系以及采用木柱和木屋架组成的承重体系，也属于框架承重建筑。

（3）内框架承重结构建筑。当建筑物的内部用柱、梁组成框架承重，四周用外墙承重时，称为内框架承重结构或半框架承重结构建筑。该体系多用于需要较大空间但可设柱的建筑。

（4）空间承重结构建筑。用空间构架或结构承受荷载的建筑，称为空间承重结构建筑，如网架、薄壳、悬索结构建筑。多适用于大跨度的大型公共建筑，如体育馆、游泳馆、影剧场等。

1.1.2　建筑物的分级

由于建筑自身对质量的标准要求不同，通常按建筑物的耐久年限和耐火程度进行分级。

1.1.2.1　按建筑物的耐久年限分级

建筑物的耐久年限通常指房屋能按其设计功能正常使用的年限，主要是依据建筑物的重要性和规模大小来划分，可作为基本建设投资、建筑设计和材料选择的重要依据。

根据《民用建筑设计统一标准》（GB 50352—2019）的规定，民用建筑的设计使用年限应符合表 1.1 的规定。

表 1.1　　　　　　　　　　　　　民用建筑设计使用年限分类

类别	设计使用年限/年	示　　例
1	5	临时性建筑
2	25	易于替换结构构件的建筑
3	50	普通建筑和构筑物
4	100	纪念性建筑和特别重要的建筑

1.1.2.2　按建筑物耐火等级分级

为了保证建筑物的安全，必须采取必要的防火措施，建筑物所具有的耐火性通常用耐火等级来表示。建筑物的耐火等级是由组成建筑物的墙、柱、梁、楼板等主要构件的燃烧性能和耐火极限决定的。《建筑设计防火规范》（GB 50016—2014）（2018 年版）将民用建筑耐火等级分为一、二、三、四级，一级最高，四级最低。对其燃烧性能也有具体要求，根据《建筑设计防火规范》（GB 50016—2014）（2018 年版）规定各级建筑物及其构件的燃烧性能和耐火极限不应低于表 1.2 的规定。

1. 耐火极限

耐火极限是指在标准耐火实验条件下，建筑构件、配件或结构从受到火的作用时起，至失去承载能力、完整性被破坏或失去隔火作用时止所用时间，用小时（h）表示。具体判定条件如下。

（1）失去支持能力。非承重构件失去支持能力表现为自身解体或垮塌；梁、板等受弯承重构件，挠曲率发生突变，为失去支持能力的情况。

（2）完整性。楼板、隔墙等具有分隔作用的构件，在试验中，当出现穿透裂缝或穿火的孔隙时，表明试件的完整性被破坏。

（3）隔火作用。具有防火分隔作用的构件，在试验中，背火面测点测得的平均温度上升到 140℃（不包括背火面的起始温度），或背火面测温点任一测点的温度达到 220℃时，则表明试件失去隔火作用。

表 1.2　　　　　**不同耐火等级建筑相应构件的燃烧性能和耐火极限**

构件名称		耐火等级			
燃烧性能和耐火极限/h		一级	二级	三级	四级
墙	防火墙	不燃性 3.00	不燃性 3.00	不燃性 3.00	不燃性 3.00
	承重墙	不燃性 3.00	不燃性 2.50	不燃性 2.00	难燃性 0.50
	非承重外墙	不燃性 1.00	不燃性 1.00	不燃性 0.50	可燃性
	楼梯间和前室的墙、电梯井的墙、住宅建筑单元之间的墙和分户墙	不燃性 2.00	不燃性 2.00	不燃性 1.50	难燃性 0.50
	疏散走道两侧的隔墙	不燃性 1.00	不燃性 1.00	不燃性 0.50	难燃性 0.25
	房间隔墙	不燃性 0.75	不燃性 0.50	难燃性 0.50	难燃性 0.25
柱		不燃性 3.00	不燃性 2.50	不燃性 2.00	难燃性 0.50
梁		不燃性 2.00	不燃性 1.50	不燃性 1.00	难燃性 0.50
楼板		不燃性 1.50	不燃性 1.00	不燃性 0.50	可燃性
屋顶承重构件		不燃性 1.50	不燃性 1.00	可燃性 0.50	可燃性
疏散楼梯		不燃性 1.50	不燃性 1.00	不燃性 0.50	可燃性
吊顶（包括吊顶搁栅）		不燃性 0.25	难燃性 0.25	难燃性 0.15	可燃性

来源：《建筑设计防火规范》（GB 50016—2014）（2018 年版）。

2. 构件的燃烧性能

按建筑构件在空气中遇火时的不同反应将燃烧性能分为 3 类。

（1）不燃性。用非燃烧材料制成的构件在空气中受到火烧或高温作用时，具有不起火、不碳化、不微燃的特性，此特性称为不燃性。如砖石材料、混凝土、毛石混凝土、加气混凝土、钢筋混凝土、金属材料等都具有不燃性。

（2）难燃性。用难燃烧材料制成的构件，或用燃烧材料做成，而用非燃烧材料做保护层的构件，在空气中受到火烧或高温作用时具有难燃烧、难碳化，离开火源后燃烧或微燃立即停止的特性，此特性称为难燃性。如木吊顶搁栅下吊钢丝网抹灰、吊石棉水泥板、石膏板、沥青混凝土构件等都具有难燃性。

（3）可燃性。用燃烧材料制成的构件具有在空气中受到火烧或高温作用时立即起火或燃烧，离开火源继续燃烧或微燃的特点，此特性称为可燃性。如木材、胶合板、纤维板等都具有可燃性。

1.2 建筑模数协调标准

1.2.1 建筑模数和模数制

建筑模数和模数制作为建筑物空间单元、结构系统、建筑构配件和设备等尺寸相互统一协调的基础和规则，使不同材料、不同形状和不同制造方法的建筑构配件、组合件具有较大的通用性和互换性，可以加快建设速度，提高施工质量和效率，降低建筑造价。

模数协调应实现以下目标。

(1) 实现建筑的设计、制造、施工安装等活动的互相协调。

(2) 能对建筑各部位尺寸进行分割，并确定各部件的尺寸和边界条件。

(3) 优选某种类型的标准化方式，使得标准化部件的种类最优。

(4) 有利于部件的互换性。

(5) 有利于建筑部件的定位和安装，协调建筑部件与功能空间之间的尺寸关系。

1.2.2 基本模数和导出模数

1.2.2.1 基本模数

根据国家制定的《建筑模数协调标准》（GB/T 50002—2013）的规定，模数是选定的尺寸单位，作为尺度协调中的增值单位。我国采用的建筑基本模数的数值规定为100mm，用 M 表示，即 1M＝100mm。建筑物和建筑物部件以及建筑组合件的模数化尺寸，应是基本模数的倍数。目前世界上绝大部分国家均采用100mm为基本模数值。

1.2.2.2 导出模数

导出模数分为扩大模数和分模数，其基数应符合下列规定。

(1) 扩大模数。扩大模数是指基本模数的整数倍数。水平扩大模数的基数为 3M、6M、12M、15M、30M、60M 共 6 个，其相应的尺寸分别为 300mm、600mm、1200mm、1500mm、3000mm、6000mm，并作为建筑参数。竖向扩大模数的基数为 3M、6M 两个，其相应的尺寸为 300mm、600mm，并作为建筑参数。

(2) 分模数。分模数是指基本模数的分数值，一般为整数分数。分模数的基数为1/10M、1/5M、1/2M 共 3 个，其相应的尺寸分别为 10mm、20mm、50mm。

1.2.2.3 模数数列

模数数列是以基本模数、扩大模数、分模数为基础，扩展成的一系列尺寸，见表 1.3。

水平基本模数数列：幅度为 (1～20)M，主要用于门窗洞口和构配件断面尺寸。

竖向基本模数数列：幅度为 (1～36)M，主要用于建筑物的层高、门窗洞口、构配件等尺寸。

水平扩大模数数列：幅度 3M 为 (3～75)M；6M 为 (6～96)M；12M 为 (12～120)M；15M 为 (15～120)M；30M 为 (30～360)M；60M 为 (60～360)M，必要时幅度不限，主要用于建筑物的开间或柱距、进深或跨度、构配件尺寸和门窗洞口尺寸。

表 1.3 模 数 数 列 单位：mm

基本模数	扩 大 模 数						分 模 数		
1M	3M	6M	12M	15M	30M	60M	$\frac{1}{10}$M	$\frac{1}{5}$M	$\frac{1}{2}$M
100	300	600	1200	1500	3000		10	20	50
100	300						10		
200	600	600					20	20	
300	900						30		
400	1200	1200	1200				40	40	
500	1500			1500			50		50
600	1800	1800					60	60	
700	2100						70		
800	2400	2400	2400				80	80	
900	2700						90		
1000	3000	3000		3000	3000	3000	100	100	100
1100	3300						110		
1200	3600	3600	3600				120	120	
1300	3900						130		
1400	4200	4200					140	140	
1500	4500			4500			150		150
1600	4800	4800	4800				160	160	
1700	5100						170		
1800	5400	5400					180	180	
1900	5700						190		
2000	6000	6000	6000	6000	6000	6000	200	200	200
2100	6300							220	
2200	6600	6600						240	
2300	6900								250
2400	7200	7200	7200					260	
2500	7500			7500				280	
2600		7800						300	300
2700		8400	8400					320	
2800		9000		9000	9000			340	
2900		9600	9600						350
3000				10500				360	
3100			10800					380	
3200			12000	12000	12000	12000		400	400

续表

基本模数	扩大模数						分模数		
1M	3M	6M	12M	15M	30M	60M	$\frac{1}{10}$M	$\frac{1}{5}$M	$\frac{1}{2}$M
3300					15000				450
3400					18000	18000			500
3500					21000				550
3600					24000	24000			600
					27000				650
					30000	30000			700
					33000				750
					36000	36000			800
									850
									900
									950
									1000

竖向扩大模数数列：幅度不受限制，主要用于建筑物的高度、层高、门窗洞口尺寸。

分模数数列：幅度 1/10M 为（1/10～2)M；1/5M 为（1/5～4)M；1/2M 为（1/2～10)M，主要用于缝隙、构造节点、构配件断面尺寸。

1.3　建筑设计的内容和程序

通常房屋建筑从立项到最终建成使用，一般可分为可行性研究、编制计划任务书、考察基地、设计、施工、交付使用及使用后的回访总结等阶段。建造房屋是一个复杂的物质生产过程，需要多方面、多部门的配合，因此，在施工之前必须对房屋的建造做出通盘的研究，制订出一个合理的方案，编制出一套完整的施工图纸文件，为施工提供依据。一个建筑项目的完成从立项至竣工并交付使用所经历的阶段如图 1.2 所示。

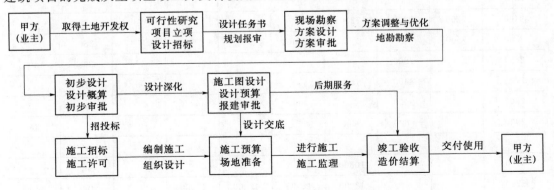

图 1.2　建筑项目基本建设程序示意图

1.3.1 建筑设计的内容

1.3.1.1 建筑设计

狭义的建筑设计是指建筑设计专业本身的设计工作。但广泛而言，建筑设计又称为建筑工程设计，它是指一个建筑物或一个建筑群的全部设计工作，包括建筑设计、结构设计和设备设计等方面的内容。

（1）建筑设计。一般由建筑师来完成，主要是根据建设单位提供的设计任务书，综合分析基地环境、建筑功能、建筑规模、结构施工、材料设备、建筑经济和建筑美观等因素，在满足总体规划的前提下提出建筑设计方案，并逐步深化完善，直到完成全部的建筑施工图设计。

（2）结构设计。由结构工程师在建筑设计的基础上合理选择结构方案，确定结构类型和布置，进行结构计算和构件设计，完成建筑工程的"骨架"设计，最后绘出全部的结构施工图设计。

（3）设备设计。由各相关专业的工程师根据建筑设计完成给排水、采暖通风、电气设备等专业的设计，确定其方案类型、设备选型并完成相应的施工图设计。

由于建筑设计是建筑功能、工程技术、建筑艺术的综合，因此，它必须综合考虑建筑、结构、设备等工种的要求，以及这些工种的相互联系和制约。在整个建筑工程设计中，建筑设计起着主导和"龙头"的作用。

除此之外，建筑设计还与城市建设、建筑施工、材料供应以及环境保护等部门有着密切的关系，所以，设计人员必须贯彻执行建筑方针和政策，正确掌握建筑标准及相应法规，重视调查研究的工作方法。

1.3.1.2 建筑设计基本内容

建筑设计包括建筑空间环境的组合设计和构造设计两部分内容。

1. 建筑空间环境的组合设计

建筑空间环境的组合设计主要是通过对建筑空间的限定、塑造和组合来满足建筑功能、技术、经济和美观等问题。

（1）建筑总平面设计。主要根据建筑物的性质和规模，结合基地条件和环境特点（地形、地势、道路、绿化、朝向、原有建筑、设计管网等），以此确定建筑物或建筑群的位置和布局结构；确定规划基地范围内的绿化、道路和出入口，以及布置其他的总体设施，使建筑总体满足使用要求和艺术要求。

（2）建筑平面设计。根据建筑物的性质和使用功能要求，结合自然条件、经济条件、技术条件（含材料、结构、设备、施工等）等，来确定房间的大小和形状，确定房间与房间之间以及室内与室外空间之间的分隔与联系方式和平面布局，使建筑物的平面组合满足建筑设计基本原则。

（3）建筑剖面设计。根据功能和使用方面对立体空间的要求，结合建筑结构和构造特点，确定房间各部分的高度和空间比例关系；考虑垂直方向空间的组合和利用；选择适当的剖面形式；进行垂直交通、采光和通风等方面的设计，使建筑物立体空间关系符合功能、技术、经济和艺术的要求。

（4）建筑立面设计。根据建筑物性质和内容，结合材料、结构、周边环境特点以及艺术表现要求，综合考虑建筑内部的空间形象、外部的形体组合、立面构图以及材料质感、色彩的处理等，使建筑物的形式与内容统一，创造良好的建筑艺术形象，满足人们的审美要求。

2. 建筑构造设计

建筑构造设计主要研究房屋建筑的各组合构件，确定材料和构造方式，以满足建筑要求。具体设计内容包括对基础、墙体、楼地面、楼梯、屋顶、门窗等构件详细的构造设计。

建筑总平面、平、立、剖面各部分设计是一个综合考虑的过程，由于创造的是一个三维空间，所以不能将设计相互割裂开来；而组合设计与构造设计，虽然两者设计具体内容有所差别，但是目标和要求都是一致的，都是为了创造适用、坚固、经济、美观的建筑物。

1.3.2　建筑设计的程序

为了保证设计质量，避免发生差错和返工，建筑设计必须根据逐步深入、循序渐进的原则，分阶段有步骤的进行。

1.3.2.1　建筑设计前的准备工作

1. 接受任务、核实设计任务的必要文件

必要文件包括主管部门批文；城建部门同意设计的批文及工程设计任务书。在核实了上述文件以后，设计单位方可接受委托，签订设计协议书。设计协议书一般由建设单位填写委托单，汇同上述批文，送交设计单位共同商议签订。

2. 熟悉设计任务书

明确建设项目的设计要求。设计任务书有以下内容。

（1）建设项目总的要求和建造目的的说明。

（2）建筑物的具体使用要求、建筑面积、装修标准以及各类用途房间之间的面积分配。

（3）建设项目的总投资和单方造价、土建费用、房屋设备费以及道路等室外设施费用。

（4）建设基地范围、大小，周围原有建筑、道路、地段环境的描述，并附有地形测量图。

（5）供电、供水和采暖、空调等设备方面的要求，并附有水源、电源接用许可文件；设计期限和项目建设进程要求。

设计人员应对照有关定额指标，校核任务书中单方造价、房间使用面积等内容，在设计过程中必须严格掌握建筑标准、用地范围、面积指标等有关限额。

3. 收集有关设计资料

房屋的设计和建造需要收集以下有关原始数据和设计资料。

（1）气象资料：包括项目所在地区的四季气温的变化、空气的相对湿度、冬季的冰冻深度和日照角度、四季的主导风向和风的强度、年平均雨雪量和最大雨雪量、基地周围特殊的小气候、地震烈度以及其他自然灾害等。

（2）基地地形及地质水文资料：包括基地地形、标高、土壤种类及承载力、地下水位以及地震烈度等。

（3）水电等设备管线资料：包括基地地下的给、排水、电缆等管线布置，以及基地上的架空线等供电线路情况。

（4）设计项目的国家有关定额指标：国家或所在省市地区有关设计项目的定额指标，如面积定额指标、用地定额指标、用材定额指标等。

4. 调查研究

调查研究不仅是设计工作的一个基本方法，也是做好设计的重要保证。

访问使用单位对建筑物的使用要求，调查同类建筑在使用中出现的情况。了解建筑物全面的使用情况和使用要求，特别要注重总结该建筑在目前使用中存在的优缺点等，以全面掌握所设计建筑物的特点和要求，使设计更加合理完善。

了解建筑材料供应和结构施工等技术条件。建筑材料、建筑构配件的来源和施工条件是建造房屋的重要条件，为使工程得以顺利进行并建造成功，需了解地方材料的种类、规格、价格，施工单位的技术力量、构件预制能力、起重运输设备条件等。

了解整体规划的意图和现场踏勘。根据城建部门划定的设计项目所在地的位置，对照地形测量图进行现场踏勘，深入了解现场的地形地貌，周围环境现状及历史沿革，核对已有资料与基地现状是否符合。

了解当地的习俗、文化传统、风土人情、传统建筑形式以及建筑上的习惯做法等，作为建筑设计的参考和借鉴，并以此作为设计思路出发点，创造出符合当地特点的建筑形象。

1.3.2.2 建筑设计阶段

设计过程按照工程复杂性、规模大小及审批要求，一般可以分为两阶段设计或三阶段设计。建筑设计各阶段由于任务要求不同，图纸表达的内容、深度和方式也有所不同。

三阶段设计是指包含方案设计、初步设计和施工图设计三个阶段的设计，一般大型民用建筑或技术复杂的项目采用三阶段设计。而对于不太复杂的工程，经有关主管部门同意，并且合同中有不做初步设计的约定，可在方案设计审批后直接进入施工图设计。

1. 方案设计阶段

方案设计阶段的主要任务是提出设计方案，即根据设计任务书的要求和收集到的必要基础资料，结合基地环境，综合考虑技术经济条件和建筑艺术的要求，对建筑总体布置、空间组合进行可能与合理的安排，提出两个或多个方案供建设单位选择。

方案设计阶段一般包括以下内容。

（1）设计总说明，说明设计指导思想及主要依据，设计意图及方案特点，建筑结构方案及构造特点，建筑材料及装修标准，主要技术经济指标以及结构、设备等系统。

（2）建筑总平面图，比例为1：500、1：1000，应表示用地范围，建筑物位置、大小、层数及设计标高，道路及绿化布置，技术经济指标；地形复杂时，应表示粗略的竖向设计意图。

（3）各层平面图、剖面图、立面图，比例为 1：100、1：200，应表示建筑物各主要控制尺寸，如总尺寸、开间、进深、层高等，同时应表示标高，门窗位置，室内固定设备及有特殊要求的厅、室的具体布置，立面处理，结构方案及材料选用等。

（4）工程概算书，说明建筑物投资估算、主要材料用量及单位消耗量。

（5）透视图、鸟瞰图或制作模型。

2. 初步设计阶段

初步设计是供主管部门审批而提供的文件，也是施工图设计的依据。初步设计的任务是在已确定方案的基础上，进一步修改和完善方案，使其综合成为较理想的方案，并绘制成初步设计图供主管部门审批。

初步设计阶段一般包括以下内容。

（1）设计说明书，说明设计方案的主要意图及优缺点、主要结构方案及构造特点、建筑材料及装修标准、主要技术经济指标等。

（2）建筑总平面图，比例为 1：500、1：1000，应表示用地范围、四周尺寸及标高，建筑物位置、大小、层数、朝向、设计标高，道路及绿化布置及经济技术指标；地形复杂时，应表示粗略的竖向设计意图。

（3）各层平面图及主要剖面图、立面图，常用的比例是 1：100、1：200，应标出建筑物的总尺寸、开间、进深、层高等各主要控制尺寸，同时要标出门窗位置，各层标高，部分室内家具和设备的布置、立面处理等。

（4）工程概算书，说明建筑物投资估算、主要材料用量及单位消耗量。

（5）大型民用建筑及其他重要工程，必要时可绘制透视图、鸟瞰图或制作模型。

3. 施工图设计阶段

施工图设计的主要任务是满足施工要求，即在初步设计的基础上，综合建筑、结构、设备等各种技术要求，使各工种相互配合、核实校对，解决各工种之间存在的矛盾，使图纸统一简明，精确无误；通过对尺寸地完善和调整，详尽准确地标出工程的全部尺寸、构造做法，以指导施工等。

一套完整的施工图是由建筑、结构、水、电、暖通等几个工种的图纸组成的，一般包括以下内容。

（1）图纸目录。

（2）总说明。

（3）建筑施工图。

1）建筑总平面图，常用比例为 1：500、1：1000、1：2000。图纸应详细标明基地上建筑物、道路、设施等所在位置的尺寸、标高，并附说明。

2）建筑各层平面图、各个立面图及必要的剖面图，常用比例 1：100、1：200。除表达初步设计内容以外，还应详细标出墙段、门窗洞口及一些细部尺寸、详细索引符号等。

3）建筑构造节点详图，根据需要可采用 1：1、1：2、1：5、1：20 等比例尺，主要包括檐口、墙身和各构件的连接点，楼梯、门窗以及各部分的装饰大样等。

4）各工种相应配套的施工图纸，如基础平面图和基础详图、楼板及屋顶平面图和详图、结构构造节点详图等结构施工图，给排水、电器照明以及暖气或空气调节等设备施工图。

5）建筑、结构及设备等的说明书。

6）结构及设备设计的计算书。

7）工程预算书。

1.4 建筑设计的要求和依据

1.4.1 建筑设计的要求

建筑设计除了必须满足相关的建筑标准、规范等要求之外，原则上还应符合以下要求。

（1）满足建筑功能要求。满足建筑物的功能要求，为人们的生产和生活活动创造符合使用要求的良好环境，是建筑设计的首要任务和最基本的要求。也就是说设计是为了给人们创造好的环境，因此要在设计过程中最大限度地体现对人的关怀，这也就成为建筑设计的基本出发点。

（2）采用合理的技术措施。根据建筑项目的特点，采用合理的技术措施，如正确的选用相关的建筑材料，选择适当的建筑结构体系，构造方式以及可行的施工方案，能为建筑物安全、有效地建造和使用提供基本的保证。

（3）具有良好的经济效果。建造房屋是一个复杂的物质生产过程，需要大量的人力、物力和资金，因此在设计和建造房屋时要有周密的计划和核算，重视经济领域的客观规律，讲究经济效果，尽量做到节省劳动力，节约建筑材料和资金。

（4）考虑建筑美观要求。建筑物是社会的物质和文化财富，它在满足使用功能的同时，还需要考虑人们对建筑物美观方面的要求，考虑建筑物所赋予人们在精神上的感受。历史上创造的具有时代特征和特色的各种建筑形象，往往成为一个国家、一个民族文化传统宝库中的瑰宝（图1.3）。所以建筑设计要努力创造具有时代精神的建筑空间组合与建筑形象，如图1.3所示。

（5）符合城市总体规划的要求。城市总体规划是城市在一定时期内各项建设发展的综合部署，是指导城市建设的蓝图。其内容包括：城市的性质、发展目标和规模，城市主要建设标准和定额指标，城市建设用地布局、功能分区和各项建设的总体部署等。

所有建筑物的建造都应该纳入所在地规划控制的范围。单体建筑是总体规划中的组成部分，单体建筑应符合总体规划提出的要求。

1.4.2 建筑设计的依据

1.4.2.1 内在因素

（1）满足人体尺度、人体生理和特定行为活动的需求。建筑是为人服务的，建筑空间必须满足人的活动需求，满足人体尺度，即满足人体及其活动所占的空间尺度，也满足家

（a）德国爱因斯坦天文台

（b）北京天坛

图 1.3　德国爱因斯坦天文台与北京天坛

具、设备及必要的近旁使用空间的尺度，参见图 2.5～图 2.7。因此，进行设计首先要了解人体尺度，这是确定建筑内部各种空间尺度的主要依据。

（2）满足心理需求。建筑不但要满足人类物质方面的需求，还要善于运用空间效果来使人们产生某种感受。人的行为是与人的心理特征分不开的，而建筑方面的心理需求一般包括：

1）基础心理需求。停留在感知和认知心理活动阶段的心理现象、需求都属于基础心理需求，例如建筑空间给人的开敞感、封闭感、舒适感、可识别性等。

2）高级心理需求，包括：领域性与人际距离；安全感与依托感；求新与求异心理；纪念性与陶冶心灵的需求等。

1.4.2.2　外在因素

1. 自然环境

建筑物处于自然界之中，自然条件对建筑物设计有着很大的影响，进行建筑设计时必须对自然条件有充分的了解。

（1）气候自然条件。建设地区的温度、湿度、雨雪、日照、风向、风速等是建筑设计的重要依据。气候条件对建筑物设计有较大影响，例如炎热地区的建筑物形式应处理的较为开敞通透，以便隔热、通风、遮阳；而寒冷地区的建筑物形式应较为封闭，以便保温防寒；年降雨雪量的大小决定着屋面形式和构造设计，干旱少雨地区屋顶平缓，多雨雪地区屋顶较陡，以加快泄水和减少屋顶积雪；而当地日照情况及主导风向等是确定建筑物间距和朝向时需充分考虑的因素。

（2）风是影响建筑物设计的重要因素之一。风荷载直接影响到建筑物的经济、安全和适用；风向和风速关系到建筑物的布局、自然通风效果；风速驱使大雨冲刷建筑物的外壁，对其产生风化侵蚀等影响。对于风的研究常以该地区的风向玫瑰图为依据，参见图 2.50。风向玫瑰图是进行城市规划、建筑设计的重要参考。

（3）水文条件。水文条件是指地下水的性质和地下水位的高低。它直接影响到建筑物的基础和地下室，一般根据地下水的性质决定基础是否做防腐处理。地下水位的高低，是决定基础埋深的因素之一，同时决定防潮与防水构造的措施。

（4）地形、地质、地震烈度。建筑基地地形的平缓或起伏，地质构成、土壤特性和地耐力的大小，对建筑物的平面组合、结构布置和建筑体形都有较大影响。地震烈度表示地面及房屋建筑遭受地震破坏的程度。一次地震的发生，在不同地区烈度的大小是不一样的，一般距离地震中心区越近，烈度越大，破坏也越大。我国和其他大多数国家一样把地震烈度划分为 12 度。在烈度为 6 度及以下地区，地震对建筑物的损害影响较小，9 度以上情况极少遇见，且由于地震过于强烈，即使采取重大抗震措施也难确保安全，加上从经济、消耗材料等多方面考虑，一般应尽可能避免在这些地区建设。因此，房屋建筑抗震设防的重点应在 7～9 度地区。

2. 社会环境

（1）社会文化。建筑是为人提供从事各项社会活动和居住场所的载体，一切文化现象都发生于其中。建筑本身也受着社会文化多方面的影响。社会文化在一定程度上决定着思想、观念、意识、情感、意念、思潮等，尽管是无形的，但却存在于建筑过程的各个环节或者各种样式的构件和各种类型的建筑中。例如，地域不同、文化不同，形成的建筑风格、特色等同样不同。如图 1.4 所示，北京传统民居由于地处京城，受伦理规范影响，布局严整，等级分明；而江南传统民居由于受商业经济发展影响较深，思想较开放活跃，建筑形式也多自由多变。

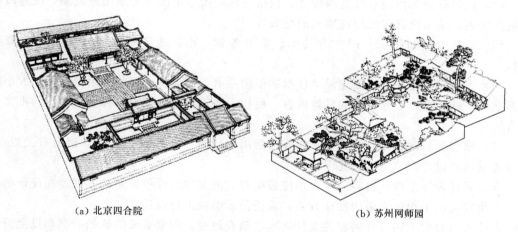

(a) 北京四合院　　　　　　　　　　　　　　(b) 苏州网师园

图 1.4　北京四合院和苏州网师园

（2）技术条件。将一种构思变成现实，在实际操作中必须有可供选用的材料和可操作的技术，否则构想只是空想。例如，现代材料和结构技术的出现才使得超大跨度建筑和高层建筑空间的实现成为可能。所以，在设计初始，就要将材料与技术条件充分考虑，这样才能确保方案的实施。

（3）经济条件。建筑是物质产物，其建造也是物质生产过程，包括诸多人力、物力，故在设计伊始要对其经济情况作以充分考虑，特别是对于一些具有标志性的大型公共建筑。

（4）历史条件。不同地区、民族由于自然条件、社会条件、文化传统、风俗习惯等的不同，会形成不同的审美观念，而长期延续的传统等也会在建筑方面有着不同的体现，往往会以其所创造出的富有独特比例关系或其他特点的建筑形象而赋予建筑独特的风格。因此，对于建筑设计要充分考虑必要的历史文脉，做到与历史传统的真正契合。

（5）人的因素。建筑是为人服务的，所以在进行设计时要充分考虑在此过程中所涉及的 3 类基本人群——建筑委托人、建筑设计者及建筑使用者。建筑设计者要兼顾建筑委托人对于建筑设计的要求、意愿，建筑使用者的认识水平及需求。

1.4.2.3　建筑规范的规定

1. 建筑设计规范、规程、通则

我国建筑设计规范很多，通常分为两大类：①通用性的，如《民用建筑设计统一标准》（GB 50352—2019）、《建筑模数协调标准》（GB/T 50002—2013）、《房屋建筑制图统一标准》（GB/T 50001—2017）等；②专项性的，如《住宅设计规范》（GB 50096—2011）、《屋面工程技术规范》（GB 50345—2012）、《建筑设计防火规范》（GB 50016—2014）（2018 年版）等。从事建筑设计时必须熟悉并且严格执行相关的设计规范规定。

2. 建筑设计的依据文件

（1）主管部门对计划任务书的批文。包括核定的工程建设项目性质、内容、用途、总建筑面积、总投资、建筑标准以及房屋使用期限等要求。

（2）规划管理部门同意拨地的批文。包括基地范围地形图及指定用地范围，该地段周围道路规划，城市建设对该拟建建筑的要求等。

（3）设计定额和指标。国家有关部、委或各省、市、地区规定的有关设计定额和指标。

（4）工程设计任务书。由建设单位根据使用要求，提出各个房间的用途、面积大小以及其他的一些要求，工程设计的具体内容、面积、建筑标准等都须要和主管部门的批文相符合。

（5）城建部门同意设计的批文。内容包括用地范围（常用红线划定），以及有关规划、环境等城镇建设对拟建房屋的要求。

（6）委托设计工程项目表。建设单位根据有关批文向设计单位正式办理委托设计的手续。规模较大的工程还常采用投标方式，委托得标单位进行设计。

设计人员根据上述设计的相关文件，通过调查研究，收集必要的原始数据和勘测设计资料，综合考虑总体设计、基地环境、功能要求、结构施工、材料设备、建筑经济以及建筑艺术等多方面的问题进行设计。

1.5　建筑防火与安全疏散

1.5.1　建筑火灾

1.5.1.1　火灾的发展过程

建筑室内发生火灾时，其发展过程一般要经过火灾的初起、猛烈燃烧、衰减 3 个阶段，如图 1.5 所示。

1.5.1.2 建筑火灾的蔓延

1. 由外墙窗口向上层蔓延

现代建筑中，起火房间通过外墙窗口喷出烟气和火眼，沿窗间墙及上层窗口向上窜越，烧毁上层窗户，引燃房间内的可燃物，使火灾蔓延到上部楼层，这样逐层向上蔓延，会使整个建筑物起火，如图1.6所示。若采用带形窗，火灾房间喷出的火焰被吸附在建筑物表面，有时甚至会吸入上层窗户内部，蔓延更快。火焰有被吸附在建筑物表面的特性，导致火灾从下层经窗口蔓延到上层，甚至越层向上蔓延。因此，为了防止火势蔓延，要求上、下层窗口之间的距离尽可能大些。可以利用窗过梁、窗楣板、阳台等设施，使烟火偏离上层窗口，阻止火势向上蔓延。

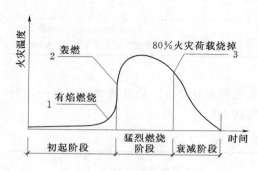

图1.5 火灾的发展过程

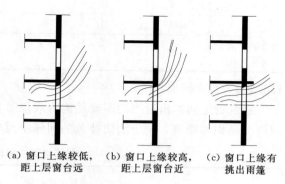

图1.6 火由外墙窗口向上层蔓延

2. 火势的横向蔓延

造成水平横向蔓延的原因有：未设适当的防火分区，没有防火墙及相应的防火门等形成控制火灾的区域空间，使火灾在未受任何限制的条件下蔓延扩大。

3. 火势的竖井蔓延

现代建筑物内部，有电梯、楼梯、设备管道、垃圾道等竖井，这些竖井往往贯穿整个建筑，若未作周密完善的防火设计，一旦发生火灾，火势便会通过竖井蔓延到建筑物的任意一层。

4. 火势由通风管道蔓延

建筑通风道内起火，并向连通的空间，如房间、吊顶内部、机房等蔓延；且通风管道可以吸进起火房间的烟气蔓延到其他房间，而火由外墙窗口向上蔓延在远离火场的其他空间再喷吐出来，造成火灾中人员因烟气中毒而死亡。

1.5.2 民用建筑防火设计

1.5.2.1 防火分区

《建筑设计防火规范》（GB 50016—2014）规定，合理地设计防火分区是减少火灾和降低火灾损失的有效手段之一。所谓防火分区，也称防火单元，是指在建筑内部采用防火墙、楼板及其他防火分隔设施分隔而成，能在一定时间内防止火灾向同一建筑的其余部分蔓延的局部空间。通常防火分区采用防火墙、防火门、防火卷帘或水幕，及具有一定耐火能力的钢筋混凝土楼板做分隔。不同耐火等级建筑的允许建筑高度或层数、防火分区最大允许建筑面积见表1.4。

表 1.4   **不同耐火等级建筑的允许建筑高度或层数、防火分区最大允许建筑面积**

名　称	耐火等级	允许建筑高度或层数	防火分区的最大允许建筑面积/m²	备　注
高层民用建筑	一、二级	建筑高度大于 27m 的住宅建筑和建筑高度大于 24m 的非单层厂房、仓库和其他民用建筑	1500	对于体育馆、剧场的观众厅，防火分区的最大允许建筑面积可适当增加
单、多层民用建筑	一、二级	建筑高度不大于 27m 的住宅建筑（包括设置商业服务网点的住宅建筑）和建筑高度不大于 24m 的公共建筑	2500	
	三级	5 层	1200	
	四级	2 层	600	
地下或半地下建筑（室）	一级	—	500	设备用房的防火分区最大允许建筑面积不应大于 1000m²

1.5.2.2　防火间距

建筑物之间留出适当的距离就能有效地防止火灾的蔓延扩大。防止着火建筑在一定时间内引燃相邻建筑，便于消防扑救的间隔距离称为防火间距，见表 1.5。

表 1.5   **民用建筑之间的防火间距**

防火间距/m　建筑类别 ＼ 建筑类别		高层民用建筑	裙房和其他民用建筑		
		一、二级	一、二级	三级	四级
高层民用建筑	一、二级	13	9	11	14
裙房和其他民用建筑	一、二级	9	6	7	9
	三级	11	7	8	10
	四级	14	9	10	12

1.5.2.3　安全出口

安全出口是供人员安全疏散用的楼梯间和室外楼梯的出入口或直通室内外安全区域的出口。为了保证公共场所的安全，应有足够数量的安全出口。一般直通屋外的；经走道、楼梯间或门厅能通往屋外的；通过相邻建筑或房间可至屋外（此相邻建筑或房间应不低于二级耐火等级，并有安全出口）的出口可作为安全出口。建筑物的外门在多数情况下都可作为安全出口。一般要求建筑物都应该有两个或两个以上的安全出口。

住宅建筑的安全疏散距离，应符合表 1.6 的要求。民用建筑安全疏散距离如图 1.7 所示。

表 1.6   **住宅建筑直通疏散走道的户门至最近安全出口的直线距离**   单位：m

住宅建筑类别	位于两个安全出口之间的户门（图 1.7，L_1）			位于袋形走道两侧或尽端的户门（图 1.7，L_2）		
	一、二级	三级	四级	一、二级	三级	四级
单、多层	40	35	25	22	20	15
高层	40	—	—	20	—	—

公共建筑直通疏散走道的房间疏散门至最近安全出口的直线距离不应大于表1.7的规定。

1.5.2.4 疏散设施

1. 开敞楼梯间

对标准不高、层数不多或公共建筑门厅的室内楼梯常采用开敞式。此时，楼梯间疏散方便、直观、经济，但在防火上是不安全的：开敞楼梯间是烟、火向其他楼层蔓延的主要通道；在建筑端部的外墙上常采用设置简易的全部开敞的室外梯，此

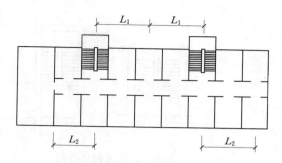

图 1.7　民用建筑安全疏散距离示意图
L_1—位于两个外部出口或楼梯间之间房间的安全疏散距离；
L_2—位于袋形走道两侧或尽端房间的安全疏散距离

表 1.7　　　　直通疏散走道的房间疏散门至最近安全出口的直线距离　　　　　单位：m

名　　称			位于两个安全出口之间的户门 (图1.7，L_1)			位于袋形走道两侧或尽端的疏散门 (图1.7，L_2)		
			一、二级	三级	四级	一、二级	三级	四级
托儿所、幼儿园、老年人建筑			25	20	15	20	15	10
歌舞娱乐放映游艺场所			25	20	15	9	—	—
医疗建筑	单、多层建筑		35	30	25	20	15	10
	高层	病房部分	24	—	—	12	—	—
		其他部分	30	—	—	15	—	—
教学建筑	单、多层建筑		35	30	25	22	20	10
	高层		30	—	—	15	—	—
高层旅馆、展览建筑			30	—	—	15	—	—
其他建筑	单、多层建筑		40	35	25	22	20	15
	高层		40	—	—	20	—	—

注　1. 建筑内开向敞开式外廊的房间疏散门至最近安全出口的直线距离可按本表的规定增加 5m。

2. 直通疏散走道的房间疏散门至最近敞开楼梯间的直线距离，当房间位于两个楼梯间之间时，应按本表的规定减少 5m；当房间位于袋形走道两侧或尽端时，应按本表的规定减少 2m。

3. 建筑物内全部设置自动喷水灭火系统时，其安全疏散距离可按本表的规定增加 25%。

时不受烟火威胁，处理得当还可起到丰富立面的作用，如图1.8所示。

2. 封闭楼梯间

裙房和建筑高度不大于32m的二类高层公共建筑，其疏散楼梯应采用封闭楼梯间。封闭楼梯间是在楼梯间入口处设置门，以防止火灾的烟和热气进入的楼梯间，如图1.9所示。

疏散用的楼梯间宜有天然采光，为了保证行走安全，不应采用螺旋楼梯和扇形踏步。

3. 防烟楼梯间

一类高层公共建筑和建筑高度大于32m的二类高层公共建筑，其疏散楼梯应采用防

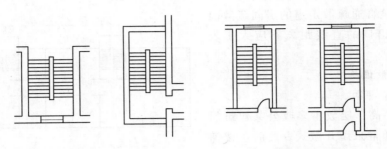

图 1.8　开敞楼梯间　　　　　　图 1.9　封闭楼梯间

烟楼梯间。防烟楼梯间是在楼梯间入口处设置防烟的前室、开敞式阳台或凹廊（统称前室）等设施，且通向前室和楼梯间的门均为防火门，以防止火灾的烟和热气进入的楼梯间。

4. 消防电梯

高层建筑发生火灾时，需要消防人员能迅速到达高层部分去灭火及救援。从楼梯而上要受到疏散人流的阻挡，故我国《建筑设计防火规范》（GB 50016—2014）（2018 年版）规定，下列建筑应设置消防电梯：建筑高度大于 33m 的住宅建筑；一类高层公共建筑和建筑高度大于 32m 的二类高层公共建筑；设置消防电梯的建筑的地下或半地下室，埋深大于 10m 且总建筑面积大于 3000m² 的其他地下或半地下建筑（室）。

消防电梯应分别设置在不同防火分区内，且每个防火分区不应少于 1 台。

消防电梯应设置前室，并应符合下列规定：前室宜靠外墙设置，并应在首层直通室外或经过长度不大于 30m 的通道通向室外；前室的使用面积不应小于 6.0m²；除前室的出入口、前室内设置的正压送风口和相关规定的户门外，前室内不应开设其他门、窗、洞口；前室或合用前室的门应采用乙级防火门，不应设置卷帘。

5. 疏散门

疏散门应开向疏散方向。公共建筑内房间的疏散门数量应经计算确定且不应少于 2 个。除托儿所、幼儿园、老年人建筑、医疗建筑、教学建筑内位于走道尽端的房间外，符合下列条件之一的房间可设置 1 个疏散门：

（1）位于两个安全出口之间或袋形走道两侧的房间，对于托儿所、幼儿园、老年人建筑，建筑面积不大于 50m²；对于医疗建筑、教学建筑，建筑面积不大于 75m²；对于其他建筑或场所，建筑面积不大于 120m²。

（2）位于走道尽端的房间，建筑面积小于 50m² 且疏散门的净宽度不小于 0.90m，或由房间内任一点至疏散门的直线距离不大于 15m、建筑面积不大于 200m² 且疏散门的净宽度不小于 1.40m。

（3）歌舞娱乐放映游艺场所内建筑面积不大于 50m² 且经常停留人数不超过 15 人的厅、室。

疏散门不得采用侧拉门，严禁采用转门。疏散门开启时，门扇不应影响疏散走道和平台的宽度。

人员密集的公共场所观众厅的入场门、太平门，不应设置门槛，其宽度不应小于

1.4m，如图 1.10（a）所示。紧靠门口 1.4m 内不应设置踏步，如图 1.10（b）所示。

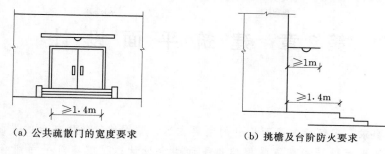

（a）公共疏散门的宽度要求　　　　　　（b）挑檐及台阶防火要求

图 1.10　公共疏散门的防火要求

本章小结

（1）建筑是人为创造的，供人们生活和活动的空间。建筑按使用性质分为生产性建筑和非生产性建筑，民用建筑按使用功能分为居住建筑和公共建筑；按规模大小分为大量性建筑和大型性建筑；按层数分为单层、多层和高层建筑；按耐火等级分为四级。耐火等级的确定是根据建筑物主要构件的燃烧性能和耐火极限。

（2）建筑模数协调标准，是为了实现建筑工业化大规模生产，推进建筑工业化的发展而制定出的。其主要内容包括基本模数、导出模数、模数数列以及模数数列的适用范围。

（3）建筑设计是指设计一个建筑物和建筑群体所做的工作，一般包括建筑设计、结构设计、设备设计等几方面的内容，建筑设计常常处于主导地位。建筑设计的依据是做好建筑设计的关键，主要有内在和外在两方面因素。

（4）了解建筑防火设计的必要规定，如防火间距、防火分区、安全出口、安全疏散距离、疏散设施等。建筑物应有完善的疏散设施，以便发生火灾后能尽快撤离。

复习思考题

1. 建筑物的分类方式有哪些？
2. 建筑物的耐火等级如何划分？
3. 基本模数、扩大模数、分模数的含义和适用范围是什么？
4. 建筑设计的内容和程序是什么？
5. 建筑设计的主要依据是什么？
6. 建筑火灾蔓延的途径有哪些？为什么要进行防火分区？
7. 什么是防火间距、防火分区、安全出口、安全疏散距离？
8. 建筑疏散设施有哪些？

第 2 章 建 筑 平 面 设 计

本章导读

本章基本要求： 了解建筑平面设计的主要内容；掌握建筑使用部分的平面设计；掌握交通联系部分的平面设计；熟练掌握建筑平面组合设计；了解建筑平面组合与总平面的关系。

本章重点、难点： 重点，建筑使用部分的平面设计，交通联系部分的平面设计，建筑平面组合设计。难点，建筑平面组合设计。

2.1 平面设计的主要内容

2.1.1 平面设计的主要内容

建筑的平面图是建筑物各层的水平剖切图，一般在建筑物的门窗洞口处水平剖切俯视（屋顶平面图应在屋面以上俯视）所得的水平投影图即为该层的平面图，如图 2.1 所示。建筑平面图主要反映建筑各楼层的平面空间布局，它既表示建筑物在水平方向各功能空间的组合关系，又反映各建筑空间与围合它们的垂直构件之间的相关关系。

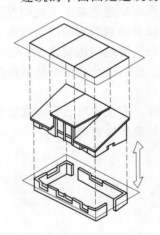

图 2.1 平面图形成示意

由于建筑平面通常最能表达建筑的功能要求，因此建筑设计往往最先从平面设计入手。建筑平面设计的核心是流线分析及不同功能分区空间的组合与联系。但是在平面设计中，始终需要从建筑整体空间组合的效果来考虑，应该紧密联系剖面和立面设计的可能性和合理性，不断调整、修改平面，反复深入，这样才能取得最好的空间组合效果。

建筑平面设计包括单个房间的设计和平面组合设计。一幢建筑物是由各种不同的使用空间和交通联系空间，根据一定的功能要求，采用不同的分隔与联系方式组合起来的。各种不同的使用空间和交通联系空间是构成建筑的空间要素。

使用部分是指满足主要使用功能和辅助使用功能的那部分空间，即各类建筑物中的使用房间和辅助房间。例如教学楼中的教室等起主要功能作用的空间和卫生间、休息室等起次要功能作用的辅助空间，医院中的诊室、手术室等起主要功能作用的空间和卫生间、候诊厅等起次要功能作用的辅助空间，工业厂房中的生产车间等起主要功能作用的空间和仓库、更衣室、办公室等起次要功能作用的辅助空间，都属于建筑物中的使用空间部分。

　　交通联系部分是指专门用来连接建筑物的各使用空间的那部分空间及供人流、货流通过的交通空间。如各类建筑物中的门厅、过厅、走道、坡道、楼梯、电梯、自动扶梯等，都属于建筑物中的交通联系部分。

　　以上几部分应根据不同的功能要求在房间设计及平面布置上区别对待。

　　建筑物的总建筑面积由建筑物的使用部分、交通联系部分和结构、围护分隔构件本身所占用的面积构成，如图2.2所示。

　　如图2.3所示是某临湖饭店平面示例。该饭店的主要使用房间是客房（包括单间客房和套间客房）、会议室、餐厅，辅助使用房间是厨房、备餐间、卫生间、储藏间等；各使用房间由门厅、敞厅、水廊、走廊等交通联系部分连接组合。整个建筑平面以内庭院为中心连接各使用空间和交通联系空间，使建筑空间与自然融为一体。在进行平面布置时以交通流线的组织为主线将各使用空间连接起来，同时，还考虑了各空间与周围环境的关系：如门厅与外

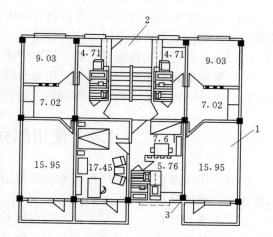

图2.2　某住宅单元平面面积各组成部分
（单位：m²）

1—使用部分；2—交通联系部分；
3—房屋构件所占面积

部道路相接，面向主要人流方向；大部分客房是南朝向，可以在冬季取得较好的日照效果；餐厅临湖而设，显然是为了创造良好的就餐氛围。

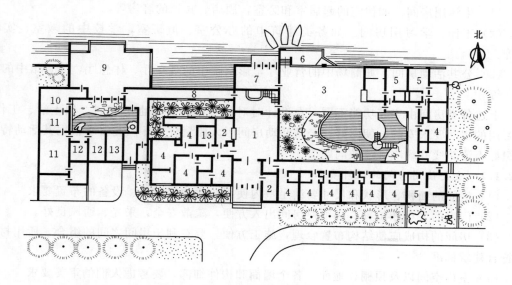

图2.3　某临湖饭店平面示例

1—门厅；2—服务；3—敞厅；4—单间客房；5—套间客房；6—码头；7—会议室；
8—水廊；9—餐厅；10—备餐间；11—厨房；12—储藏间；13—公共卫生间

2.1.2　平面设计的任务

（1）合理确定每个房间的开间、进深尺寸，以满足房间的功能要求。

（2）合理确定房间中的门窗位置、大小、数量，以满足采光、通风要求。

（3）结合建筑功能的要求，合理地解决平面各组成部分之间的联系与分隔之间的相互关系，妥善安排不同功能空间的相对位置。

（4）选择合适的交通联系方式，组织好建筑内部及内外部之间的交通联系。

（5）平面形式要做到布局紧凑，用地节约，并为外部造型设计创造条件。

（6）考虑结构布置、构造处理和施工的合理性，节约工程造价。

2.2　使用部分的平面设计

建筑平面中各个主要使用房间和辅助使用房间是建筑平面组合的基本单元，主要体现该建筑物的使用功能。

建筑平面设计首先应了解主要使用房间和辅助使用房间的设计要点，因此，本节先简要叙述主要使用房间的分类和设计要求，然后着重从房间本身的使用要求出发，分析房间面积大小、形状尺寸、门窗在房间平面的位置等，考虑单个房间平面布置的几种可能性，作为下一步综合分析多种因素，进行建筑平面和空间组合的基本依据之一。

使用部分的平面设计分为主要使用房间的设计和辅助使用房间的设计。

2.2.1　主要使用房间的设计

2.2.1.1　主要使用房间的分类

组成建筑的各个空间都有其特定的功能，从房间的使用功能来分，主要有：

（1）生活用房间。如住宅的起居室和卧室，酒店、宾馆的客房等。

（2）工作、学习用房间。如各类建筑中的办公室、值班室，学校中的教室、实验室等。

（3）公共活动房间。如商场中的营业厅，影剧院中的观众厅、休息厅，体育馆中的比赛厅等。

上述各类房间由于其功能不同，在设计时对各方面的要求也不相同，如生活、工作、学习用的房间要求安静、朝向好；公共活动房间因人流量较大，因此要求根据其活动特点组织好人流路线并解决好疏散问题。

2.2.1.2　主要使用房间的设计要求

（1）房间的面积、形状和尺寸要满足室内使用、活动和家具、设备的布置要求。

（2）门窗的大小和位置，必须使房间出入方便，疏散安全，采光、通风良好。

（3）房间的构成应使结构布置合理，施工方便，要有利于房间之间的组合，所用材料要符合建筑标准。

（4）室内空间以及顶棚、地面、各个墙面和构件细部，要考虑人们的审美要求。

2.2.1.3　主要使用房间的面积、形状和尺寸

1. 房间面积

使用房间的面积主要由房间内部的活动特点、使用人数多少、家具设备的多少及大小等因素决定的。按照使用要求，房间的面积可以分为三部分：设备及家具所需占用的面积；人在该空间中进行相关活动所需的面积；房间内部的交通面积。图2.4（a）和图2.4（b）分别是教室和卧室的室内使用面积分析示意。

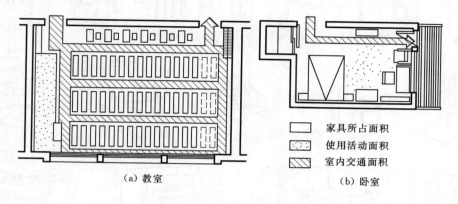

家具所占面积

使用活动面积

室内交通面积

（a）教室　　　　　　　　　　　　　　　　（b）卧室

图2.4　教室及卧室室内使用面积分析示意

　　从图2.4中可以看到，为了确定房间面积的大小，除了需要掌握室内家具、设备的数量和尺寸外，还需要了解室内活动和交通面积的大小，这些面积的确定又和人体活动的基本尺度有关，因此，建筑设计人员除了需要了解一些常用的设备和家具的基本尺寸外，还需要了解人体的基本尺寸及与其活动有关的人体工效学方面的基本知识。对于生产性的建筑而言，由于不同的生产工艺需要不同的设备和生产流程，因此建筑设计人员还需与主管生产工艺的人员紧密合作，了解生产流程及在生产过程中人员的活动情况，才能做出正确的判断。

　　如图2.5所示为部分民用建筑常用的家具尺寸。图2.6从人体尺度及其活动所需的空间大小说明人体工效学在建筑设计中的作用。如图2.7所示是人体工效学原理在住宅卧室、教室、营业厅等空间中家具布置与面积使用中的应用。

　　通常情况下，房间的使用面积由人均使用面积乘以房间内的人数得到，人均使用面积应按有关建筑设计规范确定。下面是办公楼、中小学的一些面积指标。

　　（1）办公楼。普通办公室每人使用面积不应小于$4m^2$，单间办公室净面积不应小于$10m^2$。会议室按面积大小分为大、中、小会议室，小会议室使用面积宜为$30m^2$，中会议室使用面积宜为$60m^2$；大会议室应根据使用人数和桌椅设置情况确定使用面积，平面长宽比不宜大于2：1，宜有扩声、放映、多媒体、投影、灯光控制等设施，并应有隔声、吸声和外窗遮光措施。

　　（2）中小学。中小学中各类房间的使用面积指标见表2.1。

　　2. **房间的平面形状**

　　在面积一定的情况下，可以设计出多种平面形状的房间。民用建筑常见的房间形状有矩形、方形、多边形、圆形等。不同平面形状的房间，其使用效果也会截然不同。在具体设计时，应从室内活动的特点、家具设备的数量及布置方式、采光通风、室内音质效果、消防和结构形式等方面综合考虑，选择合适的房间形状。

图 2.5 民用建筑常用家具尺寸

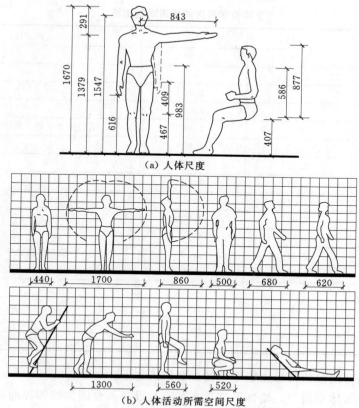

（a）人体尺度

（b）人体活动所需空间尺度

图 2.6 人体尺度和人体活动所需的空间尺度

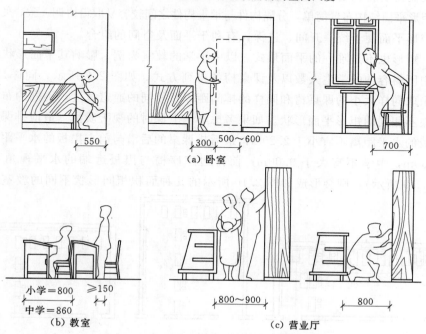

（a）卧室

（b）教室 （c）营业厅

图 2.7 卧室、教室、营业厅中家具近旁必要尺寸

表 2.1　　　　　　　　　主要教学用房的使用面积指标　　　　　　　　　单位：m²/座

房间名称	小学	中学	备　注
普通教室	1.36	1.39	—
科学教室	1.78	—	—
实验室	—	1.92	—
综合实验室	—	2.88	—
演示实验室	—	1.44	若容纳 2 个班，则指标为 1.20
史地教室	—	1.92	—
计算机教室	2.00	1.92	—
语言教室	2.00	1.92	—
美术教室	2.00	1.92	—
书法教室	2.00	1.92	—
音乐教室	1.70	1.64	—
舞蹈教室	2.14	3.15	宜和体操教室共用
合班教室	0.89	0.90	—
学生阅览室	1.80	1.90	—
教师阅览室	2.30	2.30	—
视听阅览室	1.80	2.00	—
报刊阅览室	1.80	2.30	可不集中设置

民用建筑的房间形状常采用矩形，其主要原因如下。

（1）矩形平面体型简单，墙体平直，布置家具设备不会因为相邻界面之间成角度或者界面成曲线而需要特殊处理，使用上能充分利用室内有效面积。

（2）矩形平面结构布置简单，分隔构件与承重构件之间较容易取得协调一致，便于施工。

（3）矩形平面便于统一开间、进深，有利于平面及空间的组合。

当然，矩形也不是唯一的平面形式。以中小学的教室为例，影响其平面形状的首要因素是教室中所需容纳的学生人数以及课桌椅的排列方式。如图 2.8 所示，同样是 50 座的教室，虽采取同样大小的课桌椅和同样的排间距以及相同的通道宽度，不同的布置方式仍然会形成大不相同的矩形平面形状。如果考虑学生上课时的视听质量（最前排课桌的前沿与前方黑板的水平距离不宜小于 2.20m；最后排课桌的后沿与前方黑板的水平距离小学不宜大于 8.00m，中学不宜大于 9.00m；前排边座座椅与黑板远端的水平视角不应小于30°，如图 2.9 所示），则会形成如图 2.10 所示的几种面积相同形状不同的教室平面。在

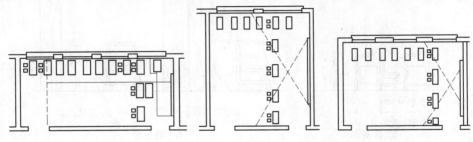

图 2.8　50 座矩形平面教室的布置

综合考虑采光及视听要求后，可以分别做出如图 2.11 所示的各种教室平面。

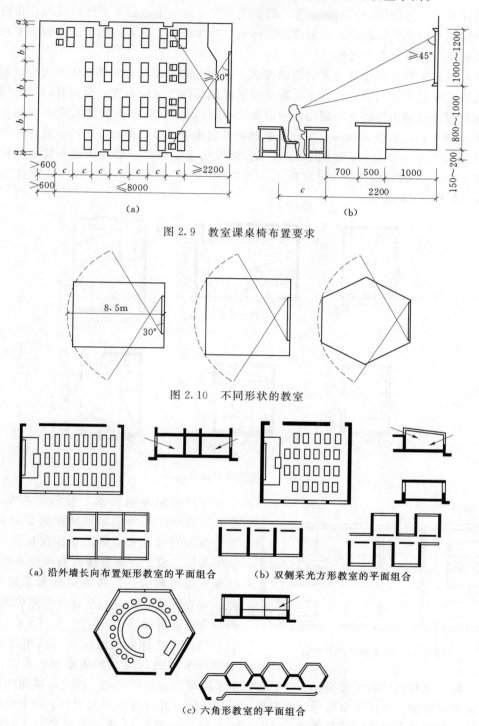

图 2.9　教室课桌椅布置要求

图 2.10　不同形状的教室

（a）沿外墙长向布置矩形教室的平面组合　　（b）双侧采光方形教室的平面组合

（c）六角形教室的平面组合

图 2.11　不同因素对教室平面设计的影响

3. 房间的尺寸

房间尺寸是指房间的面宽和进深，而面宽常常是由一个或多个开间组成的。在初步确定了房间的面积和形状之后，确定合适的房间尺寸便是一个重要问题了。房间的平面尺寸一般应从以下几方面综合考虑。

（1）满足家具设备布置及人们活动要求。如卧室的平面尺寸应考虑床的大小、家具的相互关系、床位布置的灵活性。主要卧室要求床能朝两个方向布置，因此开间尺寸应保证床横放后剩余的墙面还能开一扇门，常取 3.3m；进深方向应考虑横竖两个床中间再加一个床头柜或衣柜，常取 3.90～4.50m。小卧室考虑床竖放以后能开一扇门或放床头柜，开间尺寸常取 2.10～2.40m，如图 2.12 所示。医院病房主要是满足病床的布置和医护活动的要求，3～4 人的病房开间尺寸常取 3.30～3.60m，6～8 人的病房开间尺寸常取 5.70～6.00m，如图 2.13 所示。

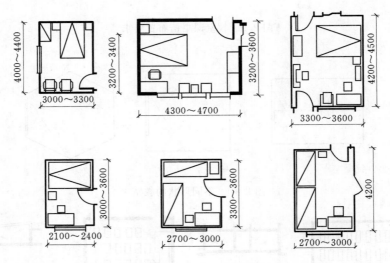

图 2.12　卧室的开间和进深

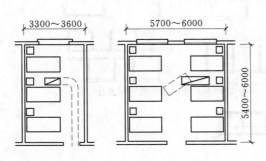

图 2.13　病房的开间和进深

（2）满足视听要求。有的房间如教室、会堂、观众厅等的平面尺寸除满足家具设备布置及人们活动要求外，还应保证有良好的视听条件。教室为使前排两侧座位不致太偏，后面座位不致太远，必须根据水平视角、视距、垂直视角的要求，充分研究座位的排列，确定合适的房间尺寸。

（3）有良好的天然采光。民用建筑除少数特殊要求的房间（如演播室、观众厅）等以外，均要求有良好的天然采光。一般房间多采用单侧或双侧采光，因此，房间的深度常受到采光的限制。为保证室内采光的要求，一般单侧采光时进深不大于窗上口至地面距离的两倍，双侧采光时进深可较单侧采光时增大一倍。如图 2.14 所示为采光方式对房间进深的影响。

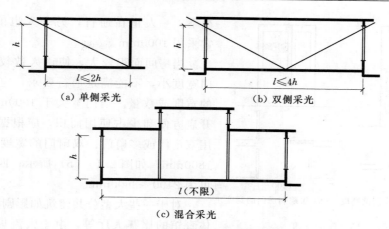

（a）单侧采光　　　　　　　　　（b）双侧采光

（c）混合采光

图 2.14　采光方式对房间进深的影响

（4）有合适的比例。相同面积的房间，因面宽和进深尺寸的不同而形成一定的比例。比例得当的房间，使用方便而且视觉观感好，比例失调如面宽较小而进深过大的房间，则既不好用也不美观。一般说来，房间的比例在 1：2～1：1 为宜，能控制在 1：1.5 左右为最好。

（5）结构布置经济合理。一般民用建筑常采用墙体承重的混合结构和框架结构体系。房间的开间、进深尺寸应尽量使构件标准化，同时使梁板构件符合经济跨度要求。较经济的开间尺寸是不大于 4.20m，钢筋混凝土梁较经济的跨度是不大于 9.00m。对于由多个开间组成的大房间，如教室、会议室、餐厅等，应尽量统一开间尺寸，减少构件类型。

（6）符合建筑模数协调标准。为提高建筑工业化水平，必须统一构件类型，减少构件规格，这就需要在确定房间的开间和进深尺寸时采用统一的模数，作为协调建筑构件尺寸的基本标准。按照建筑模数协调标准的规定，房间的开间和进深一般以 300mm 为模数。如办公楼、宿舍、旅馆等以小空间为主的建筑，其开间尺寸常取 3.30～3.90m，住宅楼梯间的开间尺寸常取 2.70～3.00m 等。

2.2.1.4　房间的门窗设置

房间门的主要作用是供人出入和进行安全疏散，有时也兼采光和通风的作用；窗的主要功能是采光、通风，同时门窗也是外围护结构的组成部分。因此，门窗设计是一个综合性的问题，它的大小、数量、位置及开启方式直接影响到房间的通风和采光、家具的布置、房间面积的有效利用、人流活动及交通疏散、建筑外观及经济性等各个方面。

1. 门的宽度

房间门的最小宽度是由通过人流多少及需要搬进房间的家具设备的大小决定的。一般单股人流通行的最小宽度取 550～600mm，一个人侧身通行需要 300mm 宽。门的最小宽度一般为 700mm，常用于住宅中的厕所、浴室。住宅中卧室门的宽度常取 900mm，这样的宽度可使一个携带物品的人方便地通过，也能搬进床、柜等尺寸较大的家具，如图 2.15（a）所示。厨房、阳台的门宽可取 800mm，这些较小的门窗开启时可以少占室内的使用面积，对于住宅这类平面要求紧凑的建筑，显得尤其重要。住宅入户门考虑楼层平台宽度有限及搬运家具的便利，常取 1000mm。普通教室、办公室等门的宽度应考虑紧急情

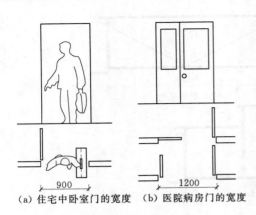

（a）住宅中卧室门的宽度　　（b）医院病房门的宽度

图 2.15　门的宽度

况下，一人正在通行，另一人也能侧身通行，常采用 1000mm。

当房间面积较大，使用人数较多时，单扇门宽度小，不能满足通行要求，应相应增加门的宽度或数量。当门宽大于 1000mm 时，为了开启方便和少占使用面积，应根据使用要求采用双扇门或多扇门。双扇门的宽度可为 1200～1800mm，如图 2.15（b）所示；四扇门的宽度可为 2400～3600mm。

对于一些大型公共建筑如影剧院的观众厅、体育馆的比赛大厅等，由于人流集中，为保证紧急情况下人流迅速、安全地疏散，门的数量和总宽度应按每 100 人 600mm 宽计算，且每樘门宽度不应小于 1400mm。

2. 门的数量

门的数量由房间的面积和可容纳人数决定，按照《建筑设计防火规范》（GB 50016—2014）（2018 年版）的要求，公共建筑内房间的疏散门数量应经计算确定且不应少于 2 个。除托儿所、幼儿园、老年人建筑、医疗建筑、教学建筑内位于走道尽端的房间外，符合下列条件之一的房间可设置 1 个疏散门：位于两个安全出口之间或袋形走道两侧的房间，对于托儿所、幼儿园、老年人建筑，建筑面积不大于 50m²；对于医疗建筑、教学建筑，建筑面积不大于 75m²；对于其他建筑或场所，建筑面积不大于 120m²。

3. 门的位置

门的位置应便于室内家具布置，行走路线便捷和满足安全疏散的要求。一般情况下，门多靠内墙一侧设置，墙垛宽度为 120mm 或 240mm，可使墙面保持完整。在住宅建筑设计中现也有不设门垛的做法，这样可以充分利用房间面积，方便使用。在人数较多的公共建筑中，为方便人流通行及在紧急情况下的疏散，门的位置必须分散设置，且与走道紧密配合，如图 2.16 所示。

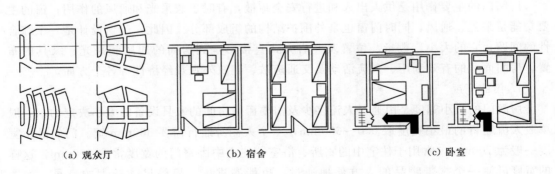

（a）观众厅　　　　　　　　（b）宿舍　　　　　　　　（c）卧室

图 2.16　房间门的位置关系

4. 门的开启方式

门的开启方式的选择应考虑室内的使用要求。门常用的开启方式有：平开门、推拉门、弹簧门、转门等。

平开门使用方便、制作简单、用量最多，它又分为外开平开门和内开平开门两种。在选择开启方向时，应注意其是否影响交通、正常使用和是否满足安全疏散要求，如安全出口外门的开启方向一定要与疏散方向一致。门的开启方向与走道之间的关系如图 2.17 所示。如果几个房间门的位置比较集中，设计时应注意避免几个门扇互相碰撞。

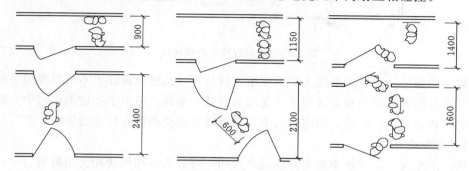

图 2.17 门的开启方向与走道之间的关系

5. 窗的大小

窗户面积大小主要根据房间的使用要求、房间面积及当地日照情况来考虑。不同使用要求的房间对采光要求不同，设计时可根据窗地比（窗洞口面积 A_c 与地面面积 A_d 之比）进行窗洞口面积的估算，也可先确定窗洞口面积，再按规定的窗地比进行验算。部分房间侧面采光时的最小窗地比见表 2.2。

表 2.2　　　　　　　　　　　　　民用建筑采光等级表

采光等级	视觉作业分类		房 间 名 称	窗地比
	作业精确度	识别对象的最小尺寸 d /mm		
Ⅰ	特别精细	$d \leqslant 0.15$	绘图室、画廊、手术室、幼儿活动室	1/5～1/3
Ⅱ	很精细	$0.15 < d \leqslant 0.3$	阅览室、医务室、健身房、专业实验室	1/6～1/4
Ⅲ	精细	$0.3 < d \leqslant 1.0$	办公室、会议室、营业厅	1/8～1/6
Ⅳ	一般	$1.0 < d \leqslant 5.0$	观众厅、居室、书库、盥洗室、厕所	1/10～1/8
Ⅴ	粗糙	$d > 5.0$	储藏室、门厅、走廊、楼梯间	1/10 以下

6. 窗的位置

窗的位置主要从采光和通风两方面进行考虑。顶部采光时，室内照度比较均匀。在侧窗采光设计中为了使室内照度均匀，窗在房间平面中的位置以居中为宜，大房间的窗洞口宜分散布置。窗对室内的空气流通也具有较大的影响，在设计中应使窗的位置有利于室内穿堂风的组织，在炎热地区尤其要重视这个问题，如图 2.18 所示。

2.2.2 辅助使用房间的设计

建筑辅助使用房间是指为主要使用房间提供服务的房间，如厕所、盥洗室、浴室、厨房、通风机房、水泵房、配电室等。这些房间在整个建筑平面中虽然属于次要地位，但却

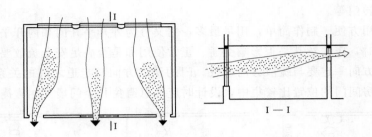

图 2.18 教室设高窗组织通风

是不可缺少的部分，直接关系到人们的使用方便与否，是建筑设计中不可忽视的一部分。

辅助用房的设计原理和方法与主要使用房间基本相同。但由于在这类房间中大都布置有较多的管道、设备，因此，房间的大小及布置较多地受到设备尺寸的影响。

2.2.2.1 厕所设计

厕所（卫生间）是建筑中最常见的辅助房间，可分为专用厕所和公用厕所。

1. 厕所设备及数量

厕所卫生设备主要有大便器、小便器、洗手盆、污水池等。

大便器有蹲式和坐式两种，可根据建筑标准及使用习惯分别选用。蹲式大便器使用卫生，便于清洁，适用于使用频繁的公共建筑中，如学校、医院、办公楼、车站等。而标准较高的坐式大便器则适合在住宅、宾馆、敬老院等使用人数少或老年人使用的建筑中采用。

小便器有小便斗和小便槽两种。如图 2.19 所示为厕所设备及组合所需的尺寸。

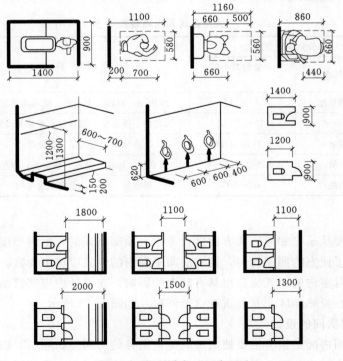

图 2.19 厕所设备及组合尺寸

卫生设备的数量及小便槽的长度主要取决于使用人数、使用对象、使用特点。经过实际调查和经验总结，一般民用建筑每一个卫生器具可供使用的人数可参考表2.3。

表 2.3　　　　　　　　　　**部分建筑厕所设备参考指标**　　　　　　单位：人/个

建筑类型	男小便器	男大便器	女大便器	洗手盆	男女比例
体育馆	80	250	100	150	1∶1.5～1∶2
影剧院	35	75	50	140	1∶1.5～1∶2
中小学校	40	40	25	100	1∶1～1∶1.5
火车站	80	80	50	150	1∶1.5～1∶2
宿舍	20	20	15	15	按实际情况
旅馆	20	20	12		按设计要求

注　一个小便器折合0.6m长的便槽。

2. 厕所的布置

厕所的平面形式可分为两种：一种是公共厕所，另一种是专用厕所。公共厕所应设置前室，用以改善通往厕所的走道和过厅的卫生条件，并有利于厕所的隐蔽。前室既可男女分设，也可合用，前室内一般设有洗手盆及污水池，为保证必要的使用空间，前室的深度应不小于1.5～2.0m。专用厕所由于使用的人少，通常是盥洗、浴室、厕所3个部分组成一个卫生间，例如在住宅、旅馆等建筑中就是如此。图2.20为住宅卫生设备及布置方式，图2.21为旅馆客房卫生间布置实例，图2.22为公共卫生间布置实例。

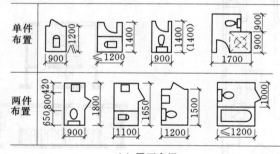

（a）平面布置

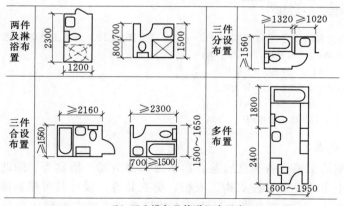

（b）卫生设备及管道组合尺度

图 2.20（一）　住宅卫生设备及布置方式

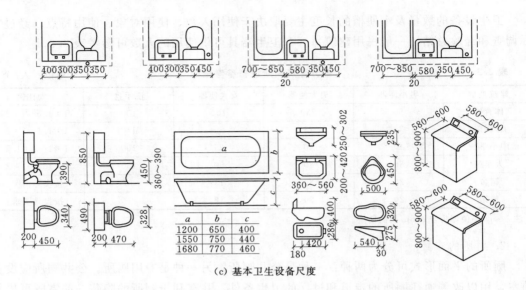

（c）基本卫生设备尺度

图 2.20（二）　住宅卫生设备及布置方式

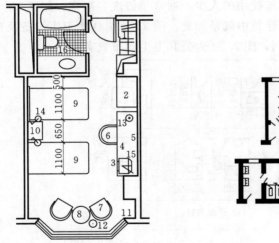

图 2.21　旅馆客房卫生间布置实例

1—壁柜；2—行李架；3—电视机；4—写字桌；

5—镜子；6—座椅；7—沙发；8—茶几；

9—单人床；10—床头柜；11—窗帘；

12—立灯；13—台灯；14—床头灯；

15—冰箱；16—客房卫生间

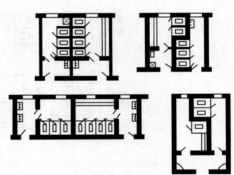

图 2.22　公共卫生间平面布置形式

2.2.2.2　浴室、盥洗室

浴室和盥洗室的主要设备有洗脸盆、污水池、淋浴器、浴盆等。除此之外，公共浴室还有更衣室，其中主要设备有挂衣钩、衣柜、更衣凳等。设计时可根据使用人数确定卫生器具的数量见表 2.4。同时结合设备尺寸及人体活动所需的空间尺寸进行房间布置。如图 2.23 所示表示浴室设备及其操作空间尺寸。

表 2.4　　　　　　　　　　　　　浴室、盥洗室卫生设备个数参考指标

建筑类型	男淋浴器 /（人/个）	女淋浴器 /（人/个）	洗脸盆 /（人/个）	备　　注
旅馆	40	8	15	男女比例按设计
托幼	每班 2 个		2～5	

2.2.2.3　厨房

这里以住宅、公寓内每户使用的专用厨房为例。食堂、餐厅、饭店等的厨房，其基本原理和设计方法与家用厨房是基本相同的，不同之处在于使用人数多，面积更大，设备更多，技术要求也更为复杂。家用厨房的主要设备有灶台、案台、洗涤池、储藏设施及排烟装置等。从使用情况来看，家用厨房包括厨房、餐厅合用和厨房、餐厅分开两种情况，如图 2.24 所示为主要厨房设备及所需活动空间尺寸。

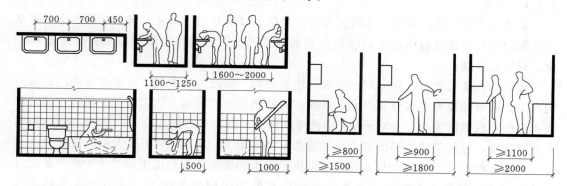

图 2.23　洗脸盆、浴盆设备及组合尺寸　　　图 2.24　厨房设备及所需活动空间尺寸

厨房的操作流程一般为：食品购入-储藏-清洗-配餐-烹调-备餐-进餐-清洗-储藏。应按此规律根据人体工效学原理，分析人体活动尺度，序列化地布置厨房设备和安排活动空间。特别是厨房中的洗涤池、案台和炉灶应按洗-切-烧的程序来布置，以尽量缩短人在操作时的行走路线。

厨房的平面尺寸取决于设备布置形式和住宅面积标准。我国常用厨房面积在 4～6m² 之间为宜，最小面积为 4m²。厨房的布置形式有单排、双排、L 形、U 形等几种，如图 2.25 所示。单排布置设备时，厨房净宽不应小于 1500mm；双排布置设备时，厨房净宽

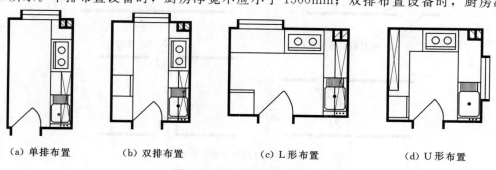

（a）单排布置　　　（b）双排布置　　　（c）L 形布置　　　（d）U 形布置

图 2.25　厨房平面布置形式

不应小于 1800mm，其两排设备的净距不应小于 900mm，如图 2.24 所示。

除此以外，厨房设计应解决好采光和通风、储藏设施、排烟等问题。

2.3 交通联系部分的平面设计

一幢建筑物除了主要使用房间和辅助使用房间外，还需要有交通联系部分把各个房间及室内外空间联系起来。建筑物内部的交通联系部分包括走道、楼梯、电梯与自动扶梯、门厅和过厅等。

建筑物交通联系部分的平面尺寸和形状的确定，应考虑以下方面：交通路线简捷明确，联系通行方便；满足使用高峰时段人流、货流通过所需占用的安全尺度；符合紧急情况下规范所规定的疏散要求；满足一定的采光、通风等方面的需要。

2.3.1 走道

走道又称为过道或走廊。走道连接各个房间、楼梯和门厅部分，解决房屋中水平联系和疏散问题，是建筑物中最大量使用的交通联系部分。各使用空间可以分列于走道的一侧、双侧或尽端。

走道的宽度与建筑功能、耐火等级、建筑层数、通行人流股数、沿走道房间门开启方向有关，同时还要考虑自身长、宽、高的空间比例要求。根据人体工效学的研究，通常单股人流的通行宽度为 550～600mm。因此考虑两人并列行走或迎面交叉，较少人流使用的走道净宽度，包括消防楼梯的最小净宽度都不得小于 1100mm。对于有大量人流通过的走道，其宽度根据使用情况，相关规范都做出了下限的要求。例如民用建筑中中小学的设计规范中规定，当走道为内廊，也就是两侧均有使用房间的情况下，其净宽度不得小于 2400mm；而当走道为外廊，也就是单侧连接使用房间，并为开敞式明廊时，其净宽度不得小于 1800mm。走道通行宽度如图 2.26 所示。在实际使用中，如果走道还兼有其他使用功能，例如中小学的外廊也兼供学生进行课间活动时，则除了必需的交通宽度外，还应添加其他使用功能所需的尺度。有些建筑物还必须满足无障碍设计的要求，例如政府部门

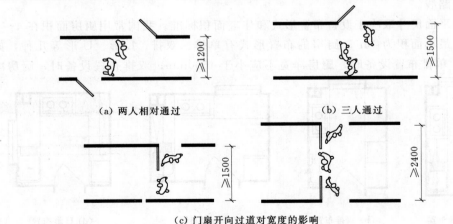

(a) 两人相对通过　　　　　　　　　　(b) 三人通过

(c) 门扇开向过道对宽度的影响

图 2.26 人行通行和走道的宽度

办公建筑、图书馆、医院、影剧院、疗养院、养老院等设施，必须满足下肢或视力残障人士的使用要求，在进行设计时，相关的无障碍设计规范也是重要的设计依据。图 2.27 为满足轮椅使用者的要求对走道尺度的影响。

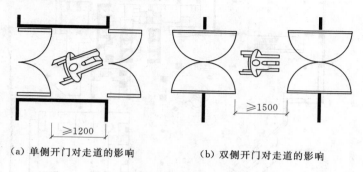

（a）单侧开门对走道的影响 　　　　 （b）双侧开门对走道的影响

图 2.27 无障碍设计对走道尺度的影响

一般公共建筑内疏散门和安全出口的净宽度不应小于 900mm，疏散走道和疏散楼梯梯段的净宽度不应小于 1100mm。

走道一般应具备天然采光和通风的条件。当走道为外走道，房间在走道一侧布置时，房间可以获得较好的采光通风效果；内走道由于两侧均布置有房间，采光、通风条件相对较差，一般是通过走道尽端开窗，利用楼梯间、过厅或走道两侧房间设高窗来解决。

2.3.2 门厅和过厅

门厅是在建筑物的主要出入口处起内外过渡、集散人流作用的交通枢纽。过厅一般位于体型较复杂的建筑物各分段的连接处或建筑物内部某些人流或物流的集中交汇处，起到缓冲的作用。导向性明确，是门厅和过厅设计中的重要问题。因为只有当使用者在门厅或过厅中能够很容易就发现其所希望到达的通道、出入口或楼梯、电梯等部位，并且能够很容易选择和判断通往这些空间的路线，在行进中又较少受到干扰，门厅和过厅作为交通枢纽的集散作用才能很好发挥，而且在遇有紧急疏散的情况下，才较为安全。如图 2.28 所示的旅馆门厅，旅客一进门就能够发现楼梯和总台的位置，办理手续后又很容易到达电梯厅，人流在其中往返上下很少干扰，交通路线较为明确。

大部分建筑的门厅除了作为交通枢纽之外，通常还具有其他的功能，如旅馆的门厅内会设置总服务台、问讯处、小卖部、休息区等；办公楼和教学楼的门厅一般还具有信件收发、展览、公示等功能。像这样兼有其他用途的门厅仍然应当将其中交通的部分明确区分开来，不要同其他功能部分互相干扰，同时有效地组织其交通的流线。特别是用作交通部分的面积和用作通行部分的宽度，都应该根据该建筑物人流集中时所需要的尺度来进行设计，以保证紧急情况下疏散的安全。例如某些剧院观众厅侧边的休息厅，如果在散场时同时有若干股人流在此汇集，则其宽度不得小于观众厅通往这里的所有门的宽度之和。建筑出口处门的总宽度，也必须遵守同一规则。

门厅的面积大小主要根据各类建筑的使用性质、规模及质量标准等因素来确定，设计时可参考有关面积定额指标。例如，甲等剧场前厅（即门厅）按每座位不小于 $0.30m^2$ 来

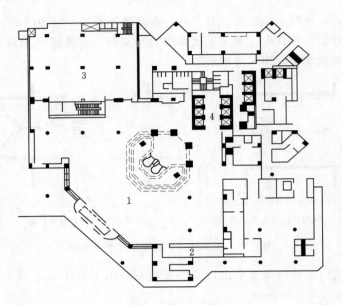

图 2.28　某旅馆底层门厅
1—大堂；2—总服务台；3—咖啡厅；4—电梯厅

计算，乙等剧场前厅（即门厅）按每座位不小于 $0.20m^2$ 来计算等。一些兼有其他功能的门厅面积，还应根据实际使用要求相应地增加。

门厅的布置方式，从形式上有对称式门厅和非对称式门厅两种，如图 2.29 所示。对称式的门厅有明显的轴线，视线明朗，导向性好；不对称的门厅没有明显的轴线，平面布局灵活，空间变化较多，往往借助花格、梯段等划分空间，引导人流。

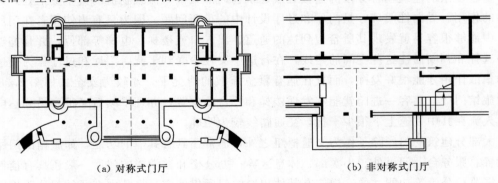

（a）对称式门厅　　　　　　　　　　　（b）非对称式门厅

图 2.29　门厅布置方式

对于许多公共建筑而言，门厅和过厅的内部空间组织和所形成的体形、体量，往往可以成为建筑物设计中的活跃元素，或者是复杂建筑物形态中的关键点。例如许多大型商厦的门厅被处理为具有整个建筑高度的中庭，上面覆盖采光天窗，四周环绕多层购物空间，使得视觉通透，光线充足，形成良好的内部环境。又如某些多段式的建筑物，可利用过厅部分的体型变化，既避免呆板，又形成了特殊的韵律和节奏。当然，像上述商厦中庭那样的大空间，会对消防的防火分区造成一定的困难，可以采用烟感系统、自动喷淋、防火卷帘等自动控制的系统来加以解决，同时还必须切实加强对人流疏散路线的设计和处理。

2.3.3 楼梯、电梯和自动扶梯

楼梯和电梯是建筑物中起垂直交通联系作用的重要部分。在日常使用中，快速、方便地到达各使用层面是对楼梯、电梯设计的首要要求，因此它们的数量、容量和平面分布是首先应该关注的问题。

在一般情况下，楼梯、电梯应靠近建筑物各层平面人流或货流的主要出入口布置，使其到达各使用部分端点的距离较为均匀，这样使用较为方便快捷。在垂直运输方面，针对一些高层或超高层建筑物的特殊情况，为了合理控制电梯的运行速度，避免过多的等候时间，可以运用现代的数学方法优选电梯的台数及其停靠的层数和方式，例如将不同的电梯分层或分段停靠，能够取得使用的高效率。

2.3.3.1 楼梯

楼梯的宽度应根据通行人数的多少和建筑防火要求来决定。梯段的宽度与过道一样，考虑两人相对通过，公共建筑梯段宽度不应不小于 1100mm。一些辅助楼梯，从节省建筑面积出发，把梯段的宽度设计得小一些，考虑到同时有人上下时能有侧身避让的余地，梯段的宽度也不应小于 850～900mm，如图 2.30 所示。楼梯梯段宽度的总和应按照《建筑设计防火规范》（GB 50016—2014）（2018 年版）及相关规范校核。楼梯平台的宽度，除了考虑人流通行外，还需考虑家具和设备搬运时的方便。因此，平台宽度应大于等于梯段的通行宽度。

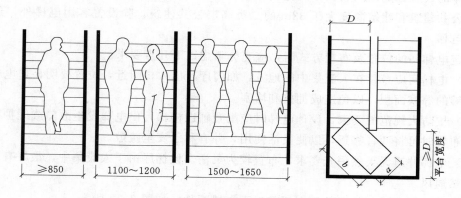

图 2.30 楼梯梯段及平台的宽度

楼梯的数量和分布需要综合建筑物的使用性质、各层人数和防火分区等因素来确定。设计时应该严格参照国家制定的防火规范和各类建筑的设计规范中对于楼梯间的设置及其构造要求执行。

在建筑设计中，通常将主要楼梯设置在交通枢纽空间（如主要出入口处）附近比较明显的位置，将次要楼梯设置在（如次要出入口处或者房屋的转折和交接处）相对次要的地方，主次楼梯应配合恰当，方便使用。某学校综合楼一层平面图中楼梯间的布置见图 2.31。

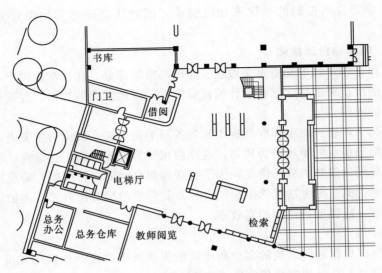

图 2.31 某学校综合楼一层平面图

2.3.3.2 电梯与自动扶梯

高层建筑的发展，使电梯成为不可缺少的垂直交通设施。高层建筑的垂直交通以电梯为主，同时也必须设置辅助的楼梯来解决安全疏散问题。其他有特殊功能要求的多层建筑，如高级宾馆、大型商场、医院等，除设置楼梯外，也可设置电梯以解决垂直交通的需要，具体的设置标准以国家设计规范的要求为准。对建筑高度大于 33m 的住宅建筑及一类高层公共建筑和建筑高度大于 32m 的二类高层公共建筑，除设置客用电梯外，还应设置消防电梯。

确定电梯间的位置及布置方式时，应充分考虑以下几点要求。

(1) 电梯间应布置在人流集中的地方，如门厅、出入口附近，位置要明显，电梯前面应有足够的等候面积，以免造成拥挤和堵塞。

(2) 按防火规范的要求，设计电梯时应配置辅助楼梯，供电梯发生故障或维护检修时使用。布置时可将两者靠近，以便灵活使用，并有利于安全疏散。

(3) 电梯井道无天然采光要求，布置较为灵活。候梯厅由于人流集中，最好有天然采光及自然通风。

电梯的布置形式一般有单面布置和对面布置两种，如图 2.32 所示。

自动扶梯一般用于有连续人流输送的大型公共建筑中，如百货大楼、展览馆、游乐场、火车站、地铁站、航空港等。它的优点是运输量大，乘客上下方便，不必等候，而且使用灵活，可以调整运转方向。它的缺点是速度较慢，对年老体弱者或运送较大物件不够方便。自动扶梯的驱动速度一般为 $0.45 \sim 0.5 \text{m/s}$，可正向、逆向运行。由于自动扶梯运行的人流都是单向的，不存在侧身避让的问题，因此其梯段宽度较楼梯更小，通常为 600 $\sim 1000 \text{mm}$。自动扶梯布置方式如图 2.33 所示。

垂直交通联系部分除楼梯、电梯和自动扶梯外还有坡道，坡道用以解决不同地面标高空间的垂直交通联系。一些医院为了病人上下和手推车通行的方便，可采用坡道；有的建

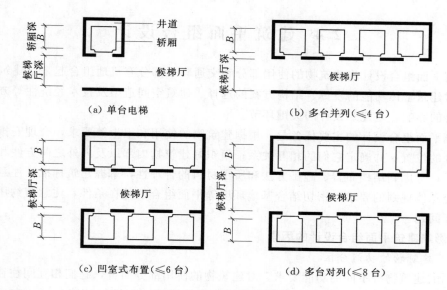

图 2.32 电梯间布置方式

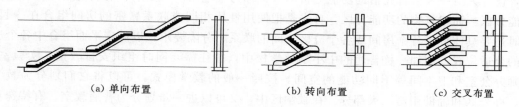

图 2.33 自动扶梯布置方式

筑物为方便儿童上下，也可采用坡道；有些人流量集中的公共建筑，如大型体育馆、火车站、飞机场的部分疏散通道，也可用坡道来解决垂直交通联系。室内台阶踏步数不应少于2级，当高差不足 2 级时，应按坡道设置。坡道设置应符合下列规定：

（1）室内坡道坡度不宜大于 1：8，室外坡道坡度不宜大于 1：10。

（2）室内坡道水平投影长度超过 15m 时，宜设休息平台，平台宽度应根据使用功能或设备尺寸所需缓冲空间而定。

（3）供轮椅使用的坡道不应大于 1：12，困难地段不应大于 1：8。

（4）自行车推行坡道每段坡长不宜超过 6m，坡度不宜大于 1：5。

（5）机动车行坡道应符合国家现行标准《车库建筑设计规范》（JGJ 100—2015）的规定。

（6）坡道应采取防滑措施。

室内坡道的特点是上下比较省力（楼梯的坡度在 30°～40°左右，室内坡道的坡度通常小于 10°），通行人流的能力几乎和平地相当（人群密集时，楼梯由上往下人流通行速度为 10m/s，坡道人流通行速度接近于平地的 16m/s），但是坡道的最大缺点是所占面积比楼梯面积大得多。

2.4 建筑平面组合设计

建筑平面组合设计将建筑物的使用部分和交通联系部分有机地组合起来。建筑平面组合设计对建筑整体功能的发挥、结构方案的选择、建筑空间造型及技术经济性等方面均有至关重要的影响，是建筑设计的关键环节。

建筑平面组合设计的主要任务是：根据建筑物的使用和卫生等要求，合理安排建筑各组成部分的位置，并确定它们的相互关系；组织好建筑物内部以及内外之间方便和安全的交通联系；考虑到结构布置、施工方法和所用材料的合理性，掌握建筑标准，注意美观要求；符合总体规划的要求，密切结合基地环境等平面组合的外在条件，注意节约用地和环境保护等问题。

2.4.1 影响建筑平面组合设计的因素

2.4.1.1 建筑物的功能分区

不同的建筑物有不同的功能要求。对建筑物的使用部分而言，它们相互间往往会因为使用性质的不同或使用要求的不同而需要根据其关系的疏密进行功能分区。在建筑设计时，设计人员一般会首先借助功能分析图（又称为气泡图）来归纳、明确使用部分的这一功能分区。而建筑物的功能分区，首先是把使用性质相同或联系紧密的房间组合在一起，同时还要具体分析各个房间或各个分区之间的联系、分隔要求，以确定平面组合中各个房间的合适位置。例如一栋普通的中小学教学楼中，往往需要同时组织安排教室、实验室、教师办公室和卫生间等不同功能的空间。按照一般的教学模式，可以将它们划分为教学区、办公区和辅助用房三大部分。在教学区中，又可以进一步划分为普通教室、有特殊功能的教室和实验室几部分。有特殊功能的教室，按照具体项目要求，可以是会产生较大音响的音体教室、有特殊采光要求的美术教室、可以容纳多个班级同时上课的阶梯教室，或是需要特殊设备的计算机教室等。这样，就有必要根据诸如减少干扰、利用朝向、集中使用设备及管线等原则，再作细化的归类。例如音乐教室和体操房等有较大声响的教室可以集中安排在教学楼的一隅，以避免影响其他课程的教学及教师的日常工作；美术教室则应该集中安排在朝北的有良好天然采光条件的场所，以充分利用自然光线并避免眩光。如图2.34 所示是学校教学楼的功能分析图及平面实例，从图 2.34 中可以看出，它们的平面形状虽然各不相同，但遵循功能分区的原则是一致的。

2.4.1.2 房间的主次、内外关系

1. 主次关系

一幢建筑物根据它的功能特点，平面中各种房间相对而言必有主次之分。例如学校教学楼中，满足教学的教室、实验室等是主要的使用房间，其余的办公室、储藏室、厕所等是次要的使用房间；住宅建筑中，起居室、卧室是主要的使用房间，厨房、厕所、储藏室等是次要的使用房间；影剧院建筑中，观众厅是主要的使用房间，办公室、休息室、化妆室、道具室、厕所等是次要的使用房间。

平面组合时，要根据各个房间使用要求的主次关系，合理安排它们在平面中的位置，主要使用房间应考虑设置在朝向好，比较安静的地方，以取得较好的日照、采光、通风条件。

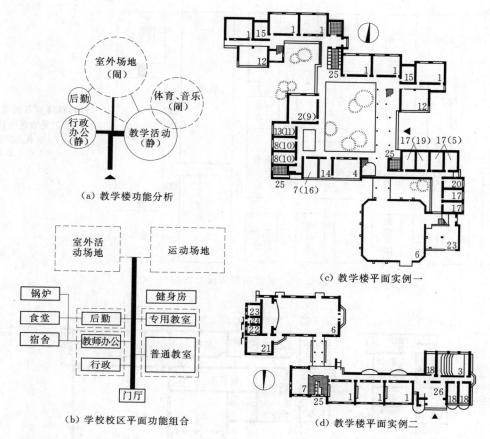

图 2.34 教学建筑使用功能分析组合示例（括号内标注为二层使用情况）

1—普通教室；2—自然教室；3—合班教室；4—音乐教室；5—微型计算机室；6—健身房兼礼堂；7—体育器械室；
8—科技活动室；9—学生阅览室；10—教师阅览室；11—书库；12—展览厅；13—准备室；14—乐器室；
15—教师休息室；16—广播室；17—行政办公室；18—教师办公室；19—会议室；20—配电间；
21—餐厅；22—备餐间；23—厨房；24—库房；25—厕所盥洗；26—门厅

2. 内外关系

有些建筑物主次关系不很明显，但内外关系比较突出，例如商店建筑的营业厅、餐饮建筑的餐厅，它们与外部人流联系较为紧密，应布置在靠近人流来往的地方或出入口处；而商店建筑的办公、库房以及餐饮建筑的操作间主要供内部工作人员使用，应布置在远离主要人流处，避免人流的交叉干扰。图 2.35 为餐馆功能流线分析图，图 2.36 为某餐馆平面图。

2.4.1.3 建筑物各部分的使用顺序和交通路线组织

建筑物中不同使用性质的房间，在使用过程中通常有一定的顺序要求。例如，医院的门诊部从挂号、候诊、诊疗、划价到收费、取药的各个房间，车站建筑中的问讯、售票、候车、检票、进站上车、检票出站的各个空间，平面组合时要很好地考虑人流的前后顺序，尽量避免不必要的往返和交叉干扰，如图 2.37 所示。

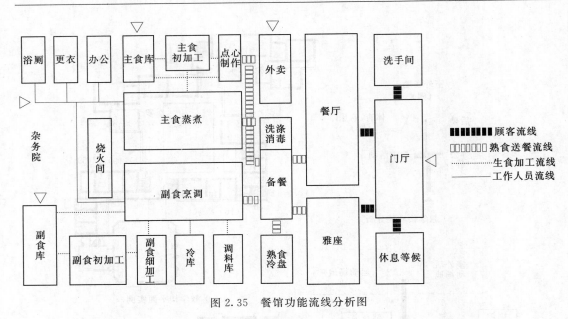

图 2.35 餐馆功能流线分析图

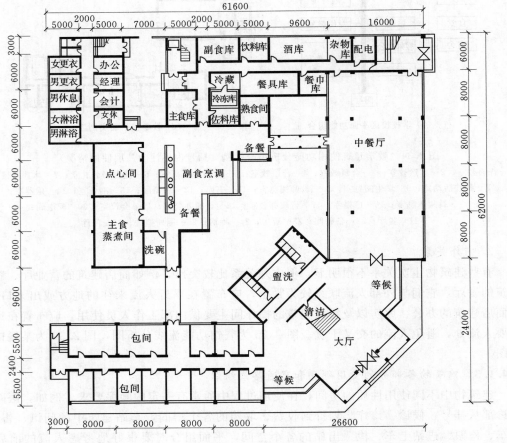

图 2.36 某餐馆平面图

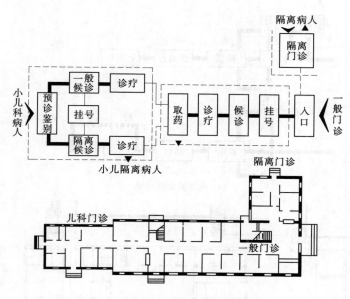

图 2.37 医院流线示意及平面图

由此可见，研究建筑物中各部分的使用顺序和交通路线的组织，实际上是研究流线的组织问题。所谓流线组织，在建筑设计中主要是指对于人流和物流的合理组织。其主要原则是保证使用的方便和安全。人流和物流进入建筑物，首先起始于建筑物的入口部分，因此建筑物的主要入口门厅和各个次要入口布置应该考虑迎向人流和物流的主要来源或有利于它们之间的分流。例如学校的图书馆大门应面对图书馆的使用者即师生的人流方向，而为了不使书库日常进出书籍会有车辆或运输行为堵塞人流出入口，应设置书库的专用通行车道及出入口，这样既避免了人流和物流的交叉，又为书库安排了一个避免过量光照的环境，还为在内部布置一个方便联系读者又易于连通书库的借阅台提供了良好的基础。

在建筑物内部，各使用部分的分布应该尽量使得使用频率较高的房间靠近主要入口或交通枢纽布置。例如旅馆中的客房是使用最频繁的部分，应当能够做到很方便出入，这样也在相当程度上满足了紧急情况下人流疏散的要求。另外有许多类型的建筑物，对于流线的组织还有各自特别的需要。例如医院的门诊楼，出于卫生安全方面的需要，应该在安排各类科室时，注意防止病人或医生间的交叉感染。又如交通类的建筑物，其流线组织应当十分明确。如图 2.38 所示为火车站流线示意及平面图。

2.4.1.4 结构类型

建筑结构与材料是构成建筑物的物质基础，在很大程度上影响着建筑的平面组合。因此，平面组合在考虑满足使用功能要求的前提下，应选择经济合理的结构方案，并使平面组合与结构布置协调一致。

目前民用建筑常用的结构类型有三种：混合结构、框架结构和空间结构。一般小型公共建筑如宿舍、中小学校、医院等多选择混合结构，高层公共建筑如宾馆、大型写字楼等多选择框架结构，大跨度空间如影剧院、体育馆多选择空间结构。

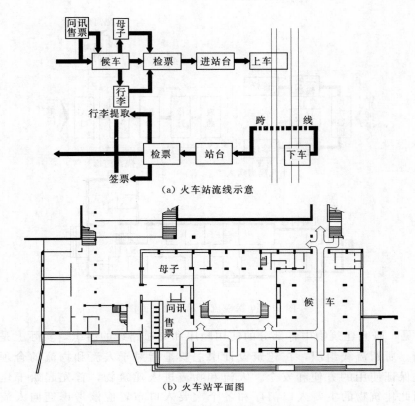

（a）火车站流线示意

（b）火车站平面图

图 2.38　火车站流线示意及平面图

1. 混合结构

混合结构适用于房间面积较小、层数不高（五六层以下）的建筑。根据受力不同承重墙体有三种布置方式：横墙承重、纵墙承重和纵横墙承重。当房间开间尺寸重复较多，且符合钢筋混凝土板经济跨度时，常采用横墙承重；当房间开间尺寸多样但进深尺寸较统一，且符合钢筋混凝土板的经济跨度时，可采用纵墙承重；当一部分房间的开间尺寸和另一部分房间的进深尺寸符合钢筋混凝土板的经济跨度时，可采用纵横墙承重。图 2.39～图 2.41 为采用墙体承重的结构平面布置示意图。在砖混结构中，通常采用砌块墙体承重和钢筋混凝土梁板等水平构件构成的系统。由于墙体是主要的承重构件，因此需要有足够的断面尺寸，上下层承重的墙体应对齐重合，以满足传递荷载的要求。房间的开间或进深尺寸基本统一，并符合钢筋混凝土板的经济跨度（非预应力板，通常为 4m 左右）。砖混结构的建筑在进行平面设计时，应尽量使平面规整，减少轴线参数，简化结构类型。

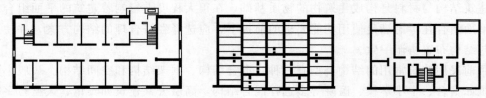

图 2.39　横墙承重的结构布置

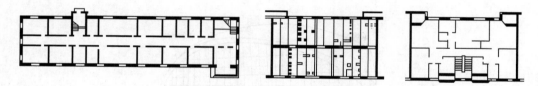

图 2.40 纵墙承重的结构布置

2. 框架结构

框架结构是以钢筋混凝土或钢的梁、柱构成建筑的承重骨架，墙体只起分隔、围护的作用。框架结构适用于房间的面积较大、层高较高、荷载较重或建筑物的层数较多的建筑，如开间和进深较大的商店、教学楼、图书馆之类的公共建筑，以及多高层住宅、旅馆等。此种结构形式强度高、自重轻，整体性和抗震性好；建筑平面布置灵活，可以

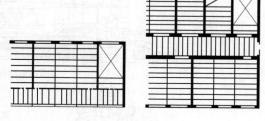

图 2.41 纵横墙承重的结构布置

获得较大的使用空间；门窗开置的大小、形状都较自由，但钢筋及水泥用量大，造价比混合结构高。

为保证建筑体型齐整，框架结构在进行平面组合设计时应尽量符合柱网尺寸的规格和模数以及梁的经济跨度的要求，通常柱网的经济尺寸为（6～8）m×（4～6）m。

3. 空间结构

空间结构具有跨度大（可达100m以上）、自重轻、平面灵活和建筑造型生动的特点，是一种科技含量较高的结构形式。当建筑的跨度与体量都较大、平面形状较复杂时，可采用各种形式的空间结构，例如，剧院的观众厅、体育馆的比赛大厅等。常见的空间结构体系有各种形状的壳体结构、网架结构以及悬索结构等，如图 2.42 所示。

上述各种结构布置方式的选用，都需要结合功能要求、材料情况、施工条件、空间处理等方面的具体条件，选择出合适的结构形式。

2.4.1.5 设备管线

民用建筑中的设备管线主要包括给水排水、采暖通风、空气调节以及电气照明、通信等所需的设备管线，它们都占有一定的空间。在进行平面组合时，除应考虑一定的设备位置，恰当地布置相应的房间外，对于设备管线比较多的房间，如住宅中的厨房、厕所，学校、办公楼中的厕所、盥洗间，旅馆中的客房卫生间、公共卫生间等，在满足使用要求的同时，应尽量将设备管线集中布置、上下对齐，以方便施工和节约管线。

2.4.1.6 建筑造型

建筑平面组合除受到使用功能、结构类型、设备管线的影响外，建筑造型在一定程度上也影响到平面组合。当然，造型本身是离不开功能要求的，它一般是内部空间的直接反映，但是不同建筑的外部特征和造型要求又会反过来影响到平面布局及平面形状。一般说来，简洁、完整的建筑造型无论对缩短内部交通流线，还是对于节约用地、降低造价、简化结构等都是有利的。

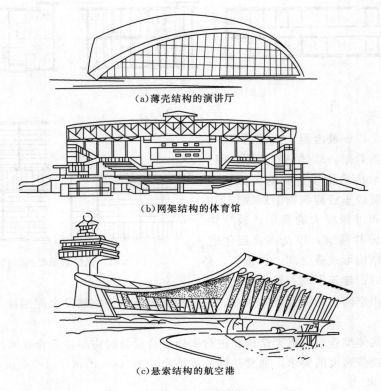

(a)薄壳结构的演讲厅

(b)网架结构的体育馆

(c)悬索结构的航空港

图 2.42 空间结构

2.4.2 建筑平面组合的方式

2.4.2.1 走道式组合

走道式组合是最常见的一种平面组合方式,是以走道的一侧或两侧布置房间,房间的相互联系和内外联系主要通过走道。走道式组合能保证房间之间相对独立,不互相穿越。这种组合方式常见于单个房间面积不大、相同功能房间较多、房间之间的活动相对独立的建筑,例如医院、旅馆、学校、办公楼、宿舍等。走道式组合如图 2.43 所示。

走道式组合又分为两侧布置房间的内廊式和一侧布置房间的外廊式两种。内廊式组合方式平面紧凑,走道所占面积较小,房屋进深大,节省用地,但有一侧的房间朝向差,当走道较长时,采光、通风条件较差,需要开设高窗或设置过厅以改善采光、通风条件。外廊式的特点是走道位于一侧,房间的朝向、采光和通风都较内廊式好,但是房屋的进深较浅,辅助交通面积增大,故占地较多,相应造价增加。敞开设置的外廊,较适合于气候温暖和炎热的地区,加窗封闭的外廊,由于造价较高,一般常用于疗养院、医院等医疗建筑。

采用北向外廊布置时,居室、卧室在南边,可以使其有较好的朝向和日照条件。南向外廊的房屋,外廊和房间出入口处的使用条件较好,室内的日照条件稍差,南方地区的某些建筑,如学校、宿舍等,也有不少采用南向外廊的组合,这时外廊兼起遮阳的作用。

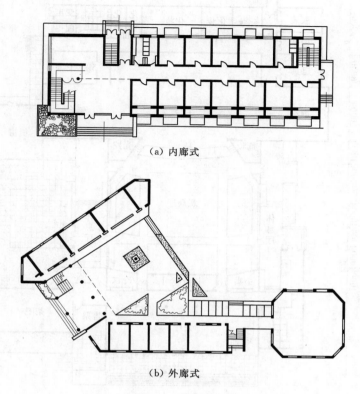

（a）内廊式

（b）外廊式

图 2.43 走道式组合

2.4.2.2 大厅式组合

大厅式组合适用于以一个大厅为活动中心，而且人流集中的建筑，如剧院、会场、体育馆等。大厅一般具有空间大、人流集中、视听要求高等特点，常设在建筑的中心位置，其他房间围绕着大厅布置，如图 2.44 所示。在大厅式组合中，交通路线组织问题比较突出，应使人流的通行安全、导向明确。

2.4.2.3 套间式组合

套间式组合是房间之间直接穿通的方式。其特点是：房间之间联系简捷，而且交通面积与房间的使用面积结合起来，在面积利用上比较经济。这种组合方式常用于房间之间相互联系紧密和顺序性较强且不需要单独分隔的建筑，如展览馆、纪念馆等，如图 2.45 所示。

2.4.2.4 单元式组合

将性质相同、关系密切的房间组合在一起成为一个相对独立的整体，称为单元。将一种或多种单元按地形和环境情况重复组合起来成为一幢建筑，这种组合方式称为单元式组合。

单元式组合的优点是平面布置紧凑，单元与单元之间相对独立，互不干扰。此外，单元式组合布局灵活，能适应不同的地形，形成多种不同的组合平面，如住宅、学校、医院等，如图 2.46 所示。

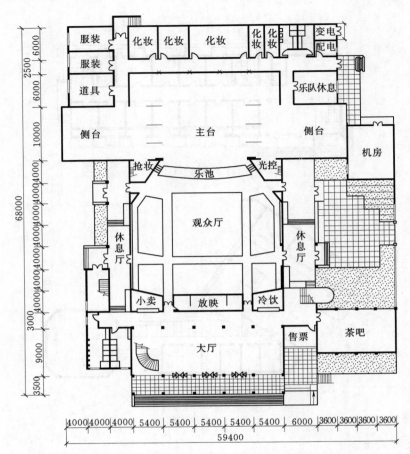

图 2.44 大厅式组合

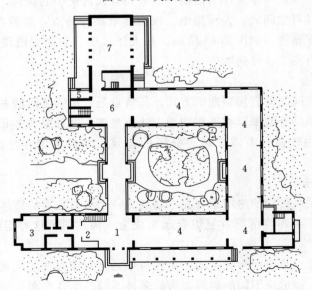

图 2.45 套间式陈列馆空间组合

1—门厅；2—存衣室；3—贵宾室；4—陈列室；5—厕所；6—休息；7—电影厅

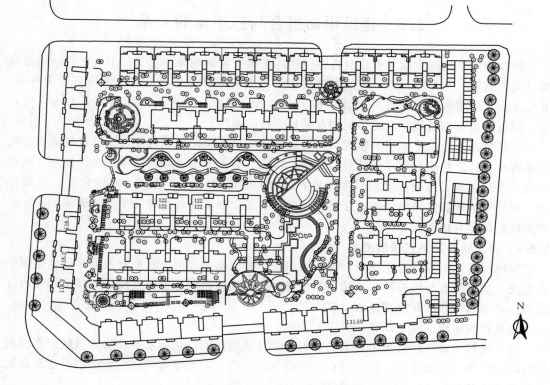

图 2.46　单元式住宅组合

2.4.2.5　混合式组合

这种组合方式混合使用以上两种方法，往往根据需要，在建筑物的某一个局部采用一种组合方式，而在整体上以另一种组合方式为主。如图 2.47 所示的幼儿园建筑中，班级活动室、寝室及卫生间采用套间式组合，各组合间通过走道联系。

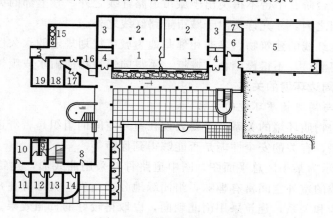

图 2.47　幼儿园建筑平面

1—活动室；2—寝室；3—卫生间；4—衣帽间；5—音体室；6—教具储藏；7—储藏；8—晨检兼接待；

9—教职工厕所；10—行政储藏；11—值班；12—保育员休息室；13—保健；14—传达室；

15—厨房；16—备餐；17—开水间；18—炊事员休息室；19—库房

2.5 建筑平面组合与总平面的关系

建筑物的平面组合除了受自身内部空间的逻辑关系影响外，在实际中，任何一幢建筑物（或建筑群）都不能脱离一定的总体关系而孤立的存在，总要与周围的环境产生对话，并与之发生特定的联系。建筑物在基地上的位置、形状、朝向、流线组织、出入口的布置、建筑造型等都必然受到总体规划及基地条件的制约。

建筑物在基地总平面中的布置，既影响到建成后环境的整体效果，又反过来成为建筑物单体在设计之初所必须考虑的外部条件。因此，建筑平面设计还应考虑总体规划、基地环境、当地气候、地理、地震烈度等外界因素，才能具体确定房屋基地的位置、平面形状、室外用地等各方面的问题，使建筑物的平面组合能够切合当时、当地的具体条件，成为建筑群体的有机组成。

2.5.1 建筑物与基地红线的关系

基地红线是工程项目立项时，规划部门在下发的基地蓝图上所圈定的建筑用地范围的边界线。如果基地与城市道路接壤，其相邻处的红线即是城市道路红线，而其余部分的红线即为基地与相邻的其他基地的分界线。

建筑物与基地红线之间存在着以下关系。

（1）建筑物应该根据城市规划的要求，将其基底范围，包括基础和除去与城市管线相连接部分以外的埋地管线，都控制在红线的范围之内。如果城市规划主管部门对建筑物退界距离还有其他要求，也应一并遵守。

（2）建筑物与相邻基地之间，应在边界红线范围以内留出防火通道或空地。除非建筑物前后都留有空地或道路，并符合防火规范的要求时，才能与相邻基地的建筑毗邻建造。

（3）建筑物的高度不应影响相邻基地邻近建筑物的最低日照要求。

（4）建筑物的台阶、平台不得突出于城市道路红线之外。其上部的突出物也应在规范规定的高度和范围之内，才允许突出于城市道路红线之外。

（5）紧接基地红线的建筑物，除非相邻基地为城市规划规定的永久性空地，否则不得朝向邻地开设门窗洞口，不得设阳台、挑檐，不得向邻地排泄雨水或废气。

2.5.2 建筑物与周边环境的关系

2.5.2.1 建筑物与周边物质环境的关系

建筑物与周边物质环境的关系，主要表现在室外空间的组织是否舒适合理，建筑物的排列是否井然有序，有关的安全性能是否能够得到保障等。

如图 2.48 所示为某小区总平面图，图中道路骨架采用曲线形，建筑围绕着道路进行布置，组合后形成的室外空间富有趣味，组团绿地分布合理，大部分住户都能够享有均等的与室外环境的亲和关系；建筑采用南北朝向，以取得较好的日照效果。从此实例中可以看出，建筑单体的设计与相互组合的可能性之间以及与构成室外空间的形态之间有着密切的关系。建筑设计的过程往往是由里而外，又由外而里，经过多次反复考虑、修改，才能最后完成的。

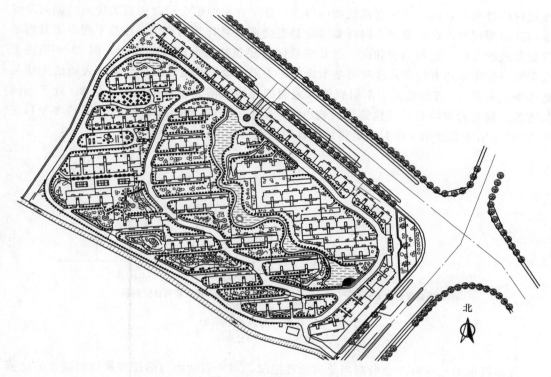

图 2.48 某小区总平面图

建筑基地内部及外围总是有道路及停车场等不同的设施，建筑物的布置应该与交通流线的组织综合考虑。建筑物的出入口除了受到道路系统、人流方向的影响之外，道路上行车还会产生噪声及废气，或者产生安全问题，因此在进行建筑的总平面设计时，应当充分考虑这些因素。其中减少噪声干扰的问题，是建筑设计中必须予以特别重视的。

另外，消防问题也是不可忽略的安全问题。《建筑设计防火规范》（GB 50016—2014）（2018 年版）对于各类建筑物之间的防火间距作了严格的规定，还规定了基地上消防车可以通行的道路与建筑物之间的位置关系，在设计时应该严格遵守。

2.5.2.2 建筑物与周边生态环境的关系

从人与自然和谐共存的角度来看，我们所建造的供生产、生活的人工环境，一定要纳入自然生态良性循环的系统。在设计的过程中，可以从建筑的光环境、风环境、卫生绿化条件、节能等方面来进行调控。

1. 日照间距

光环境最基本的衡量标准是建筑获得日照的状况和有效的日照时间。例如，根据我国所处地理位置的特点，相关标准要求每套居民住宅必须有一间居室获得日照，日照时间根据住宅建筑所处气候区的不同为分别在大寒日 2h、3h 或冬至日 1h 连续满窗日照。对卫生要求特别高的建筑物，如托儿所、幼儿园、疗养院、养老建筑等，该标准提高为每间活动室或者居室都必须获得日照，老年人居住建筑不应低于冬至日日照 2h 的标准。这样，

55

在设计的过程中，就应该根据建筑物的特点，除了在平面组合时考虑有关房间的朝向及可能的开窗面积外，在体型组合时还要考虑是否会造成对日照的遮挡，在总平面布置时则要注意基地的方位、建筑物的朝向，以及注意保持建筑物之间的日照间距。图 2.49 描述了太阳的高度角 α 和方位角 β 这两个基本概念。太阳高度角是指太阳射到地球表面的光线与地平面的夹角 α，方位角是太阳射到地球表面的光线与南北轴线所成的夹角 β。处于不同的方位，前排建筑物对后排建筑物的遮挡情况是不一样的，通常以当地大寒日或冬至日正午 12 时太阳的高度角 α 作为确定建筑物日照间距的依据。

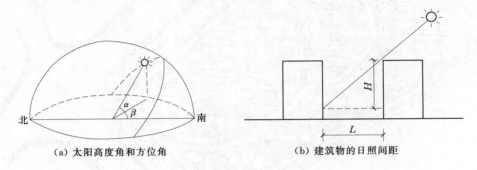

（a）太阳高度角和方位角　　　　　（b）建筑物的日照间距

图 2.49　日照和建筑物的间距
α—高度角；β—方位角

　　许多城市的地方标准会根据当地的地理情况，对房屋间距与前排建筑物的高度的比值做出规定，并且规定有效的建筑方位角范围，以及在不同方位角的情况下，该比值的增减系数。设计时可以参照执行。对于那些有特别规定的建筑类型，在设计时还必须作图来求得在标准所规定的有效时间段内，建筑物是否能满足日照标准的要求。

　　同样，通风状况是否良好也是建筑设计所要考虑的重要标准。为了卫生、舒适、节能的需求，除了建筑物的室内最好能通过开窗的位置和方式组织穿堂风和自然通风外，整个基地上建筑物的布置都应该有利于形成良好的气流，并且不要对周边的固有环境造成不良影响。

　　建筑设计中常用的风玫瑰图见图 2.50，它是根据气象资料总结的当地常年及夏季的主导风向及其出现的频率。参照风玫瑰图，可以帮助决定建筑物之间的高低错落关系。例如在我国的南方地区，往往不希望受到南向的高大建筑的遮挡。此外，建筑物相互位置之间的疏密远近，对自然风通过时的风向、风速，还会产生局部的影响。例如双面临街的高层建筑，会加快中间风的流速，在寒冷的冬季可能令行人感到不快。因此，许多建筑在进行总平面布置时还应通过模拟计算，甚至需要通过风洞试验。

　　2. 绿化

　　绿化是在人工环境中求得生态平衡的重要手段。在建筑总平面的设计中，留出绿化的面积固然很重要，但还要为绿色植物的生长提供有利的环境。例如在高层建筑围绕下的绿地，虽然由于高层之间间距大，从平面图上看，似乎绿地的规模不小，很有气派，但实际上建成后由于绿地常年处于建筑物的阴影之下，很多树种难以存活，效果就不一定很好，在这样的地方，可以考虑栽种些喜阴植物。此外，对于基地上具有保留意义的

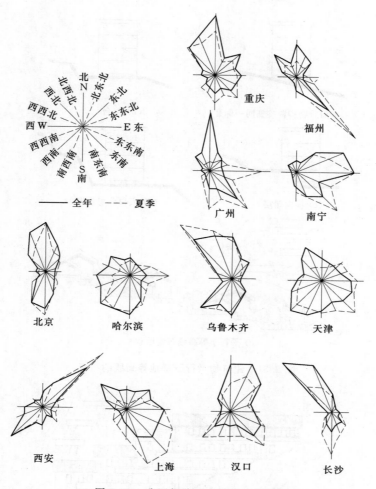

图 2.50　我国部分城市的风玫瑰图

生态环境，即便是具有一定树龄的老树，也应尽量予以保护。

2.5.3　建筑物与基地高程的关系

地形大致可以分为平地和坡地两类。对于地势平坦的基地，建筑的平面交通和高度关系处理较为容易，而在坡地上建造房屋相对来说较为复杂。任何建筑基地都会存在自然的高差，设计后为了地面排水的需要，也会形成一定的地面高差和坡度。为此，建筑物的底层地面应该至少高于其基地外的室外地面约 150mm。如果建筑底层地面架空铺设的话，最好高于室外地面 450～600mm，一般可以在 150～900mm 之间选择。

一些建筑基地的自然高差本来就相当大，这时建筑布置应当考虑建造时土方的平衡、道路的顺畅便利以及建筑物对室外地面排水的影响。图 2.51、图 2.52 分别表示建筑物平行于基地等高线布置和垂直、斜交于基地等高线布置的情况。

一般当基地坡度较小时，建筑可以采取平行于基地等高线布置的方法。当坡度小于10%的时候，可以采用如图 2.51（a）所示的方法，将勒脚部分统一抬高到一个高度，以节省土方；或者整理出一部分平台来建房，如图 2.51（b）所示；或者将建筑物局部适应

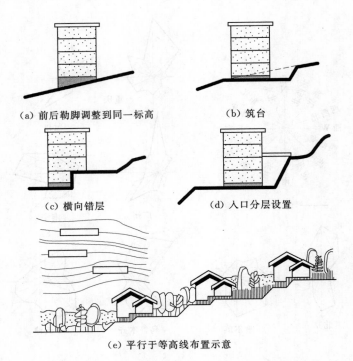

（a）前后勒脚调整到同一标高　　（b）筑台

（c）横向错层　　（d）入口分层设置

（e）平行于等高线布置示意

图 2.51　建筑物平行于基地等高线的布置

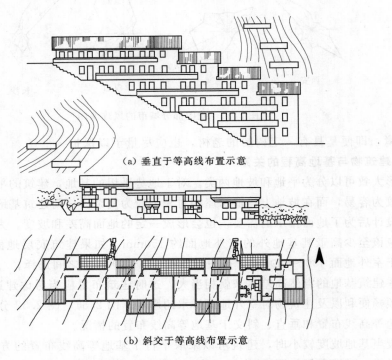

（a）垂直于等高线布置示意

（b）斜交于等高线布置示意

图 2.52　建筑物垂直或斜交于基地等高线的布置

基地的高差，如图 2.51（c）所示，或者在建筑物的不同高度上分层设出入口，如图 2.51（d）所示。不过建筑物靠近基地高起部分的房间的通风采光还是应当予以重视，尽量不要以降低这些方面的质量来换取其他利益。

　　当基地坡度较大、建筑物平行于基地等高线布置对朝向不利时，往往会采取垂直或斜交于等高线布置的方式，这样通风、排水问题都比较容易解决。但是建筑物基础的处理和道路的安排都比平行于等高线时复杂得多。如果基地坡度较陡，建筑物可以顺势采用图 2.52（a）的做法，逐层增加面积，也可以利用室外的台阶分层通达各自的出入口。有时建筑物与基地等高线斜交，相当于减小了地面坡度，这时建筑物也可以采用如图 2.52（b）所示那样的方法进行错层设计。

本章小结

　　（1）民用建筑的平面设计包括单个房间的设计和平面组合设计两部分。各种类型的民用建筑，其平面组成均可归纳为使用部分和交通联系部分两个基本组成部分。

　　（2）主要使用房间设计涉及房间面积、形状、尺寸、良好的朝向、采光、通风及疏散等问题，同时还应符合建筑模数协调标准的要求，并保证经济合理的结构布置等。

　　（3）辅助使用房间的设计原理和设计方法与主要使用房间的是基本相同的。但是这类房间设备管线较多，设计中要特别注意房间的布置和与其他房间的位置关系。

　　（4）建筑物内部各房间之间以及室内外之间需要通过交通联系部分组合成有机的整体，交通联系部分在满足消防要求的前提下，应具有足够的尺寸、流线简捷、导向明确。

　　（5）建筑平面组合设计时，满足不同类型建筑的功能要求是首要的原则，应做到功能分区合理，流线组织明确，平面布置紧凑，结构经济合理，设备管线布置集中。

　　（6）民用建筑平面组合的方式有走道式、套间式、大厅式、单元式和混合式等。

　　（7）建筑组合设计必须密切结合环境，做到因地制宜，单体建筑都将建造在一个特定的建筑地段上，基地环境、大小、形状、地形起伏变化、气象、道路及城市规划的要求是制约建筑组合设计的重要因素。建筑组合设计使得日照通风条件、防火安全、噪声、污染等条件，对确定建筑物之间的距离有很大的影响。然而，对于一般性建筑而言，日照间距是确定建筑物之间的间距的主要依据。

复习思考题

　　1. 建筑平面设计包含哪些基本内容？

　　2. 确定房间面积大小时应考虑哪些因素？试举例分析。

　　3. 影响房间形状的因素有哪些？

　　4. 房间尺寸指的是什么？确定房间尺寸应考虑哪些因素？

　　5. 辅助使用房间包括哪些房间？辅助使用房间设计应注意哪些问题？

　　6. 交通联系部分包括哪些内容？如何确定楼梯的数量、宽度和选择楼梯的形式？

7. 影响平面组合的因素有哪些？

8. 走道式、套间式、大厅式、单元式等各种组合形式的特点和适用范围是什么？

9. 基地环境对平面组合有什么影响？试举例说明。

10. 建筑物如何争取好的朝向？建筑物之间的间距如何确定？

第3章 建筑剖面设计

本章导读

本章基本要求：了解建筑剖面设计的基本内容；掌握建筑空间竖向组合设计的原则和组合方式；熟练掌握房间剖面形状、房间各部分高度及建筑物层数的确定方法。

本章重点、难点：重点，房间剖面形状、尺寸的确定；房屋各部分标高的确定；建筑空间的竖向组合。难点，层高与净高的计算；建筑空间的竖向组合。

建筑剖面设计主要研究建筑在垂直方向上各组成部分的空间关系，与平面设计、立面设计相互制约、相互影响。在建筑剖面设计中，要根据房间的功能要求确定房间的剖面形状，同时必须考虑剖面形状与垂直方向房屋各部分的组合关系、具体的物质技术、经济条件和空间的艺术效果等方面的关系，还要考虑平面和剖面的相互关系，不断调整修改，才能使设计更加完善、合理。

3.1 房间的剖面形状

房间的剖面形状主要是根据建筑物的使用功能和使用特点确定，同时，建筑材料、建筑结构、建筑施工以及建筑造型等对剖面形状的确定也有很大的影响。此外，还需要考虑具体的物质技术、经济条件及特定的设计观念的影响，使之既要满足使用要求，又要达到一定的艺术效果。

3.1.1 使用要求

房间的剖面形状分为矩形和非矩形两类。矩形剖面简单、规整，有利于家具设备的布置，便于竖向空间的组合，容易获得简洁而完整的体型，同时结构简单，施工方便。在民用建筑中，绝大多数的建筑，如住宅、学校、办公楼、旅馆、商店等，房间的剖面形状采用矩形。

对于某些有特殊功能要求的房间，则应根据使用要求选择适合的剖面形状。

3.1.1.1 视线要求

1. 视距的选择

视距是指从最后排观众的眼睛到设计视点的距离。合适的视距是保证良好的视觉条件，舒适、无遮挡地看清对象的重要因素。不同性质的观众厅对视距有不同的要求。剧院的最大视距为 20~33m，若要能较细致地看清演员的面部表情，视距应在 15m 以内。电影院的普通银幕最小视距宜为画面宽度的 1.5 倍，并不应小于 1.3 倍；最大视距宜控制在 33m 以内，极限视距为 40m。体育馆的最大视距可扩大。

2. 设计视点的选择

设计视点是指按设计要求所能看到的极限位置，以此作为视线设计的主要依据。设计视点选择是否合理，是衡量视觉质量好坏的重要标准，直接影响到地面升起的坡度和经济性。电影院观众厅的视线质量示意如图 3.1 所示。

（a）不合理（设计视点位置较高，地坪升起不够）　（b）合理（设计视点位置正确，地坪升起恰当）

图 3.1　电影院观众厅的视线质量示意

不同功能的建筑，设计视点的选择是不同的。如在电影院中，设计视点应选在银幕底边的中点；在剧院中，设计视点一般宜选在舞台面台口线中心地面处，如受条件限制，设计视点可适当提高，但不应超过舞台面 300mm；学校合班教室的设计视点一般应选在黑板底边；在体育馆中，设计视点一般应选在场地边线上或边线上空 300～500mm 处。设计视点越高，视野范围越小，地面升起的坡度就平缓；设计视点越低，视野范围越大，房间地面升起的坡度越大，如图 3.2 所示。

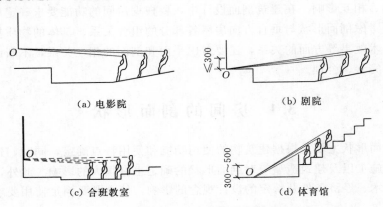

（a）电影院　　　　　　　　　　（b）剧院

（c）合班教室　　　　　　　　　（d）体育馆

图 3.2　设计视点与地面坡度的关系

3. 视线升高差与地面升起

视线升高差即后排与前排的视线升高差（用 C 表示）。根据实测，中国人视线升高差为 111～118mm，为计算方便一般定为 120mm。如图 3.3 所示为中学演示教室的地面升高，其中图 3.3（a）为对位排列，C 值取 120mm，逐排升高，地面起坡大，图 3.3（b）为错位排列，C 值取 60mm，每两排升高一级，地面起坡小。

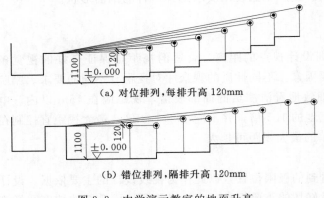

（a）对位排列，每排升高 120mm

（b）错位排列，隔排升高 120mm

图 3.3　中学演示教室的地面升高

3.1.1.2　音质要求

剧院、电影院、礼堂等建筑，大厅的音质要求对房间的剖面形状影响很大。为保证室内声场分布均匀，防止出现空白区、回声和聚焦等现象，在剖面设计中要注意顶棚、墙面和地面的处理。顶棚的高度和形状应使大厅各座位都能获得均匀的反射声,并能加强声压不足的部位。一般说来,凹面易产生聚焦,声场分布不均匀,凸面是声扩散面,不会产生聚焦,声场分布均匀,因此,大厅顶棚应尽量避免采用凹曲面或拱顶,同时必须使大厅地面逐渐升高。音质要求与剖面形状的关系如图 3.4 所示。

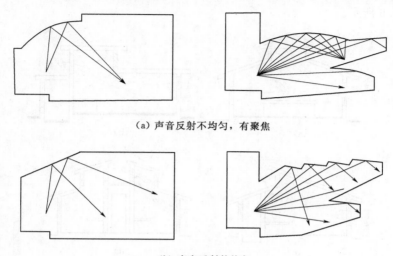

（a）声音反射不均匀,有聚焦

（b）声音反射较均匀

图 3.4　音质要求与剖面形状的关系

3.1.2　采光和通风要求

3.1.2.1　采光要求

室内光线的强弱和照度是否均匀,除了和平面中窗户的宽度及位置有关外,还和窗户的高低有关。一般进深不大的房间,可采用侧窗采光。但侧窗采光光线不够均匀,容易产生眩光。所以,当房间进深较大,侧窗不能满足采光要求,或有的房间虽然进深不大,但具有特殊要求（如展览馆中的陈列室）,为使室内照度均匀、稳定、柔和,并减轻和消除眩光的影响,避免直射阳光损害陈列品,常需设置各种形式的天窗,从而形成了各种不同的建筑剖面形状,如图 3.5 所示。

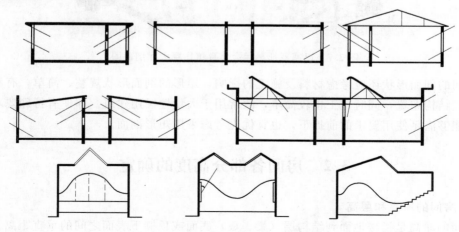

图 3.5　不同采光方式对剖面形状的影响

63

3.1.2.2 通风要求

房间内的通风要求，也对房间的形状有一定影响。对于在操作过程中散发出大量蒸汽、油烟的房间，可在顶部设置排气窗以加速排除有害气体，从而改善室内的通风和采光条件，如图 3.6 所示。

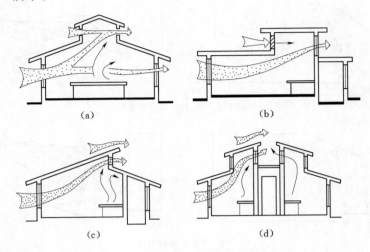

图 3.6　设顶部气窗的厨房剖面形状

3.1.3　结构、材料和施工的影响

不同的结构类型对房间的剖面形状也起着一定的影响。大跨度建筑的房间剖面由于结构形式的不同而形成独特的内部空间特征，如图 3.7 所示。

图 3.7　巴塞罗那奥运会体育馆比赛大厅剖面图

房间的剖面形状还应考虑材料及施工的影响。矩形的剖面形状规整、简单，有利于采用梁板式结构布置，同时施工也较简单，故常用于大量性民用建筑。即使有特殊要求的房间，在能够满足使用要求的前提下，也宜优先考虑采用矩形剖面。

3.2　房间各部分高度的确定

3.2.1　房间的净高和层高

房间的净高是指楼地面到结构层（梁、板）底面或顶棚下表面之间的垂直距离。层高是指该层楼地面到上一层楼地面之间的垂直距离，如图 3.8 所示。层高是国家对各类建筑高度的控制指标，净高是供人们直接使用的有效高度，它与室内活动特点、设备尺寸、采光通风要求、结构类型等因素有关。

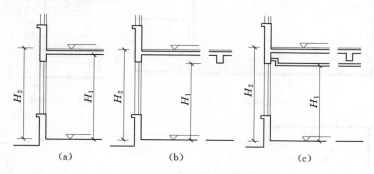

图 3.8　房间的净高与层高

H_1—净高；H_2—层高

3.2.1.1　人体活动的要求

　　房间的净高与人体活动尺度有很大关系。为保证人们的正常活动，一般情况下，室内最小净高应使人举手不接触到顶棚为宜，即不低于 2200mm，如图 3.9 所示。

　　不同类型的房间，由于使用人数、房间面积大小不同，对房间的净高要求也不相同。卧室使用人数少、面积不大，故净高常取 2.6～2.8m，但不应小于 2.4m；教室使用人数多，面积大，净高一般常取 3.30～3.60m；公共建筑的门厅是接纳、分配人流及联系各部分的交通枢纽，也是人们活动的集散地，人流较多，高度可较其他房间适当提高，如商店营业厅（无空调设备的）底层净高为 4.2～6.0m，二层净高为 3.6～5.1m。

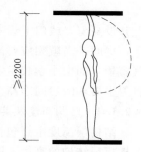

图 3.9　房间最小净高

3.2.1.2　家具设备的要求

　　房间的家具设备以及人们使用家具设备所需的必要空间，直接影响房间的净高和层高。演播室顶棚下装有若干灯具，为避免眩光，演播室的净高不应小于 4.5m；学生宿舍通常设有双人床，层高不宜小于 3.6m；医院手术室的净高和层高应考虑手术台、无影灯、手术观摩、风管尺寸及必要的检修空间；游泳馆比赛大厅的净高应考虑跳水台的高度、跳水台至顶棚的最小高度。家具设备对房间高度的影响如图 3.10 所示。

3.2.1.3　采光、通风的要求

　　室内光线的强弱和照度是否均匀，除了和平面中窗户的宽度及位置有关外，还和窗户在剖面中的高低有关。房间里光线的照射深度，主要靠窗户的高度来解决，进深越大，要求窗户上沿的位置越高，即相应房间的净高也要高一些。当房间采用单侧采光时，通常窗户上沿离地的高度，应大于房间进深长度的一半。当房间允许两侧开窗时，房间的净高不小于总深度的 1/4。

　　房间的通风要求，也对房间净高有一定影响。潮湿和炎热地区的房屋，经常利用内墙

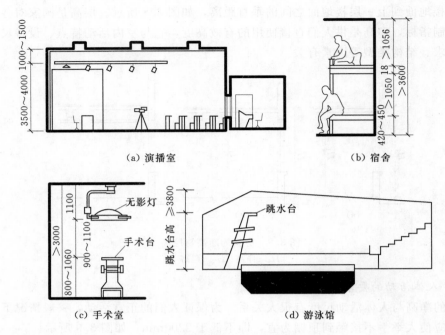

（a）演播室　　　　　　　　　　（b）宿舍

（c）手术室　　　　　　　　　　（d）游泳馆

图 3.10　家具设备对房间高度的影响

上开设高窗，或门上设置亮子等来组织室内穿堂风，改善室内的通风条件，在这些情况下，房间净高就相应要高一些。除此以外，容纳人数较多的公共建筑，应考虑房间正常的气容量（如中小学教室每个学生气容量为 $3\sim5\mathrm{m}^3$／人，电影院为 $4\sim5\mathrm{m}^3$／人），确定出符合卫生要求的房间净高。

3.2.1.4　结构高度及其布置方式的要求

结构层高度主要包括楼板、屋面板、梁和各种屋架所占的高度。层高一般等于净高加上楼板层结构的高度，因此在满足房间净高要求的前提下，其层高尺寸随结构层的高度而变化，结构层越高，则层高越大。在结构安全可靠的前提下，减少结构层的高度会增加房间的净高和降低建筑造价，所以合理地选择、布置结构承重方案十分重要，如图 3.11、图 3.12 所示。其次，还应考虑符合建筑模数要求，大量性民用建筑当层高小于 3.6m 时，符合 1M；当层高大于 3.6m 时，符合 3M。

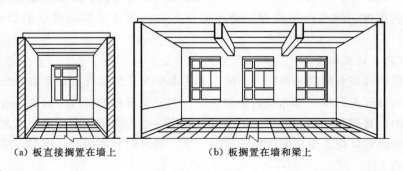

（a）板直接搁置在墙上　　　　　　（b）板搁置在墙和梁上

图 3.11　梁板布置方式对房间高度的影响

3.2.1.5 室内空间比例

在确定房间净高时，还应具有建筑空间概念，分析人们对建筑空间在视觉上、精神上的要求。一般来说，面积大的房间高度要高一些，面积小的房间则可适当降低，因为不同的比例尺度往往给人以不同的心理感受。高而窄的比例易使人产生兴奋、激昂、向上的情绪，且具有严肃感，但过高就会觉得不亲切，如图 3.13（a）所示；宽而矮的空间使人感觉宁静、开阔、亲切，但过低又会使人产生压抑、沉闷的感觉，如图 3.13（b）所示。房间比例应给人以适宜的空间感觉，一般民用建筑的空间比例，高宽比在 1∶3～1∶5 之间比较合适。

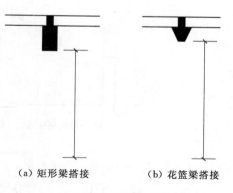

（a）矩形梁搭接　　（b）花篮梁搭接

图 3.12　梁板结构对房间高度的影响

（a）高而窄的空间比例

（b）宽而矮的空间比例

图 3.13　不同空间比例给人以不同的感受

3.2.1.6 建筑经济效果

层高是影响建筑造价的一个重要因素。进行剖面设计时，在满足使用、采光通风、室内观感等前提下，应适当降低层高。降低层高，首先减少了建筑材料的用量和施工量，减轻了墙体自身的荷载，减少了围护结构面积，降低能耗；其次，降低层高，使建筑物的总高度降低，从日照间距的角度来讲，能缩小建筑物间距，节约土地。实践表明，砖混结构的建筑物，层高每降低 100mm 可节省投资 1%。

3.2.2 窗台高度

窗台的高度主要根据室内的使用要求、人体尺度、家具和设备的高度来确定。一般民用建筑中生活、学习或工作用房，窗台高度的确定主要考虑方便人们工作、学习，保证书桌上有充足的光线，常采用 900～1000mm。这样的尺寸和桌子的高度（约 800mm）配合关系比较恰当，如图 3.14（a）所示。

一些展览建筑，由于室内利用墙面布置展品，常将窗台提高到 2500mm 以上，同时高窗的布置也对展品的采光有利，如图 3.14（b）所示。

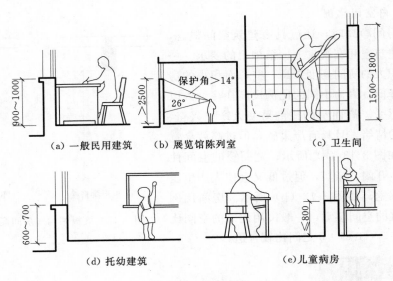

图 3.14　窗台高度

浴室、厕所走廊两侧的窗台高度可以提高到 1800mm，以利于遮挡人们的视线，如图 3.14（c）所示。

幼儿园、托儿所建筑结合儿童的身高及较小的家具设备，活动室的窗台高度常采用 700mm 左右，如图 3.14（d）所示。

医院儿童病房为方便护士照顾病儿，窗台高度也应较一般民用建筑低一些，如图 3.14（e）所示。

图 3.15　范斯沃斯住宅

疗养院和风景区的一些建筑物，某些公共建筑的房间，如餐厅、休息厅、娱乐活动场所，由于要求室内阳光充足或便于观赏室外景色，丰富室内空间，常将窗台做得很低，甚至采用落地窗。如图 3.15 所示为 1945 年密斯为单身女医生范斯沃斯设计的度假别墅。

但必须注意，当临空的窗台高度小于 800mm 或住宅窗台小于 900mm 时，必须有安全防护措施，如护窗栏杆等。

3.2.3　雨篷高度

雨篷的高度应充分考虑与门的关系。雨篷位置过高，则遮雨效果不好，过低有压抑感，而且不便于安装门灯。为了便于施工和构造简单，通常将雨篷与门洞过梁结合成一整体。雨篷标高宜高于门洞标高 200mm 左右。

3.2.4　室内外地面的高差

在建筑设计中，一般以建筑物底层室内地面标高为 ±0.000，高于这个标高的为正标高，反之则为负标高。为了防止室外雨水倒灌流入室内，建筑物因沉降而使室内地面标高过低，同时为了满足建筑使用及增强建筑美观要求，室内外地面应有一定高差。高差的确定要根据多种因素综合考虑。

3.2.4.1 内外联系方便

建筑物室内外高差应方便联系。住宅、商店、医院等建筑的室外台阶踏步级数一般不超过 4 级，即室内外地面高差不大于 600mm 为好。仓库类建筑，为便于运输，在入口处常设置坡道，为避免坡道过长影响室外道路布置，室内外地面高差以不超过 300mm 为宜。

3.2.4.2 防水、防潮要求

为了防止室外雨水流入室内，并防止墙身受潮，底层室内地面一般应高于室外地面不小于 300mm。对于地下水位较高或雨量较大的地区以及防潮要求较高的建筑物，还可以适当提高室内地面标高。

3.2.4.3 地形及环境条件

位于山地和坡地的建筑物，应结合地形的起伏变化和室外道路布置等因素，综合确定底层地面标高，使其既方便内外联系，又有利于室外排水和减少土石方工程量。

3.2.4.4 建筑物性格特征

一般民用建筑应具有亲切、平易近人的感觉，因此室内外高差不宜过大。纪念性建筑除在平面空间布局及造型上反映出其独特的性格特征外，还常借助于室内外高差值的增大（如采用高的台基和较多的踏步处理），以增强严肃、庄重、雄伟的气氛，如图 3.16 所示。

图 3.16 南京中山陵

3.3 建筑层数的确定

建筑在地面上反映出的竖向尺度就是建筑总高度。一定的高度划分为若干层，形成建筑的层数。影响建筑物层数和高度的因素很多，概括起来包括以下几个方面。

3.3.1　建筑使用的要求

由于建筑用途不同，使用对象不同，往往对建筑层数有不同要求。托儿所、幼儿园、疗养院等建筑，考虑到使用者的使用安全，同时为便于室内与室外活动场所的联系，其层数不宜超过 3 层。

影剧院、体育馆等公共建筑，由于面积大，人流集中，为迅速而安全地进行疏散，宜建成低层。

住宅、宿舍、办公楼等建筑，因使用中无特殊要求，这一类建筑层数不受限制，可采用多层，当设置电梯作垂直交通时，也可建高层。

3.3.2　城市规划的要求

确定房屋的层数要符合各地区城市规划部门对整个城市面貌的统一要求，特别是对于位于城市街道两侧、广场周围等的建筑物，必须重视建筑与环境的关系，做到与周围建筑物、道路、绿化等协调一致。如位于天安门广场周围的建筑物，当决定其高度时，应考虑与天安门高度相协调。

图 3.17　苏州园林

位于风景区的建筑，其体量和造型对周围景观有很大影响，为了保护风景区，使建筑与环境协调，一般不宜建造体量大、层数多的建筑物，应以自然环境为主，充分借助大自然的美来丰富建筑空间，因此宜采用小巧、低层建筑。如图 3.17 所示为苏州园林，其布局以水池为中心，将亭台、厅榭、花木等与景色融为一体。

城市航空港附近的一些地区，从飞机的飞行安全考虑，也对建筑的层数和总高度有所限定。另外，从保护空间环境，减少"阴影效应"方面考虑，各国对建筑高度都有具体法规和条例加以限定。

3.3.3　建筑结构、材料和施工的要求

建筑结构类型和材料是决定房屋层数的基本因素。由于高层对材料特性、结构特性的要求较为严格，而混合结构的建筑是以墙或柱承重的梁板结构体系，所以一般为 1～6 层，常用于大量性民用建筑，如住宅、宿舍、中小学教学楼、中小型办公楼、医院、食堂等。

多层和高层建筑，可采用梁柱承重的框架结构、剪力墙结构或框架剪力墙结构等结构体系，如图 3.18 所示。表 3.1 为各种结构体系的适用层数。

空间结构体系，如薄壳、网架、悬索等适用于低层大跨度建筑，如影剧院、体育馆、仓库、食堂等，如图 3.19 所示。

建筑的施工条件、起重设备、吊装能力以及施工方法等均对建筑层数有所影响，如吊装能力的大小对构件的重量、建筑总高度的限制；又如滑模施工由于是利用一套提升设备

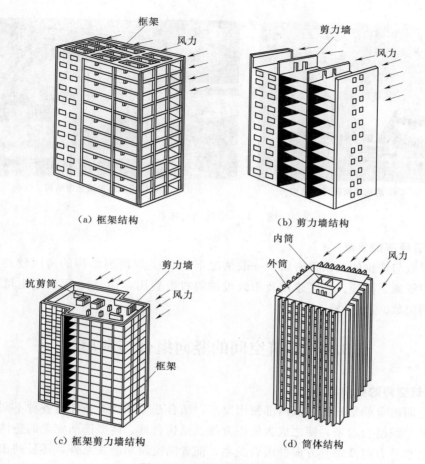

（a）框架结构 （b）剪力墙结构

（c）框架剪力墙结构 （d）筒体结构

图 3.18　高层建筑结构体系

表 3.1　　　　　　　　各种结构体系的适用层数

结构名称	框架	框架剪力墙	剪力墙	框筒	筒体	筒中筒	束筒	带刚臂框筒
适用功能	商业娱乐、办公	酒店、办公	住宅、公寓	酒店、办公、公寓	酒店、办公、公寓	酒店、办公、公寓	酒店、办公、公寓	酒店、办公、公寓
适用层数/层	12	24	40	30	100	110	110	120
适用高度/m	50	80	120	100	400	450	450	500

使模板随着浇筑的混凝土不断向上滑升，直至完成全部钢筋混凝土工程量，建筑结构整体性较预制装配好，同时可以节约大量模板，缩短工期，降低造价，因此，对于多层和高层钢筋混凝土结构的建筑是适宜的，而且层数越多，经济效益也越显著。

3.3.4　建筑防火的要求

建筑防火对建筑层数也有一定的限制，按照《建筑设计防火规范》（GB 50016—2014）（2018 年版）的规定，建筑的层数应根据建筑的性质和耐火等级来确定。

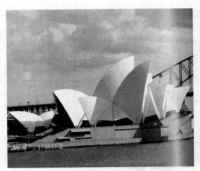 

（a）悉尼歌剧院薄壳结构　　　　　　（b）日本代代木体育馆悬索结构

图 3.19　空间结构体系

3.3.5　建筑经济的要求

建筑层数与造价的关系很密切。一般情况下，5～6 层砖混结构的房屋较经济。但如果综合考虑征地、搬迁、小区建设及市政设施等投资费用，10～12 层住宅也可能是比较经济合理的层数。

3.4　建筑空间的竖向组合与利用

3.4.1　建筑空间的竖向组合

建筑空间组合就是根据建筑内部使用要求，结合基地环境等条件将各种不同形状、大小、高低的空间组合起来，使之成为使用方便、结构合理、体型简洁完美的整体。建筑空间组合包括水平方向及垂直方向的组合关系，前者除反映功能关系外，还反映出结构关系以及空间的艺术构思，在进行建筑平面空间组合设计和结构布置时，就应当对剖面空间的组合及建筑造型有所考虑；而剖面的空间关系也在一定程度上反映出平面关系，因而将两方面结合起来，就成为一个完整的空间概念。

3.4.1.1　层高相同或相近的房间组合

对于使用性质接近，而且层高相同的房间，如教学楼中的普通教室、办公楼中的各类办公室，可以组合在同一层内，以楼梯、电梯将各层竖向排列的空间联系起来构成一个整体。这种剖面空间组合有利于结构布置和便于施工。

对于层高相近的房间，相互之间的联系又很密切，考虑到结构布置、构造简单和施工方便等因素，在组合时需将这些房间的层高调整到该层主要房间的层高高度，并逐层叠加。如住宅建筑中的起居室、卧室与厕所、储藏室等，从使用要求上需要组合在一起，因此把它们调整为同一高度。

有的建筑由于使用要求或房间大小不同，出现了高低差别。如学校中的教室和办公室，由于容纳人数不同，使用性质不同，教室的高度相应比办公室大些。为了节约空间、降低造价，可将它们分别集中布置，采取不同的层高，以楼梯或踏步来解决错层高差，如图 3.20 所示。

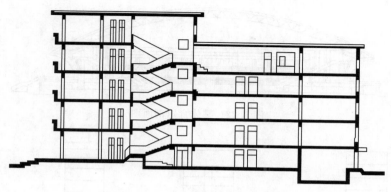

图 3.20 教学楼不同层高的剖面处理

在坡地地形建造的房屋，也可以利用室外台阶解决错层高差。这种错层方式较自由，可以随地形变化灵活地进行随意错落，结合坡地景观设计，达到人、建筑、自然三者的和谐统一。如图 3.21 所示为美国加利福尼亚州米尔瓦利山坡住宅。

图 3.21 米尔瓦利山坡住宅

3.4.1.2 层高相差较大的房间组合

（1）以大空间为主，穿插布置小空间。对于房间高度相差特别大的建筑，如影剧院、体育馆等，竖向空间组合常以建筑使用部分的观众厅和比赛大厅等大空间为中心，利用大厅的地面起坡、看台下的结构空间，将一些辅助用房布置在大厅四周或看台下面，如图 3.22 所示。这种组合方式应注意处理好辅助空间的采光、通风以及人流交通问题。

（2）以小空间为主，灵活布置大空间。多层或高层建筑中，如教学楼、办公楼、旅馆、临街带商店的住宅等，虽然构成建筑物的绝大部分房间为小空间，但由于功能要求还需布置少量大空间的房间，如教学楼中的阶梯教室、办公楼中的大会议室、旅馆中的餐厅、临街住宅中的营业厅等。这类建筑在空间组合中常以小空间为主体，将少量面积较大、层高较高的大空间设置在底层、顶层或作为单独部分附设于主体建筑旁，如图 3.23 所示。

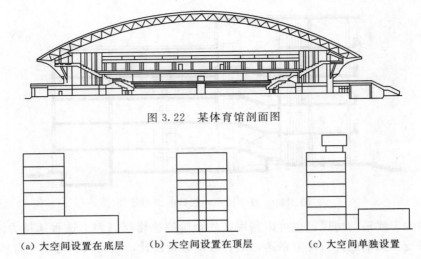

图 3.22 某体育馆剖面图

（a）大空间设置在底层　　（b）大空间设置在顶层　　（c）大空间单独设置

图 3.23 层高相差较大的空间组合图

3.4.1.3 综合性空间组合

有的建筑需满足多种功能的要求，常由若干大小、高低不同的空间组合起来形成多种空间的组合形式，其空间的组合不能仅局限于一种方式，必须根据使用要求，采用与之相适应的多种组合方式。如图 3.24 所示为大连银帆宾馆，建筑设计采用多元并存的处理手法，采用竖向叠层、由下至上内收、垂直绿化等手法，从而形成其独特的风帆造型，一经面世便成为中国酒店业的标志性建筑。

图 3.24 大连银帆宾馆

3.4.2 建筑空间的利用

充分利用建筑物内部的空间，实际上是在建筑占地面积和平面布置基本不变的情况下，起到扩大使用面积、节约投资的效果。同时，如果处理恰当，还可以丰富室内空间，增强艺术感。

3.4.2.1 夹层空间的利用

公共建筑中的营业厅、体育馆、影剧院、候机楼等，由于功能要求，其主体空间与辅助空间的面积和层高不一致，因此常采取在大空间周围布置夹层的方式，以达到利用空间及丰富室内空间的效果，如图 3.25 所示。

3.4.2.2 房间内部空间的利用

在人们室内活动和家具设备布置等必需的空间范围以外，可以充分利用房间内其余部分的空间。如居室中设置吊柜、壁柜、搁板等，放置换季衣物、被褥和日用杂物；厨房中设置吊柜、壁龛和低柜，放置杂物、燃料和炊具等，如图 3.26 所示。

图 3.25　夹层空间的利用

一些坡屋顶房屋，常利用房屋内山尖部分的空间，设置阁楼或把沿街的楼房局部出挑，作卧室或储藏室，以充分利用空间，如图 3.27 所示。

（a）居室

（b）厨房

图 3.26　住宅内部空间的利用

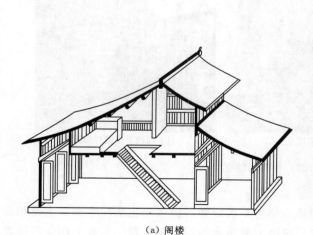

（a）阁楼

（b）沿街出挑

图 3.27　民居中空间的利用

在一些大跨度的建筑中，还可以利用一些结构的空间，作为通道或休息厅等辅助空间。如图 3.28 所示为体育馆观众席升起部分底部空间的利用。

（a）作出入口　　　　　　　　　　　　　　　　（b）作休息厅

图 3.28　体育馆观众席升起部分底部空间的利用

3.4.2.3　楼梯间的空间利用

楼梯间的底部和顶部，通常都有可以利用的空间。当底层楼梯间休息平台下不作出入口用时，平台以下的空间可作储藏室或厕所等辅助房间；当顶层楼梯间平台以上的空间高度较大时，通常可以用作储藏室等辅助房间。但应注意梯段与储藏间的净空应大于 2200mm，以保证人们通过楼梯间时，不会发生碰撞，同时须增设一个梯段，以通往楼梯间顶部的小房间，如图 3.29 所示。

（a）平台下空间作盥洗室　　　　　　　　　　　（b）梯段下空间作储藏室

图 3.29　楼梯间的空间利用

3.4.2.4　走廊上部的空间利用

多高层建筑的走廊一般较窄，净高也相应要求低些，但从简化结构考虑，走道和其他房间往往采取相同的层高。为充分利用走道上部多余的空间，常利用走廊上部空间设置通风、照明等线路和各种管道，如图 3.30 所示。

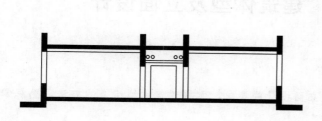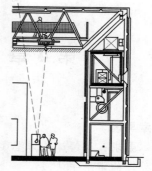

图 3.30　走廊上部的空间利用

本章小结

　　(1) 房间的剖面形状取决于房间的使用要求、采光通风、结构、材料和施工等因素。矩形是最常见的房间剖面形状。

　　(2) 层高和净高与室内活动特点、采光通风、结构类型、设备布置、空间比例、经济等因素有关。窗台高度与房间使用要求、人体尺度、家具尺寸及通风要求有关。雨篷高度要考虑到与门的关系。室内外地面高差与内外联系、防水、防潮，地形及环境条件，建筑物性格特征等因素有关。

　　(3) 建筑层数和总高度的确定应考虑使用功能的要求，城市规划的影响，结构、材料和施工的影响，建筑防火及经济等的要求。

　　(4) 建筑的空间组合常见的有层高相同或相近的房间的组合，层高相差较大的房间的组合，综合性空间组合。在设计中应充分利用建筑空间。

复习思考题

1. 房间的剖面形状如何确定？试举例说明。
2. 什么是层高、净高？确定层高与净高应考虑哪些因素？
3. 窗台高度如何确定？常用尺寸是多少？
4. 室内外地面高差确定应考虑哪些因素？
5. 确定建筑物的层数和总高度应考虑哪些因素？试举例说明。
6. 建筑空间组合有哪几种处理方式？试举例说明。
7. 建筑空间利用有哪些处理手法？

第 4 章　建筑体型及立面设计

本章导读

基本要求：了解建筑体型和立面设计的要求，掌握建筑体型组合的方法，熟练掌握建筑立面处理的常用手法。

本章重点、难点：重点，建筑构图的基本规律，建筑立面处理的手法。难点，建筑体型的组合，建筑立面处理。

建筑在满足使用要求的同时，它的体型、立面以及内外空间的组合，还会给人们在视觉和精神上以某种感受。例如古典建筑中埃及金字塔的雄伟、壮阔，希腊雅典卫城的优美、典雅，中国故宫的雄浑、壮丽，中国江南私家园林建筑的秀美、典雅，世界各地地方民居的淳朴、亲切，以及一些当代高层、大跨度建筑的挺拔、宏大……它们的存在像一面镜子反映出人类社会生活的物质水平和精神面貌，体现了时代性。因此，进行建筑设计时，在满足使用要求的同时，必须注重其体型和立面的美观。

建筑的体型和立面设计是建筑外型设计的两个主要的组成部分，它们之间有着密切的联系，贯穿于整个建筑设计的始终，建筑外型设计既不是内部空间被动地直接反应，也不是简单地在形式上进行表面加工，更不是建筑设计完成后的外形处理。为更好地完成建筑体型和立面设计，就要遵循一定的设计原则，灵活运用各种设计方法，从建筑的整体到局部反复推敲，使其相互协调，力争达到建筑外型和内部空间的和谐统一。

4.1　建筑体型及立面设计的要求

对于建筑体型和立面的设计，应满足以下几方面的要求。

4.1.1　符合基地环境和城市规划的要求

建筑单体是基地建筑群体中的一个局部，其体量、风格、形式等都应该顾及周围的建筑环境和自然环境，同时要满足城市总体规划的要求。位于自然环境中的建筑要因地制宜，结合地形起伏变化使建筑高低错落、层次分明，并与环境融为一体。如美国著名建筑师莱特设计的流水别墅，建于幽雅的山泉峡谷之中，造型多变，高低悬挑的钢筋混凝土平台纵横错落、互相穿插，凌跃于奔泻而下的瀑布之上。其与山石、流水、树林的巧妙结合使建筑融于环境之中，如图 4.1 所示。

位于城市街道和广场的建筑物，一般由于用地紧张，受城市规划约束较多，建筑造型设计需密切结合城市道路、基地环境、周围原有建筑物的风采及城市规划部门的要求等。如图 4.2 所示，华盛顿美术馆东馆受到梯形基地以及老馆和白宫的限制。在如此敏感的地段上既要体现新建筑的特点，又要与周围环境很好协调，建筑大师贝聿铭采取了简洁而有张力的等腰三角形和直角三角形相结合的外观，两个临街立面尽量简洁、大气，使整个建筑在拥挤的基地上得到有序的安排，与周围建筑相协调，丰富了城市面貌。

图 4.1 流水别墅

图 4.2 华盛顿美术馆东馆

4.1.2 反映建筑功能要求和建筑个性特征

不同功能要求的建筑类型，具有不同的空间尺度及内部空间组合特点，建筑的外部体型和立面应该准确表现这些建筑类型的特征。例如住宅建筑由于内部房间较小、进深较浅，立面上常以点式的窗户和小巧的入口、凹凸的阳台反映其特征，如图 4.3 所示。图书馆建筑由于采光要求较高，人流出入多，立面上常形成高大明快、成组排列的窗户和宽敞的入口，如图 4.4 所示。体育建筑由于比赛部分和观众观看的要求，在建筑体型上，常以大跨度的空间出现，如图 4.5 所示。而设置大片玻璃、大幅广告和大量人流的明显入口，成为商业建筑形象的立面特征，如图 4.6 所示。

图 4.3 住宅

图 4.4 图书馆

图 4.5 体育馆

图 4.6 商场

4.1.3　反映结构材料与施工技术特点

建筑不同于一般的艺术品，它必须运用大量的材料并通过一定的结构形式、施工技术条件等手段才能形成。因此，建筑体型及立面设计必然在很大程度上受到物质技术条件的制约，并反映出结构、材料和施工的特点。

墙体承重的混合结构，由于受梁板经济跨度的局限，室内空间小，层数不多，开窗面积受到限制。这类建筑的立面通过外墙面的色彩、材料质感、水平与垂直线条及门窗的合理组织等来表现混合结构建筑简洁、朴素、稳重的外观特征，如图 4.7 所示。钢筋混凝土框架结构由于墙体仅起围护作用，这就给空间处理赋予了较大的灵活性。它的立面开窗较自由，既可形成大面积独立窗，也可组成带形窗，甚至底层可以全部取消窗间墙而形成完全通透的形式。框架结构建筑具有简洁、明快、轻巧的外观形象，如图 4.8 所示。

图 4.7　砖混结构住宅　　　　　图 4.8　框架住宅（萨伏伊别墅）

现代新结构、新材料、新技术的发展，给建筑外形设计提供了更大的灵活性和多样性。特别是各种空间结构的大量运用，更加丰富了建筑物的外观形象，使建筑造型千姿百态，如图 4.9 所示。

由于施工技术本身的局限性，各种不同的施工方法对建筑造型都具有一定的影响。如采用各种工业化施工方法的建筑：滑模建筑、大板建筑、盒子建筑等都具有自己不同的外形特征，如图 4.10 所示。

4.1.4　符合社会经济条件

建筑物从设计到建成需要大量的资金投入，在设计时应本着勤俭的精神，严格掌握质量标准，尽量节约资金。对于大量性民用建筑、大型公共建筑或国家重点工程等不同项目，应根据它们的规模、重要程度和地区特点等分别在建筑用料、结构类型、内外装修等方面加以区别对待，防止滥用高级材料造成不必要的浪费。同时，也要防止片面节约，盲目追求低标准造成使用功能不合理，破坏建筑形象和增加建筑物的经常维修管理费用。要充分发挥设计者的主观能动性，设计出适用、安全、经济、美观的建筑物。

4.1.5　符合建筑构图的基本规律

建筑的体型和立面既然要给人以美的享受，就必须遵循建筑形式美的法则，如统一、均衡、稳定、对比、韵律、比例、尺度等。不同时代、不同地区、不同民族，尽管建筑形式千差万别，人们审美观各不相同，但建筑形式美的基本法则都是一致的，是被人们普遍承认的客观规律，因而具有普遍性。

（a）网架结构（鸟巢）

（b）膜结构（水立方）

（c）薄壳结构（老山自行车馆）

（d）折板结构（中国农业大学体育馆）

图 4.9　空间结构建筑

（a）盒子建筑

（b）大板建筑

图 4.10　工业化建筑

4.1.5.1　统一与变化

　　建筑物在客观上普遍存在着统一与变化的因素。一座建筑物中使用功能相同的房间在层高、开间、门窗及其他方面采取统一的做法和处理方式。而不同使用功能房间的不同处理方式，组成建筑的不同构件，如门窗、墙柱、屋顶、雨篷、凹凸阳台等，这些构件在外形上反映出多样化的形式。对于这些客观存在着的统一与变化的因素，如何处理它们之间的相互关系，成为建筑构图中的一个非常重要的问题。

　　1. 以简单的几何形体求统一

　　任何简单的容易被人们辨认的形体几乎都具有一种必然的统一性，如圆柱体、圆锥体、长方体、正方体、球体等，如图 4.11 所示。这些形体也常常用于建筑上，由于它们的形状简单，很容易取得统一。如图 4.12 所示，国家大剧院以简单的椭圆形体获得高度统一、鲜明的效果。

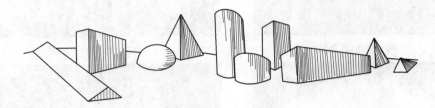

图 4.11　建筑的基本形体

图 4.12　国家大剧院

　　2. 主从分明，以陪衬求统一

　　复杂体量的建筑根据功能的要求常包括有主要部分和从属部分，如果不加以区别对待，则建筑必然显得平淡、松散、缺乏统一性。在外形设计中，恰当地处理好主要与从属、重点与一般的关系，使建筑形成主从分明，以次衬主，就可以加强建筑的表现力，取得完整统一的效果。

　　（1）运用轴线的处理突出主体。从古到今，对称的手法在建筑中运用较为普遍，如图 4.13 所示，意大利文艺复兴时建造的圆厅别墅，以高大的圆厅位于中央，四周各依附一个门廊，无论是平面布局或是体型组合，都对称严谨，主从分明，具有高度的完整统一性。

　　如图 4.14 所示，美国驻印度大使馆在体型设计中，突出了中心部位，两端柱廊的开间比中间的要小，且在柱间装设了满花漏空的挡板以衬托中心部位门洞上的国徽，创造了一个完整统一的外观形象。一些纪念性建筑和大型办公楼也常采取这种手法。

　　（2）以低衬高突出主体。在建筑外形设计中，可以充分利用建筑功能要求上所形成的

图 4.13 意大利文艺复兴时期的圆厅别墅

图 4.14 美国驻印度大使馆

高低不同，并有意识加以强调某个部分使之形成重点，而其他部分则明显处于从属地位。这种采取体量差别形成以低衬高、以高控制整体的处理手法也是取得完整统一的有效措施。昆明市五华区政府办公楼以高塔形成明显的主从关系。这种以低衬高、以高控制全体的巧妙构图技巧使建筑取得了完整统一的优美形象，如图 4.15 所示。除此以外，教堂建筑中也常常以较高体量的钟塔与较低的主大厅形成体量的对比，取得主从分明、完整统一的体型组合，如图 4.16 所示。

（3）利用形象变化突出主体。在建筑造型上运用圆形、折线型或比较复杂的轮廓线都可取得突出主体、控制全局的效果。如图 4.17 所示，加拿大多伦多市政厅以两个弧状的高层办公楼环抱一个圆形的大会议厅，突出了主体。

4.1.5.2 均衡与稳定

均衡与稳定既是力学概念也是建筑形象概念。均衡主要是研究建筑物各部分前后的轻重关系，使其组合起来给人以安定、平稳的感觉；稳定则指建筑整体上下之间的轻重关系，并给人以安全可靠，坚如磐石的效果。

图 4.15 昆明市五华区政府办公楼

图 4.16 北京基督教会海淀教堂

图 4.17 多伦多市政厅

均衡与稳定是相互联系。

在处理建筑物的均衡与稳定时，还应考虑各建筑造型要素之质量轻重感的处理关系。一般来说，墙、柱等实体部分感觉上要重一些，门、窗、敞廊等空虚部分感觉要轻一些，材料粗糙的感觉要重一些，材料光洁的感觉要轻一些，色暗而深的感觉上要重一些，色明而浅的感觉要轻一些。此外，经过装饰（如绘画雕刻等）或线条分割后的实体与没有处理的实体在轻重感觉上也有很大的区别。

在建筑构图中，均衡与力学的杠杆原理是有联系的。图 4.18 中支点表示均衡中心，根据均衡中心的位置不同，又可分为对称均衡与不对称均衡。

对称的建筑是绝对均衡的，以中轴线为中心并加以重点强调，两侧对称容易取得完整统一的效果，给人以端庄、雄伟、严肃的感觉，常用于纪念性建筑或者其他需要表现庄严、隆重的公共建筑。如莫斯科列宁墓、人民大会堂等都是通过对称均衡的形式体现出不

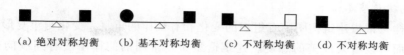

(a) 绝对对称均衡　(b) 基本对称均衡　(c) 不对称均衡　(d) 不对称均衡

图 4.18　均衡的力学原理

同建筑的特征，获得明显的完整统一。图 4.19 为对称均衡的实例。

　　建筑由于受功能、结构、材料、地形等各种条件的限制，不可能都采用对称形式。同时随着科学技术的进步以及人们审美观念的发展变化，要求建筑物更加灵活、自由，因此，不对称的均衡得以广泛采用。

　　不对称均衡是将均衡中心（视觉上最突出的主要出入口）偏于建筑的一侧，利用不同体量、材质、色彩、虚实变化等的平衡达到不对称均衡的目的。它与对称均衡相比显得轻巧、活泼。图 4.20 为不对称均衡的实例。

图 4.19　中国人民银行总部

图 4.20　美国"新协和"图书馆

　　建筑物达到稳定往往要求有坚实的基座，上小下大、上轻下重使整个建筑重心尽量下降而达到稳定的效果，如古埃及金字塔，如图 4.21 所示。但是随着现代新结构、新材料的发展，引起人们审美观的变化。传统的砖石结构上轻下重、上小下大的稳定观念也在逐渐发生变化。近代建造了不少底层架空的建筑，利用悬臂结构的特性、粗糙材料的质感和浓郁的色彩加强底层的厚重感，同样达到稳定的效果，如美国的纽约古根海姆博物馆，如图 4.22 所示。

图 4.21　埃及金字塔

图 4.22　纽约古根海姆博物馆

4.1.5.3　韵律与节奏

所谓韵律，常指建筑构图中有组织的变化和有规律的重复。变化与重复形成有节奏的韵律感，从而可以给人以美的感受。建筑造型中，常用的韵律手法有连续韵律、渐变韵律、起伏韵律和交错韵律等，如图 4.23 所示。建筑的体形、门窗、墙柱等的形状、大小、色彩、质感的重复和有组织的变化，都可形成韵律来加强和丰富建筑形象。

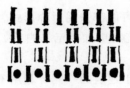 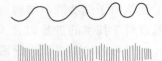

　（a）连续韵律　　　　　（b）渐变韵律　　　　（c）交错韵律　　　　（d）起伏韵律

图 4.23　韵律的类型

（1）连续的韵律。这种手法在建筑构图中，强调运用一种或几种组成部分的连续运用和重复出现的有组织排列所产生的韵律感。如图 4.24 所示，建筑外观上利用窗子和遮阳板的连续排列形成这种韵律。

（2）渐变的韵律。渐变的韵律是将某些组成部分（体量的大小、高低；色彩的冷暖、浓淡；质感的粗细、轻重等）做有规律的增减，以造成统一和谐的韵律感。如图 4.25 所示，唐代所建的西安大雁塔，其体型由下向上逐层缩小，取得渐变的韵律。

　　　　图 4.24　连续的韵律　　　　　　　　　图 4.25　渐变的韵律

（3）交错的韵律。交错的韵律是指在建筑构图中，运用各种造型因素，如体型的大小、空间的虚实、细部的疏密等手法，做有规律的纵横交错、相互穿插的处理，形成一种丰富的韵律感。如图 4.26 所示，某旅馆建筑在立面处理上，利用纵向开窗、开洞与横向的实墙构成交错的韵律。

（4）起伏的韵律。这种手法也是将某些组成部分做有规律的增减变化所形成的韵律感，但它与渐变的韵律有所不同，而是在体型处理中，更加强调某一因素的变化，使体量组合或细部处理高低错落起伏生动。如图 4.27 所示，某公共建筑屋顶结构，利用波浪形结构高低变化、起伏波动，形成一种起伏的韵律感。

图 4.26 交错的韵律

图 4.27 起伏的韵律

4.1.5.4 对比与微差

一个有机统一的整体，各种要素除按照一定秩序结合在一起外，必然还有各种差异，对比与微差所指的就是这种差异性。在体量及立面设计中，对比指的是建筑物各部分之间显著的差异，而微差则是指不显著的差异，即微弱的对比。对比可以借相互之间的烘托、陪衬而突出各自的特点以求得变化；微差可以借彼此之间的连续性以求得协调，只有把这两方面巧妙地结合，才能获得统一性，如图 4.28 所示。

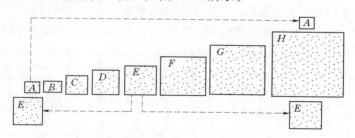

图 4.28 对比与微差——大小关系的变化

建筑造型设计中的对比与微差因素，主要有量的大小、长短、高低、粗细的对比，形的方圆及锐钝的对比、方向对比、虚实对比、色彩、质地、光影对比等。同一因素之间通过对比，相互衬托，就能产生不同的外观效果。对比强烈，则变化大，突出重点；对比小则变化小，易于取得相互呼应，协调统一的效果。如图 4.29 所示，某办公楼的立面窗子采取微弱的变化，使整个建筑造型简洁、干净利落。如图 4.30 所示，巴西的国会大厦体型处理运用了竖向的两片板式办公楼与横向体量的议会厅的对比，上院和下院一正一反两个碗状的议会厅的对比，以及整个建筑体型的曲与直、高与低、虚与实的对比，给人留下强烈的印象。此外，这组建筑还充分运用了钢筋混凝土的雕塑感、玻璃窗洞的透明感以及大型坡道的流畅感，从而使整个建筑协调统一。

4.1.5.5 比例与尺度

比例是指长、宽、高三个方向之间的比值关系，所谓推敲比例就是指通过反复比较而

图 4.29　某办公楼建筑　　　　　　　　　图 4.30　巴西的国会大厦

寻求出这三者之间最理想的关系。建筑体型中，无论是整体或局部、整体与局部之间、局部与局部之间都存在着比例关系。如整幢建筑与单个房间长、宽、高之比；门窗或整个立面的高宽比；立面中门窗与墙面之比；门窗本身的高宽比等。良好的比例能给人以和谐、完美的感受，反之，比例失调就无法使人产生美感。

一种看法是：建筑物的整体，特别是外轮廓以及内部各主要分割线的控制点，凡符合或接近于圆形、正方形、正三角形等具有确定比率的简单的几何图形，就可能由于具有某种几何的制约关系而产生和谐统一的效果。另一种看法认为："黄金率"的比例关系（即长宽之比为 1∶0.618）要比其他长方形好；大小不同的相似形，它们之间对角度互相垂直或平行，由于具有"比率"相等而使比例关系协调。如图 4.31 所示为以相似的比例求得和谐统一。

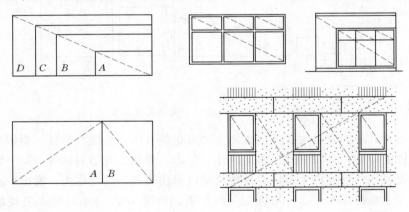

图 4.31　以相似的比例求得和谐统一

尺度所研究的是建筑物的整体与局部给人感觉上的大小印象与真实性之间的关系。抽象的几何形体显示不了尺度感，比例也只是一种相对的尺度，只有通过与人或人体活动有关的一些不变因素，如门、台阶、栏杆等作为比较标准，通过与它们的对比而获得一定的尺度感。图 4.32 表示建筑物的尺度感，其中，图 4.32（a）表示抽象的几何形体，没有尺度感；图 4.32（b）～（d）中通过与人的对比就可以得出建筑物的大小、高低来。

对于大多数建筑，在设计工作中应使其具有真实的尺度感。以人体大小来度量建筑物

（a）抽象的几何形体

（b）单层建筑与人的对比

（c）二层建筑与人的对比

（d）多层建筑与人的对比

图 4.32　建筑物的尺度感

的实际大小，从而给人的印象与建筑物真实大小一致，常用于住宅、办公室、学校等建筑。但对于纪念性建筑或大型公共建筑，要运用夸张的手法给人以超过真实大小的尺度感，以表现庄严、雄伟的气氛，如图 4.33 所示的巴黎凯旋门。反之，如园林、庭院建筑以较小的尺度获得小于真实的感觉，从而给人以亲切宜人的尺度感，创造亲切、舒适的气氛。如图 4.34 所示为网师园中的园林建筑。

图 4.33　巴黎凯旋门

图 4.34　网师园中的园林建筑

4.2　建筑体型设计的基本方法

建筑体型是建筑物的一个表现方式，它反映了建筑物总的体量大小、组合方式以及比例尺度等。

4.2.1　建筑体型的组合

不论建筑体型的简单与复杂，它们都是由一些基本的组合形体组合而成，基本上可以归纳为单一体型和组合体型两大类，如图 4.35 所示。设计中，采用哪种形式的体型，并不是按建筑物规模大小来区别的，如中小型建筑，不一定都是单一体型，大型公共建筑也不一定都是组合体型，而是根据具体的功能需求和设计者的意图来确定。

4.2.1.1　单一体型

所谓单一体型是指整幢建筑基本上是一个比较完整的、简单的几何形体。采用这类体型的建筑，平面和体型都较为完整单一，复杂的内部空间都组合在一个完整的体型中。平面形式多采用正方形、三角形、圆形、多边形、风车形和"Y"等单一几何形状，如图 4.36 和图 4.37 所示。单一体型的建筑常给人以统一、完整、简洁大方、轮廓鲜明和印象强烈的感觉。

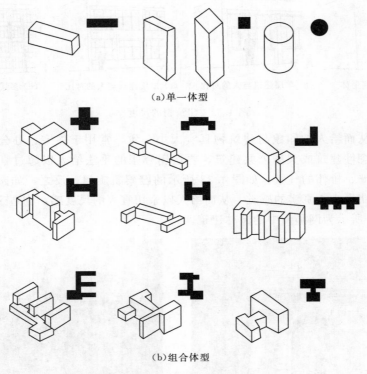

(a)单一体型

(b)组合体型

图 4.35 建筑常见外部体型

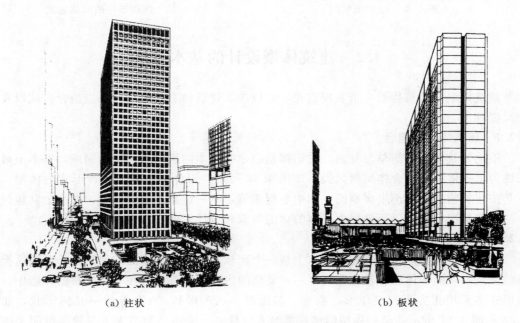

（a）柱状

（b）板状

图 4.36 单一长方体体型的建筑

（a）圆柱体型

（b）多边形体型

图 4.37　单一体型建筑

　　绝对单一几何体型的建筑是很少的，往往出于对建筑所处地段，建筑的功能、技术等要求或建筑美观上的考虑，在体量上做适当的变化或加以凹凸起伏的处理，用以丰富房屋的外形。如图 4.38 所示，将棱柱体的面裁出凹的缝隙，外形上产生韵律感，紧张感，使人不断揣摩。

4.2.1.2　组合体型

　　组合体型是指由若干个简单体型组合在一起的体型，如图 4.39 所示。当建筑物规模较大或内部空间不易在一个简单的体量内组合，或者由于功能要求需要内部空间组成若干相对独立的部分时，常采用组合体型。

　　组合体型通常有对称的组合和不对称的组合两种方式。

　　（1）对称式。对称式体型组合具有明确的轴线与主从关系。主要体量及主要出入口，一般都设在

图 4.38　变化的单一体型

中轴线上，如图 4.40 所示，这种组合方式常给人以比较严谨、庄重、匀称和稳定的感觉。一些纪念性建筑、行政办公楼或要求庄重一些的建筑常采用这种组合方式。

　　（2）非对称式。根据功能要求、地形条件等情况，常将几个大小、高低形状不同的体量较自由灵活地组合在一起，形成不对称体型。非对称式的体型组合没有显著的轴线关系，布置比较灵活自由，体型变化丰富。如图 4.41 所示的毕尔巴鄂古根海姆博物馆，各个立面都不尽相同，能与巴塞罗那的文脉结合，给人以强烈的动感，体型非常独特，让人难忘。

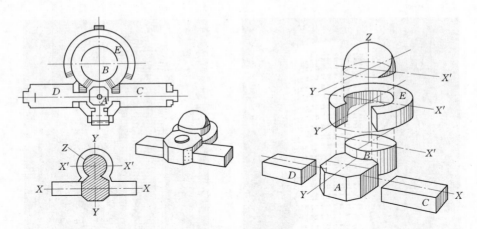

图 4.39　北京天文馆体型组合
A—门厅；B—天象厅；C—展览厅；D—电影厅；E—陈列廊

图 4.40　对称式（某行政办公楼）

图 4.41　非对称式（毕尔巴鄂
古根海姆博物馆）

4.2.2　体型处理的基本方法

4.2.2.1　传统体量的连接方法

由不同大小、高低、形状、方向的体量组成复杂建筑体型，都存在着体量间的联系和交接问题。如果连接不当，对建筑体型的完整性以及建筑使用功能，结构的合理性等都有很大的影响。各体量间的连接方式多种多样，组合设计中常采用以下几种方式，如图4.42所示。

（1）直接连接。即不同体量的面直接相连，这种方式具有体型简洁、明快、整体性强的特点，内部空间联系紧密。

（2）咬接。各体量之间相互穿插，体型较复杂，组合紧凑、整体性强，较易获得有机整体的效果。

（3）以走廊或连接体连接。这种方式的特点是各体量间相对独立而又互相联系，体型给人以轻快、舒展的感觉。

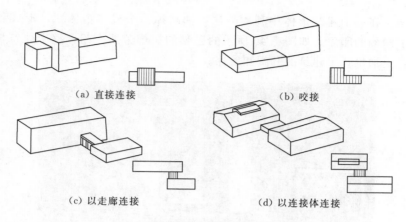

(a) 直接连接　　　　　　　　(b) 咬接

(c) 以走廊连接　　　　　　　(d) 以连接体连接

图 4.42　建筑各体量间连接方式

4.2.2.2　现代体量的组合

现代体量采取截取、积聚、叠加、抽减等方法来使建筑物获得更丰富的体型组合。

（1）截取。截取是将一个完整的几何形体或其他形体加以切割，取其一段用在建筑体型之中，如图 4.43 所示，就是将一个长的筒状体加以截取，然后摆放在一个较细的筒状体上。

（2）积聚。如图 4.44 所示，各种看似毫不关联的形体，积聚在一起，变得相互呼应，相互对应，产生意想不到的效果。

（3）叠加。在建筑物垂直方向上，各种形体叠加起来，形成组合体型。如图 4.45 所示，某建筑物是方形和圆锥形的叠加组合体。

图 4.43　截取的处理

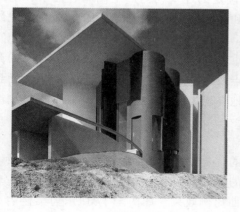

图 4.44　积聚的处理

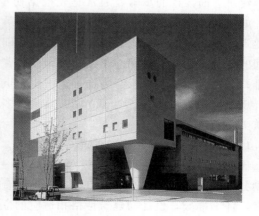

图 4.45　叠加的处理

（4）抽减。在一个建筑形体中利用减法，抽减掉一个或多个体积，形成新的视觉中心，给人留下深刻的印象。如图 4.46 所示的巴黎的拉德芳斯大门，整个建筑物通过巨大尺度的抽减，更加烘托了建筑的开阔和宏伟。

图 4.46　抽减的处理

4.3　建筑立面设计

　　建筑立面是建筑物四周的外部形象，它是由许多部件组成的，如门窗、墙柱、阳台、雨篷、屋顶、檐口、台基、勒脚、花饰等。建筑立面设计就是恰当地确定这些部件的尺寸大小、比例关系、材料质感和色彩等，运用节奏、韵律、虚实对比等构图规律设计出体型完整、形式与内容统一的建筑立面。它是对建筑体型设计的进一步深化，在立面设计中，不能孤立地处理每个立面，因为人们观赏建筑时，并不是只观赏某一个立面，而要求的是一种透视效果，应考虑实际空间的效果，使每个立面之间相互协调、形成有机统一的整体。

　　建筑立面设计的步骤，通常是先根据初步确定的建筑物内部空间组合的平、剖面关系，如房间的大小和层高、构部件的构成关系和断面尺寸、适合开门窗的位置等，先绘制出建筑各个立面的基本轮廓；然后以此为基础，推敲立面各部分总的比例关系，几个立面之间的统一，相邻立面间的连接和协调；再着重分析各个立面上墙面的处理，门窗的调整安排；最后对入口、色彩、装饰等进一步作重点及细部处理。从整体到局面，从大面到细部，反复推敲逐步深入。由于立面的效果更多地表现为二维的构图关系，因此要特别注意建筑美观的一些方面。

4.3.1　立面的比例和尺度的处理

　　比例适当和尺度正确，是使立面完整统一的重要方面。立面各部分之间比例以及墙面的划分都必须根据内部功能特点，在体型组合的基础上，考虑结构、构造、材料、施工等因素，仔细推敲，设计与建筑性格相适应的立面比例效果。如图 4.47 所示为某住宅立面比例关系，建筑开间、窗面积相同，由于不同的处理，取得了不同的比例效果。

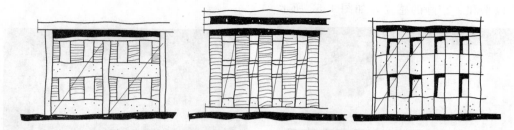

图 4.47　某住宅立面比例关系的处理

　　立面常借助于门窗、踏步、栏杆等的尺度，反映建筑物的正确尺度感。如图 4.48 所示为某公共建筑立面，整体玻璃幕墙进行了适当划分，获得了正常的尺度感。如图 4.49 所示为人民大会堂立面，采取了夸大尺度的处理手法，使人感到建筑物高大、雄伟、肃穆、庄重。

图 4.48　正常的立面尺度

图 4.49　夸大的立面尺度

4.3.2　立面的虚实对比处理

　　建筑立面的虚实对比，通常是指由于形体凹凸的光影效果所形成的比较强烈的明暗对比关系。"虚"一般是指立面上的玻璃、门窗洞口、门廊、架空层等部分，给人以轻巧、通透的感觉；"实"是指墙面、柱面、阳台、栏板等实体部分，给人以封闭、厚重、坚实的感觉。根据建筑的功能、结构特点，巧妙处理好立面的虚实关系，可取得不同的外观形象。以虚为主的手法，可获得轻巧、开朗的感觉，如图 4.50 所示。以实为主，给人以厚重、坚实的感觉，如图 4.51 所示。若采用虚实均匀分布的处理手法，将

图 4.50　以虚为主的处理

95

给人以平和、宁静的感受，如图 4.52 所示。

图 4.51　以实为主的处理　　　　　　　　图 4.52　虚实均匀的处理

4.3.3　立面的节奏和韵律的处理

　　建筑立面上的节奏变化和所形成的韵律感在门窗的排列组合、墙面构件的划分方面表现得较为突出。一般来说，通过门窗有松有紧，而且疏密有致并存在规律性的排列，就可以形成一定的节奏感和韵律感，如图 4.53 所示。由于结构与构造的需要，墙面常划分为若干方向不同、大小不等的线条，如水平线、垂直线等。恰当运用这些不同类型的线条，并加以适当的艺术处理，将对建筑立面的韵律和节奏的组织带来不同的效果。以水平线条为主的立面，常给人以轻快、舒展、宁静与亲切的感觉，如图 4.54 所示；以竖线条为主的立面形式，则给人以挺拔、高耸、庄重、向上的感觉，如图 4.55 所示。

图 4.53　韵律感的处理

4.3.4　立面的色彩与质感的处理

　　色彩和质感都是材料表面的某种属性，建筑物立面的色彩与质感对人的感觉影响极大，通过材料色彩和质感的恰当选择和配置，可产生丰富、生动的立面效果。不同的色彩给人以不同的感受，如暖色使人感到热烈、兴奋；冷色使人感到清晰、宁静；浅色给人以明快；深色又使人感到沉稳。运用不同的色彩处理还可以表现出不同的建筑性格、地方特点及民族风格。

图 4.54 水平线条的立面处理

图 4.55 垂直线条的立面处理

立面色彩处理中应注意以下问题。

（1）色彩处理要注意和谐统一且富有变化。一般建筑外形可采取大面积基调色为主，局部运用其他色彩形成对比而突出重点。如图 4.56 所示，伦敦中国码头公寓立面的设计中，利用橘红色叠券式窗套墙，像一个巨大的雕塑饰物镶嵌在建筑立面上，给人以震撼的感觉。

（2）色彩运用应符合建筑物性格。如学校建筑常采用浅色基调，给人以安静、向上感；商业建筑则常用强烈的色调，以增加热烈气氛。

（3）色彩应用要与环境密切协调。如天安门广场中的人民大会堂、毛主席纪念堂都用到了与故宫相协调的橙黄色。

（4）色彩处理应考虑民族文化传统和地方特色。如江南民居，以白墙、灰瓦为主色调。

图 4.56 立面色彩的处理

建筑立面设计中，材料的运用、质感的处理也是极其重要的。表面的粗糙与光滑都能使人产生不同的心理感受，如粗糙的混凝土和毛石面显得厚重、坚实；光滑平整的面砖、金属及玻璃材料表面，使人感觉轻巧、细腻。立面处理应充分利用材料质感的特性，巧妙处理，有机结合，加强和丰富建筑的表现力。如图 4.57 所示，朗香教堂运用素混凝土的粗糙感，表现了墙面的张力。如图 4.58 所示，巨大的"蓝鲸"建筑，则采用了全玻璃幕墙的材料，减轻了体量，产生了一种细腻光洁感。

4.3.5 立面的重点与细部处理

在建筑立面的处理中，根据功能和造型需要，对需要引人注意的一些部位，如建筑物的主要出入口、楼梯间、房屋檐口等需要进行重点处理，以吸引人们的视线，同时也能起到画龙点睛的作用，以增强和丰富建筑立面的艺术处理。如图 4.59 所示，美国 CDM 广告公司总部以一个超大尺度、黑色的望远镜作为入口，效果更加突出。如图 4.60 所示，云南石林宾馆餐厅的入口的设计隐喻着嶙峋陡峭的"石林"。

图 4.57 朗香教堂（建筑立面粗糙处理）

图 4.58 "蓝鲸"（建筑立面光洁处理）

图 4.59 美国 CDM 广告公司入口

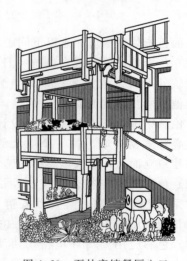

图 4.60 石林宾馆餐厅入口

图 4.61 母亲小屋的立面细部处理

局部和细部都是建筑整体中不可分割的组成部分，如檐口、窗子、踏步、雨篷、大门、花台等细部，要给予注意。如图 4.61 所示为著名后现代主义建筑师文丘里的成名之作——母亲小屋，在正立面上通过檐口、窗子、入口等细部刻画，成为后现代主义的代表作。

如图 4.62（a）所示，带有旋转楼梯的立面让这个小住宅具有很强的艺术感。如图 4.62（b）～（d）所示为墙面的细部处理。如图 4.63 所示为建筑立面的细部处理。

在造型设计上，首先要从整体出发，其次仔细推敲细部，精心设计，才能使整体和局部达到完善统一的效果。

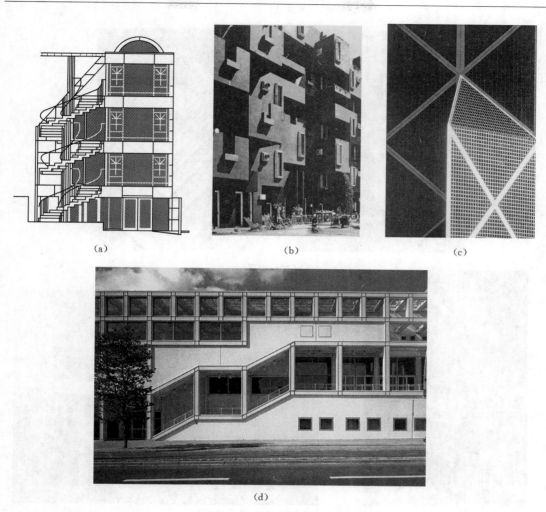

（a）　　　　　　　　　　　（b）　　　　　　　　　　　（c）

（d）

图 4.62　墙面细部处理

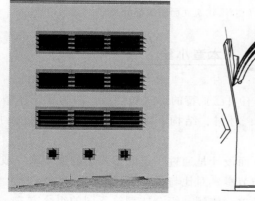

（a）窗子处理

图 4.63（一）　建筑立面的细部处理

（b）檐口处理

（c）阳台处理

图 4.63（二）　建筑立面的细部处理

本章小结

　　（1）任何一幢好的建筑物都应具有自己独特的形式和特点，因为建筑体型和立面设计不是孤立地塑造，它受到使用功能、材料、结构、施工技术、经济条件及周围环境的制约。

　　（2）一幢建筑物从整体造型到立面设计是通过一定的形式美的法则来完成的，法则包含统一与变化、均衡与稳定、韵律与节奏、对比与微差、比例和尺度等。

　　（3）建筑体型的造型组合，包括单一体型、组合体型等不同的组合方式。

　　（4）传统体量的组合设计常采用直接、咬接，以走廊或连接体相连的连接方式。现代体量组合设计采取截取、积聚、叠加、抽减等方法来使建筑物获得更丰富的体型组合。

（5）立面设计中应注意：立面的比例和尺度的处理，立面的虚实对比处理，立面的节奏和韵律的处理，立面的色彩与质感的处理，立面的重点与细部处理。

复习思考题

1. 影响建筑体型和立面设计的因素有哪些？

2. 建筑构图中的统一与变化、均衡与稳定、韵律与节奏、对比与微差、比例与尺度等的含义是什么？试举例说明。

3. 建筑体型组合有哪几种方式？试举例说明。

4. 现代体量组合设计有哪几种方式？试举例说明。

5. 简要说明建筑立面的处理手法。

6. 立面细部设计的内容有哪些？

第5章 民用建筑构造概论

本章导读

本章基本要求：了解影响建筑构造的因素；掌握建筑构造设计的基本原则；熟练掌握民用建筑的构造组成及其作用；掌握建筑部件定位。

本章重点、难点：重点，民用建筑的构造组成及其作用；建筑构造设计的基本原则。难点，建筑构配件的相关尺寸及其关系，建筑平面与竖向定位。

建筑构造是研究构成建筑物各构配件的组合原理和构造方法的学科，建筑构造是建筑设计的重要组成部分。

5.1 建筑物的构造组成及作用

5.1.1 建筑物的构造组成

一幢建筑，通常是由结构支撑系统、围护分隔系统、相关的设备系统以及其他辅助部分共同组成。

结构支撑系统起到建筑骨架的作用，一般是由基础、墙、柱、梁、楼板、屋盖等组成；围护分隔系统起到围合和分隔空间的作用，一般是由墙、隔断等组成；设备系统是建筑正常使用的保障，包括给排水、采暖通风、电气设备等；其他辅助部分包括女儿墙、窗台、雨篷等。

民用建筑的构造组成如图 5.1 所示。

5.1.2 建筑物各组成部分的作用

5.1.2.1 基础

基础是建筑物底部与地基接触的承重结构，是建筑物的组成部分。它承受建筑物上部传下来的全部荷载，并将这些荷载连同自身的重量一起传给地基。因此，基础必须坚固、稳定而可靠，并能抵御地下各种因素的侵蚀。

5.1.2.2 墙、柱

墙是建筑物的承重构件和围护构件。作为承重构件，墙承受着建筑物由屋顶或楼板层传来的荷载，并将这些荷载再传给基础；作为围护构件，外墙起着抵御自然界各种因素对室内的侵袭作用，内墙起着分隔空间、组成房间、隔声、遮挡视线以及保证室内环境舒适的作用。为此，要求墙体根据功能的不同，具有足够的强度、稳定性、保温、隔热、隔声、防火、防水等能力，以及具有一定的经济性和耐久性。

柱是结构的主要承重构件，和承重墙一样承受屋顶和楼板层传来的荷载，它必须具有足够的强度和刚度。

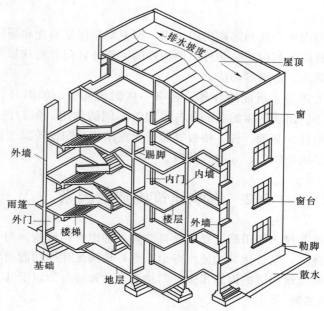

图 5.1 民用建筑的构造组成

5.1.2.3 楼地层

楼地层包括楼板层和地坪层。楼板层是水平分隔房间的承重构件，承受着人和家具设备的荷载并将这些荷载及自重传递给墙、梁、柱，直至基础。同时楼板层还对墙身及柱起着支撑的作用。楼板层应具有足够的强度和刚度及隔声、防火、防水及热工等性能。

楼板层通常是由面层、结构层、顶棚三个基本部分组成，有时为了满足某些特殊要求，还需增设附加层。

地坪层是建筑物底层与土壤相接触的部分，和楼板层一样，它承受底层地面上的荷载，并将荷载均匀传给地基。地坪层要求具有均匀传力、坚固、耐磨、易清洁、防潮、防水和保温等不同的性能。

地坪层主要由面层、结构层、垫层和素土夯实层构成，根据需要还可以设各种附加层，如找平层、结合层、防潮层、保温层、管道敷设层等。

5.1.2.4 楼梯

楼梯是房屋的重要垂直交通设施，作为人们上下楼层和发生紧急情况疏散人流之用，故要求楼梯具有足够的通行能力，并做到坚固、安全、防火、防滑等。楼梯是建筑构造的重点和难点，楼梯构造设计灵活、综合性强，在建筑设计及构造设计中应予高度重视。

楼梯主要由梯段、平台、栏杆扶手组成。

5.1.2.5 屋顶

屋顶是房屋顶部的外围护构件，抵御自然界风霜、雨雪、太阳辐射、气温变化和其他外界的不利因素，为屋顶覆盖下的空间提供一个良好的使用环境。在结构上屋顶是房屋的承重结构，承受风、雪和屋顶构造的荷载及施工期间的荷载，并将这些荷载连同自身的重量传给垂直方向的承重构件。同时屋顶还起着对屋顶上部的水平支撑作用。因此，要求屋顶必须具有足够的强度、刚度、整体空间的稳定性以及防水、保温、隔热等的能力。

5.1.2.6　门窗

门主要是供人们内外交通和隔离房间之用。窗主要是用来采光和通风，同时也起分隔和围护作用。处于外墙上的门窗又是外围护构件的一部分，门和窗均属于非承重构件，应具有保温、隔热、隔声、防水等功能。

一幢建筑物除上述基本组成构件外，还有一些附属部分，如阳台、雨篷、台阶、坡道、散水、管道井等。组成房屋的各部分各自起着不同的作用，但归纳起来有两大部分，即承重结构和围护构件。基础、柱、楼板等属于承重结构；门窗等属于围护构件；有些部分既是承重结构也是围护构件，如墙和屋顶。

5.2　影响建筑构造的因素

一幢建筑物建成并投入使用后，要经受自然界各种因素的检验。为了提高建筑物对外界各种影响的抵御能力，延长建筑的使用寿命，更好地满足使用功能的要求，必须提供合理的构造方案。影响建筑构造的因素很多，归纳起来大致可分为以下几方面。

5.2.1　外界环境的影响

外界环境的影响是指自然界和人为的影响，主要包括三个方面。

5.2.1.1　外界作用力的影响

作用到建筑物上的外力称为荷载。荷载有静荷载（如建筑物的自重）和动荷载之分。动荷载又称活荷载，如人、家具和设备的重量，风力、地震力、雪荷载等。荷载的大小是结构设计的主要依据，也是结构选型的重要基础，它决定构件的用料和尺寸。而构件的选材、尺寸又与构造密切相关。所以，在确定建筑构造方案时，必须考虑外力的影响。

在外力荷载中，风力的影响不可忽视，风力往往是高层建筑水平荷载的主要因素，特别是在沿海地区影响更大。此外，地震力是目前自然界中对建筑物影响最大也是最严重的一种因素。我国是多地震国家之一，地震分布也相当广。因此，在构造设计中，必须引起足够的重视。

5.2.1.2　自然气候的影响

我国幅员辽阔，各地区地理环境不同，由于南北纬度相差较大，从炎热的南方到寒冷的北方，自然气候差别悬殊。因此，气温变化、太阳的热辐射、自然界的日晒雨淋、风雪冰冻、地下水等构成了影响建筑物使用功能及建筑构件和建筑配件使用质量的因素。有的因材料热胀冷缩而开裂，严重的遭到破坏；有的出现漏水现象；还有的因室内过冷或过热影响到建筑物的正常使用。在建筑设计时，针对上述影响因素的性质与程度，对各有关部位必须采取相应的防范措施，如防潮、防水、保温、隔热、设变形缝、设隔蒸汽层等。

5.2.1.3　人为因素的影响

人们所从事的生产和生活活动往往会对建筑物产生影响，如机械振动、化学腐蚀、爆炸、火灾、噪声等，这就是人为因素的影响。因此，在进行建筑设计时，必须针对各种可能的因素，从构造上采取隔振、防腐、防爆、防火、隔声等相应的措施。

5.2.2　建筑技术条件的影响

建筑技术条件指建筑材料技术、结构技术和施工技术等。建筑构造随着建筑技术的不断发展变化而变化，结构体系和材料的不同，建筑构造也不同。例如，木结构与砖混结构、砖混结构与框架结构、框架结构与钢结构等构造均不相同。所以建筑构造做法不能脱离一定的建筑技术条件而存在。

5.2.3 建筑标准的影响

建筑标准包括的内容较多，与建筑构造关系密切的主要有建筑的造价标准、建筑装修标准和建筑设备标准。标准高的建筑，其装修质量好、设备齐全、档次高，相应的建筑造价也较高；反之则较低。建筑构造的选材、选型和细部做法无不根据标准的高低来确定。一般来讲，大量性民用建筑多属一般标准的建筑，构造方法往往也是常用的做法，而大型公共建筑，标准要求较高，构造较复杂，对美观方面的考虑也较多。

5.3 建筑构造设计的基本原则

建筑构造设计，在满足建筑物各项功能要求的前提下，必须综合运用有关技术知识，遵循以下设计原则。

5.3.1 坚固适用

由于建筑物使用性质和所处条件、环境的不同，对建筑构造设计有不同的要求。如北方地区要求建筑在冬季保温；南方地区则要求建筑能通风、隔热；对要求有良好声环境的建筑则要考虑吸声、隔声等。总之，为了满足使用功能要求，在构造设计时，必须综合有关技术知识进行合理的设计，以便选择、确定经济合理的构造方案。

建筑物除根据荷载大小、结构的要求确定构件的必须尺度外，对一些建筑配件的设计，如阳台、楼梯的栏杆、顶棚、墙面、地面的装修，门、窗与墙体的结合以及抗震加固等，都必须在构造上采取必要的措施，以确保建筑物在使用时安全可靠，经久耐用。

5.3.2 技术先进

为了提高建设速度、改善劳动条件、保证施工质量，在构造设计时，应大力推广先进技术，选用各种新型建筑材料，特别是节能环保材料，采用标准设计和定型构件。从材料、结构、施工等方面引入先进技术，同时选用材料必须注意因地制宜、不脱离实际。

5.3.3 经济合理

在构造设计中，应该注意整体建筑物的经济效益。既要注意降低建筑造价，减少材料的能源消耗，又要有利于降低经常运行、维修和管理的费用，考虑其综合的经济效益。在选用材料上应就地取材、提倡节约、降低造价，同时，还必须保证工程质量。

5.3.4 美观大方

建筑构造设计是建筑设计的进一步深化，构造方案的处理还要考虑其造型、尺度、质感、色彩等艺术和美观问题。因此，构造设计是建筑设计的重要组成部分，构造设计应和建筑设计一样，遵循适用、经济、美观的原则。

5.4 建筑构造图的表达

建筑构造图可以直观明了的表达建筑各构配件的节点构造。

5.4.1　建筑构造的图样

建筑构造设计用建筑构造详图表达。构造详图又称大样图或节点大样图，根据具体情况可选用 1：20、1：10、1：5，甚至 1：1 的比例。详图一般从建筑剖面图、平面图或立面图的剖切部位引出。详图有明确的索引方法，要表明建筑材料、相关尺寸、做法等，如图 5.2～图 5.4 所示。

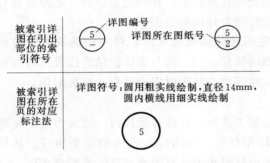

图 5.2　构造详图中构造层次与标注文字的对应关系

（a）水平构造层次标注　　（b）竖向构造层次标注

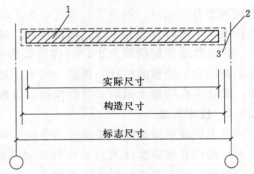

图 5.3　详图引出部位的索引符号

（a）索引标准图　　（b）索引剖面详图

（c）剖面详图

被索引详图在引出部位的索引符号：详图编号　详图所在图纸号

被索引详图在所在页的对应标注法：详图符号：圆用粗实线绘制，直径 14mm，圆内横线用细实线绘制

图 5.4　详图索引号的含义及对应的标注方法

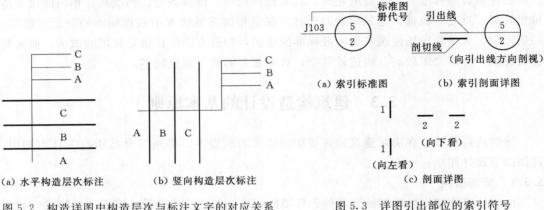

图 5.5　标志尺寸与构造尺寸、实际尺寸的关系

1—建筑构件；2—基准面；3—装配空间（或缝隙尺寸）

实际尺寸　构造尺寸　标志尺寸

5.4.2　建筑部件定位

5.4.2.1　建筑的有关尺寸

为了保证设计、生产、施工各阶段建筑制品、构配件等有关尺寸间的统一与协调，必须明确标志尺寸、构造尺寸、实际尺寸的定义及其相互关系，如图 5.5 所示。

（1）标志尺寸。符合模数数列的规定，用以标注建筑物定位线或基准面之间的垂直距离（如开间、进深、层高、跨度、柱距等）以及建筑构配件、建筑组合件、有关设备安装基准面之间的尺寸称为标志尺寸。

（2）构造尺寸（制作尺寸）。构造尺寸是生产、制造建筑构配件、建筑组合件、建筑制品等的设计尺寸，是用来确定其形状和大小的。在标注时，构造尺寸也应符合模数数列的规定。一般情况下，构造尺寸等于标志尺寸减去缝隙或加上支承长度尺寸。缝隙尺寸的大小也应符合模数数列的规定。

（3）实际尺寸（竣工尺寸）。实际尺寸是建筑构配件、建筑组合件、建筑制品等生产制成后所形成的实际尺寸，实际尺寸与构造尺寸之间的差数即误差必须符合建筑公差的规定。

总之，标志尺寸是确定方案时所用的尺寸，它不考虑构造细节的情况和误差，构造尺寸是施工的依据，所以在施工详图上应标注构造尺寸。实际尺寸则是施工以后，在允许误差范围内的尺寸。

5.4.2.2　建筑部件的定位

定位轴线和定位线是确定建筑物主要结构构件、建筑构配件位置及标志尺寸的基准线，又是施工中定位、放线的基线。凡承重墙、梁、柱、屋架等主要承重构件及门窗等，都应用定位轴线及定位线以确定其位置。

建筑需要在水平和竖直两个方向进行定位，用于平面定位的称为平面定位轴线，包括横向定位轴线和纵向定位轴线。横向定位轴线的编号用阿拉伯数字从左至右顺序编写，纵向定位轴线的编号用大写的拉丁字母从下至上顺序编写。定位轴线也可分区编号，注写形式为"分区号–该区轴线号"，如图 5.6 所示。

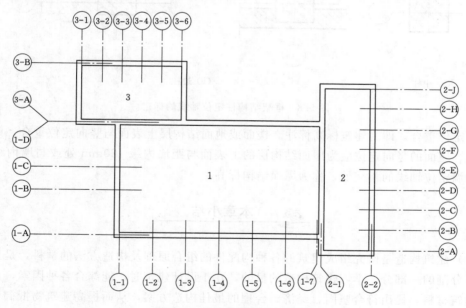

图 5.6　定位轴线的分区编号

（1）平面定位轴线的确定。对于柱、梁、承重墙的定位，宜采用中心线定位法，如图 5.7 所示。

框架结构建筑的中柱定位轴线一般与顶层柱截面中心线相重合，如图 5.8（a）所示。边柱定位轴线一般与顶层柱截面中心线相重合或距柱外缘 250mm 处，如图 5.8（b）所示。

（2）竖向定位线的确定。用于竖向定位的称为竖向定位线。楼地面的上表面与楼地面

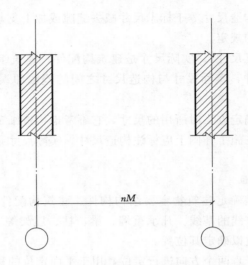

图 5.7　墙体定位轴线

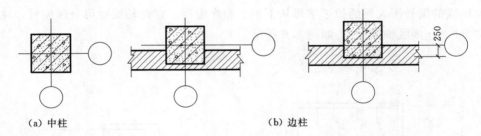

（a）中柱　　　　　　　　　　（b）边柱

图 5.8　框架结构柱定位轴线的标定

的竖向定位重合，即为建筑标高标注。楼面或地面结构层上表面与竖向定位重合，即为结构标高。屋面的竖向定位应为屋面结构层的上表面与距墙内缘 120mm 处或与墙内缘重合处的外墙定位轴线的相交处，称为屋面结构标高。

本章小结

（1）建筑构造是研究组成建筑的各种构配件的组合原理及构造方法的学科，是建筑设计不可分割的一部分。学习建筑构造的目的，在于设计建筑时，能综合各种因素，正确地选用建筑材料，提出符合坚固、经济、合理的最佳构造方案，从而提高建筑物抵御外界各种影响的能力，保证建筑物的使用质量，延长建筑物的使用年限。

（2）一座建筑物主要是由基础、墙或柱、楼地层、楼梯、屋顶及门窗等六大部分组成。组成房屋的各部分各自起着不同的作用。当一座建筑建成后，它的使用质量和耐久性能，将经受各种因素的检验。影响建筑构造的因素包括外界环境因素、物质技术条件以及经济条件等。

（3）为使建筑物满足适用、经济、美观的要求。在进行建筑构造设计时，必须注意满足使用功能要求，确保结构坚固、安全，适应建筑工业化需要，考虑建筑的经济、社会和环境的综合效益以及美观要求等构造设计的原则。

（4）建筑构配件构造节点的构造做法用建筑详图表示。建筑定位轴线及定位线是确定建筑物主要结构构件、配件位置及其标志尺寸的基准线，同时也是施工放线的基线。因此，建筑物的构配件都应该用定位轴线及定位线对其进行定位。用于平面时称平面定位轴线（包括横向和纵向定位轴线），用于竖向时称为竖向定位线。为保证设计、生产、施工时等有关尺寸间的统一与协调，必须明确建筑构配件的标志尺寸、构造尺寸、实际尺寸及其相互关系，确保定位、放线的准确。

复习思考题

1. 建筑物一般由哪几部分组成？
2. 影响建筑物的构造因素有哪些方面？
3. 建筑构造的设计原则有哪些？
4. 建筑的节点详图或大样图应如何表达？
5. 建筑构配件的相关尺寸有哪些？它们之间有何关系？
6. 如何进行建筑部件的平面定位及竖向定位？

第6章 墙 体

本章导读

本章基本要求：了解砌体墙的基本构造；了解隔墙的做法；了解建筑幕墙的种类及构造；掌握墙体的作用及分类；熟练掌握实砌墙体的细部构造；了解板材墙的类型及做法。

本章重点、难点：重点，墙体的作用及分类；实砌墙体的细部构造。难点，实砌墙体的细部构造。

墙体是建筑物的重要组成构件，其耗材、造价、自重和施工周期，对整个建筑的使用及造型等方面有很大影响，因而在工程设计中，合理地选择墙体材料、结构方案及构造做法十分必要。

6.1 概 述

6.1.1 墙体的类型

6.1.1.1 按墙体所在位置分类

按墙体在平面上所处位置不同，可分为外墙和内墙；纵墙和横墙。沿建筑物短轴方向布置的墙称为横墙，横向外墙一般称为山墙；沿建筑物长轴方向布置的墙称为纵墙。窗与窗之间或窗与门之间的墙称为窗间墙；窗台下面的墙称为窗下墙；外墙突出屋顶的部分称为女儿墙。墙体各部分名称如图6.1所示。

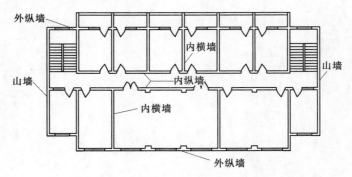

图6.1 墙体各部分名称

6.1.1.2 按墙体受力状况分类

在混合结构建筑中，按墙体受力方式分为两种：承重墙和非承重墙。非承重墙又可分为两种：①自承重墙，不承受外来荷载，仅承受自身重量并将其传至基础；②隔墙，起分隔房间的作用，不承受外来荷载，仅承受自身重量并把其传给梁或楼板。框架结构中的墙称为框架填充墙。悬挂于外部骨架或楼板间的轻质外墙称为幕墙。幕墙不承受上部楼板层和屋顶的荷载，却承受风荷载和地震荷载。

6.1.1.3　按墙体构造分类

按构造方式墙体可以分为实体墙、空体墙和复合墙三种，如图 6.2 所示。实体墙由单一材料组成，如砖墙、砌块墙等。空体墙也是由单一材料组成，可由单一材料砌成内部空腔，也可用具有孔洞的材料建造墙，如空斗砖墙、空心砌块墙等。复合墙由两种以上材料组合而成，例如混凝土、加气混凝土复合板材墙。其中混凝土起承重作用，加气混凝土起保温隔热作用。

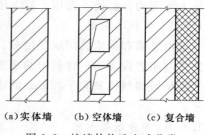

(a)实体墙　(b)空体墙　(c)复合墙

图 6.2　按墙体构造方式分类

6.1.1.4　按墙体施工方式分类

按施工方法墙体可以分为块材墙、板筑墙及板材墙三种。块材墙是用砂浆等胶结材料将砖石块材等组砌而成，例如砖墙、石墙及各种砌块墙等。板筑墙是在现场立模板，现浇而成的墙体，例如现浇混凝土墙等。板材墙是预先制成墙板，施工时安装而成的墙，例如预制混凝土大板墙、各种轻质条板内隔墙等。

6.1.1.5　按墙体所用材料分类

按所用材料不同墙体可分为夯土墙、砖墙、石墙、混凝土墙、幕墙等。砖墙是我国传统的墙体材料，但因使用受到土地资源的限制，已逐步限制使用实心黏土砖。目前多种材料结合的组合墙和利用工业废料发展墙体材料是墙体改革的方向。

6.1.2　墙体的作用

墙体在建筑中的作用主要有 4 个方面：

（1）承重作用：①承受建筑物屋顶、楼层、人、设备及墙身自身荷载；②承受自然界风、地震荷载等。

（2）围护作用：抵御自然界风、雨、雪等的侵袭，具有保温、隔热、防止太阳辐射和噪声干扰等功能。

（3）分隔作用：把建筑物分隔成若干个需要的空间，以满足功能分区要求。

（4）装饰作用：装修墙面，满足室内外装饰和使用功能要求。

6.1.3　墙体结构布置方案

对于以墙体承重为主的结构，要求各层的承重墙上下必须对齐；各层的门、窗孔洞也尽量做到上下对齐。此外，还需要合理选择墙体结构布置方案。

6.1.3.1　横墙承重

凡以横墙承重的称为横墙承重方案或横向结构系统。楼板、屋顶上的荷载均由横墙承受，纵墙只起纵向稳定和拉结的作用。它的主要特点是横墙间距密，加上纵墙的拉结，使建筑物的整体性好、横向刚度大，对抵抗地震力等水平荷载有利。但横墙承重方案的开间尺寸不够灵活，适用于房间开间尺寸不大的宿舍、住宅及病房等小开间建筑，如图 6.3 (a) 所示。

6.1.3.2　纵墙承重

凡以纵墙承重的称为纵墙承重方案或纵向结构系统。楼板、屋顶上的荷载均由纵墙承受，横墙只起分隔房间和横向稳定作用。纵墙承重可使房间开间的划分灵活，多适用于需要较大房间的办公楼、商店、教学楼等公共建筑，如图 6.3（b）所示。

6.1.3.3　纵横墙承重

凡由纵墙和横墙共同承受楼板、屋顶荷载的结构布置称纵横墙（混合）承重方案。该方案房间布置较灵活，建筑物的刚度亦较好。混合承重方案多用于开间、进深尺寸较大且房间类型较多的建筑和平面复杂的建筑中，如教学楼、住宅等建筑，如图 6.3（c）、（d）所示。

6.1.3.4　部分框架承重

在结构设计中，有时采用墙体和钢筋混凝土梁、柱组成的框架共同承受楼板和屋顶的荷载，梁的一端支承在柱上，而另一端则搁置在墙上，这种结构布置称为部分框架结构或内部框架承重方案。它较适合于室内需要较大使用空间的建筑，如商场等，如图 6.3（e）所示。

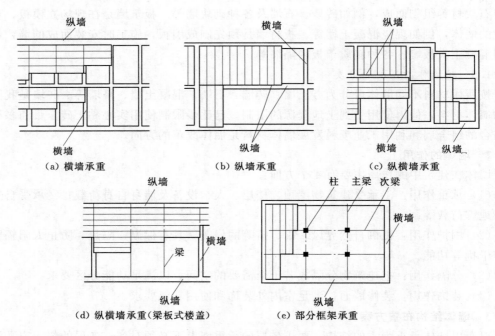

（a）横墙承重　　　　　　　（b）纵墙承重　　　　　　　（c）纵横墙承重

（d）纵横墙承重（梁板式楼盖）　　　　　（e）部分框架承重

图 6.3　墙体结构布置方案

6.1.4　墙体的设计要求

墙体的设计要求如下。

（1）具有足够的强度和稳定性。强度是指墙体承受荷载的能力，它与所采用的材料以及材料的强度等级有关。作为承重墙的墙体，必须具有足够的强度，以确保结构的安全。

墙体的稳定性与墙的高度、长度和厚度有关。高而薄的墙稳定性差，矮而厚的墙稳定性好；长而薄的墙稳定性差，短而厚的墙稳定性好。

（2）具有保温、隔热等方面的性能，满足建筑节能要求。为贯彻国家的节能政策，改善严寒和寒冷地区居住建筑采暖能耗大，热工效率差的状况，必须通过建筑设计和构造措施来减少能耗。一般采取以下措施：提高外墙的保温能力；防止外墙中出现凝结水；防止外墙出现空气渗透。

（3）满足隔声要求。墙体主要隔离由空气直接传播的噪声。一般采取以下措施：加强墙体缝隙的填密处理；增加墙厚和墙体的密实性；采用有空气间层式多孔性材料的夹层墙；尽量利用垂直绿化降噪声。

（4）满足防火要求。墙体材料的燃烧性能和耐火极限必须符合防火规范的规定。

（5）适应工业化生产的需要。可通过提高机械化施工程度来提高功效，降低劳动强度，并采用轻质高强的墙体材料，以减轻自重，降低成本。

此外，还应根据实际情况，考虑墙体的防潮、防水、防射线、防腐蚀、经济、美观等方面的要求。

6.2 砌 体 墙 构 造

砌体墙指的是用块体和砂浆通过一定的砌筑方法砌筑而成的墙体。块体一般包括实心砖、空心砖、轻骨料混凝土砌块、混凝土空心砌块、毛料石、毛石等。砂浆一般包括混合砂浆和水泥砂浆。

6.2.1 砖墙构造

6.2.1.1 砖与砂浆

砖墙属于砌筑墙体，具有保温、隔热、隔音等许多优点，但也存在着施工速度慢、自重大、劳动强度大等很多不利的因素。砖墙由砖和砂浆两种材料组成，砂浆将砖胶结在一起筑成墙体或砌块。

砖的种类很多，从所采用的原材料上看有黏土砖、灰砂砖、页岩砖、煤矸石砖、水泥砖、矿渣砖等；从形状上看有实心砖及多孔砖。当前砖的规格与尺寸也有多种形式，普通黏土砖是全国统一规格的标准尺寸，即 240mm×115mm×53mm，当砌筑所需的灰缝宽度按施工规范取 8~12mm 时，长、宽、厚之比为 4:2:1，便于砌筑时相互搭接和组合，如图 6.4 所示。空心砖尺寸为 190mm×190mm×90mm、240mm×115mm×180mm 等，如图 6.5 所示。砖的强度等级以抗压强度划分为 6 级：MU30、MU25、MU20、MU15、MU10 和 MU7.5，单位为 N/mm^2。

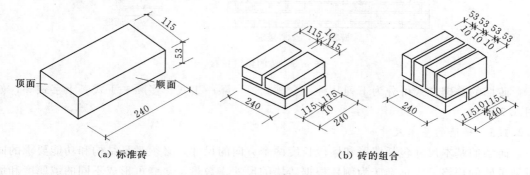

（a）标准砖　　　　　　　　　　（b）砖的组合

图 6.4　标准砖的尺寸关系

砂浆由胶结材料（水泥、石灰、黏土）和填充材料（砂、石屑、矿渣、粉煤灰）用水

113

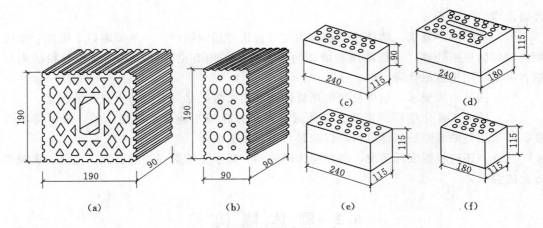

图 6.5 多孔砖规格尺寸

搅拌而成，常用的有水泥砂浆、混合砂浆和石灰砂浆。水泥砂浆的强度和防潮性能最好，混合砂浆次之，石灰砂浆最差；但石灰砂浆的和易性好，在墙体强度和防潮防水要求不高时采用。砂浆的等级也是以抗压强度来进行划分的，从高到低依次为 M15、M10、M7.5、M5、M2.5、M1、M0.4，单位为 N/mm^2。

6.2.1.2 砖墙的砌筑方式

砖墙的砌筑方式是指砖块在砌体中的排列方式，为了保证墙体的坚固，砖块的排列应遵循内外搭接、上下错缝的原则。错缝长度不应小于 60mm，且应便于砌筑及少砍砖，否则会影响墙体的强度和稳定性。在墙的组砌中，砖块的长边平行于墙面的砖称为顺砖，砖块的长边垂直于墙面的砖称为丁砖。上下皮砖之间的水平缝称为横缝，左右两砖之间的垂直缝称为竖缝，砖砌筑时切忌出现竖直通缝，否则会影响墙的强度和稳定性，如图 6.6 所示。

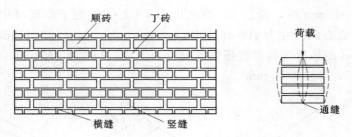

图 6.6 砖的错缝搭接

砖墙的叠砌方式可分为下列几种：全顺式、一顺一丁式、多顺一丁式、十字式等，如图 6.7 所示。

6.2.1.3 砖墙的基本尺寸

砖墙的基本尺寸包括墙厚和墙段长度两个方向的尺寸，必须满足结构和功能要求的同时满足砖的规格。以标准砖为例，根据砖块的尺寸、数量、灰缝可形成不同的墙厚度和墙段的长度。

（1）墙厚。标准砖的长、宽、高规格为 240mm×115mm×53mm，砖块间灰缝宽度为

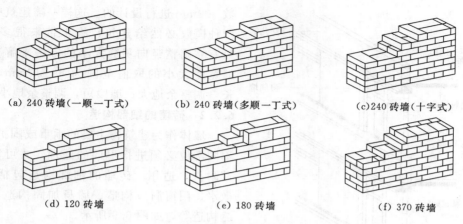

(a) 240 砖墙（一顺一丁式）　　　(b) 240 砖墙（多顺一丁式）　　　(c) 240 砖墙（十字式）

(d) 120 砖墙　　　　　　　　(e) 180 砖墙　　　　　　　　(f) 370 砖墙

图 6.7　砖墙的砌筑方式

10mm。砖厚加灰缝、砖宽加灰缝后与砖长形成 1∶2∶4 的比例特征，组砌灵活。墙厚与砖规格的关系如图 6.8 所示。墙厚名称见表 6.1。

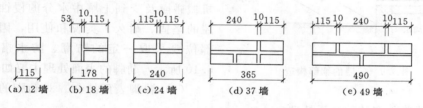

(a) 12 墙　　(b) 18 墙　　(c) 24 墙　　(d) 37 墙　　(e) 49 墙

图 6.8　墙厚与砖规格的关系

表 6.1　　　　　　　　　**墙 厚 名 称**

墙厚名称	习惯称呼	实际尺寸/mm	墙厚名称	习惯称呼	实际尺寸/mm
半砖墙	12 墙	115	一砖半	37 墙	365
3/4 砖墙	18 墙	178	二砖墙	49 墙	490
一砖墙	24 墙	240	二砖半墙	62 墙	615

（2）墙身长度。当墙身过长时，其稳定性就差，故每隔一定距离应有垂直于它的横墙或其他构件来增强其稳定性。横墙间距超过 16m 时，墙身做法则应根据我国《砌体结构设计规范》（GB 50003—2011）的要求进行加强。

（3）墙身高度。墙身高度主要是指房屋的层高。要依据实际要求，即设计要求而定，但墙高与墙厚有一定的比例制约，同时要考虑到水平侧推力的影响，保证墙体的稳定性。

（4）砖墙洞口与墙段的尺寸。砖墙洞口主要是指门窗洞口，其尺寸应符合模数要求，尽量减少与此不符的门窗规格，以利于工业化生产。国家及地区的通用标准图集是以扩大模数 3M 为倍数的，故门窗洞口尺寸多为 300mm 的倍数，1000mm 以内的小洞口可采用基本模数 100mm 的倍数。

墙段多指转角墙和窗间墙，其长度取值以砖模 125mm 为基础。墙段由砖块和灰缝组成，即砖宽加缝宽：115mm＋10mm＝125mm；而建筑的进深、开间、门窗都是按扩大模

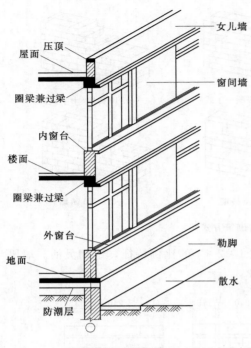

图 6.9 砖墙的细部构造

数 300mm 进行设计的。这样一幢建筑中采用两种模数必然给建筑、施工带来很多困难，只有靠调整竖向灰缝大小的方法来解决。竖缝宽度大小的取值范围为 8～12mm；墙段长，调整余地大；墙段短，调整余地小。

6.2.2 砖墙的细部构造

墙体作为建筑物主要的承重或围护构件，不同部位必须进行不同的处理，才可能保证其耐久，适用。砖墙的细部构造包括勒脚、散水、门窗洞口构造、墙身加固构造、变形缝构造等，如图 6.9 所示。

6.2.2.1 勒脚

勒脚是外墙的墙脚，即外墙与室外地面接近的部位。由于勒脚易遭到雨水的浸溅、机械碰撞及受到土壤中水分的侵蚀，影响房屋的坚固、耐久、美观和使用，因此，在此部位要采取一定的防潮、防水措施。如图 6.10 所示，勒脚的表面处理主要如下。

（1）勒脚表面抹灰。对勒脚的外表面做水泥砂浆或其他有效的抹面处理。

（2）勒脚贴面。标准较高的建筑可外贴天然石材或人工石材贴面，如花岗岩、水磨石板等，以达到耐久性强、美观的效果。

（3）坚固材料勒脚。勒脚墙体采用条石、混凝土等坚固耐久的材料替代砖勒脚。

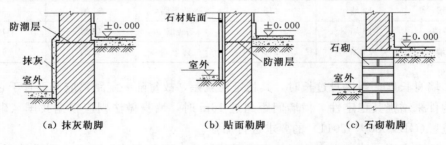

（a）抹灰勒脚　　　　　（b）贴面勒脚　　　　　（c）石砌勒脚

图 6.10 勒脚构造做法

6.2.2.2 散水与明沟

（1）散水。为了防止雨水及室外地面水浸入墙体和基础，沿建筑物四周勒脚与室外地坪相接处设排水沟（明沟、暗沟）或散水，使其附近的地面积水迅速排走。散水为无组织排水，散水的宽度应比屋檐挑出的宽度大 150mm 以上，一般为 700～1500mm，并设向外不小于 3‰的排水坡度。散水的外延应设滴水砖（石）带，散水与外墙交接处应设分隔缝，并以弹性材料嵌缝，以防墙体下沉时散水与墙体裂开，起不到防潮、防水的作用，散水构造做法如图 6.11 所示。

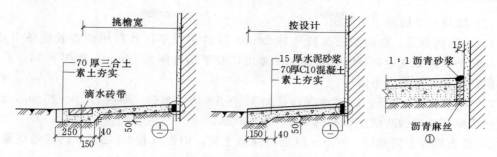

图 6.11　散水构造做法

（2）明沟。明沟为有组织排水，其构造做法如图 6.12 所示，可用砖砌、石砌和混凝土浇筑。沟底应设微坡，坡度为 0.5‰～1‰，使雨水流向集水井。若用砖砌明沟，应根据砖的尺寸来砌筑，槽内需用水泥砂浆抹面。

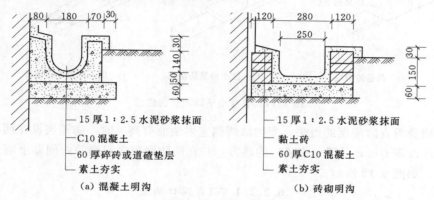

（a）混凝土明沟　　　　　　　　　　（b）砖砌明沟

图 6.12　明沟构造做法

6.2.2.3　墙身防潮

由于砖或其他砌块基础的毛细管作用，土壤中的水分易从基础墙处上升，腐蚀墙身，因此，必须在内、外墙脚部设置连续的防潮层以隔绝地下水的作用。

（1）防潮层的位置。防潮层的位置低于室内地坪 60mm 处，同时至少高出室外地面或散水表面 150mm 以上，防止雨水溅湿墙面，如图 6.13 所示。

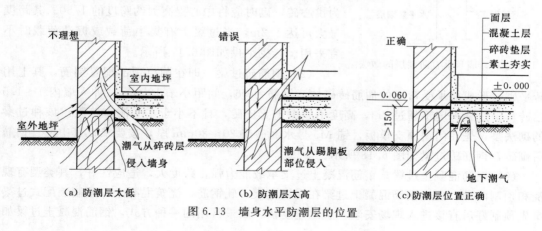

（a）防潮层太低　　　　　（b）防潮层太高　　　　　（c）防潮层位置正确

图 6.13　墙身水平防潮层的位置

（2）墙身水平防潮层的做法。

1）油毡防潮层。在防潮层部位先抹 20mm 厚砂浆找平，然后用沥青胶粘贴一毡二油。油毡的搭接长度应≥100mm，油毡的宽度比找平层每侧宽 10mm，如图 6.14（a）所示。但此种做法地震区不适用。

2）防水砂浆防潮层。1：2 水泥砂浆加 3％～5％的防水剂，厚度为 20～25mm，或用防水砂浆砌三皮砖做防潮层，如图 6.14（b）所示。

3）细石混凝土防潮层。60mm 厚细石混凝土带，内配 3 根Φ6 或Φ8 钢筋做防潮层，如图 6.14（c）所示。

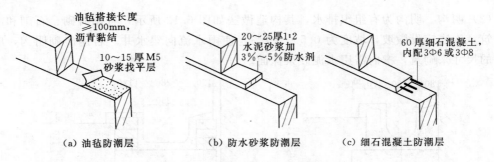

(a) 油毡防潮层　　　　(b) 防水砂浆防潮层　　　　(c) 细石混凝土防潮层

图 6.14　墙身水平防潮层的做法

（3）墙身垂直防潮层的做法。当内墙两侧室内地面有高差时，防潮层设在两不同标高的室内地坪以下 60mm（即一皮砖）的地方，并在两防潮层之间墙的内侧靠土壤一侧设垂直防潮层，如图 6.15 所示。

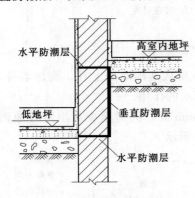

图 6.15　墙身垂直防潮层的做法

6.2.2.4　门窗洞口构造

过梁是门窗上部承重构件，其作用是为了承担门窗洞口上部荷载，并将它传到两侧构件上，如图 6.16 所示。

（1）砖砌平拱过梁。砖砌平拱过梁采用砖侧砌而成，是我国传统式做法。灰缝上宽下窄，宽不得大于 20mm，窄不得小于 5mm。砖的行数为单数，立砖居中为拱心砖，砌时应将中心提高大约跨度的 1/50。其跨度最大可达 1.2m，当过梁上有集中荷载或振动荷载时不宜采用。砖砌平拱如图 6.17 所示。

（2）钢筋砖过梁。即在洞口顶部配置钢筋，其上用砖平砌，形成能承受弯矩的加筋砖砌体。钢筋为Φ6，间距小于 120mm，伸入墙内 1～1.5 倍砖长。过梁跨度不超过 2m，高度不应少于 5 皮砖，且不小于 1/5 洞口跨度。该种过梁的砌法是，先在门窗顶支模板，铺 M5 号水泥砂浆 20～30mm 厚，按要求在其中配置钢筋后砌砖，钢筋砖过梁如图 6.18 所示。

（3）钢筋混凝土过梁。钢筋混凝土过梁承载能力强，跨度大，适应性好，其类型有现浇和预制两种。现浇钢筋混凝土过梁在现场支模、轧钢筋、浇筑混凝土。预制装配式过梁事先预制好后直接进入现场安装，施工速度快，属最常用的一种方式，钢筋混凝土过梁如

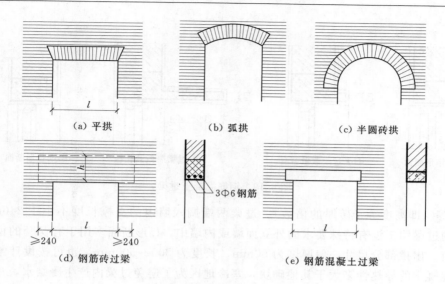

(a) 平拱　　　　　　　(b) 弧拱　　　　　　(c) 半圆砖拱

3Φ6钢筋

(d) 钢筋砖过梁　　　　　　　　(e) 钢筋混凝土过梁

图 6.16　过梁的形式
(h 高度范围内用 M5 砂浆砌筑，h 不小于 1/4l)

图 6.19 所示。

　　常用的钢筋混凝土过梁有矩形和 L 形两种断面形式。钢筋混凝土过梁断面尺寸主要根据荷载的多少、跨度的大小计算确定。过梁的宽度一般同墙宽，如 115mm、240mm 等（即宽度等于半砖的倍数）。过梁的高度可做成 60mm、120mm、180mm、

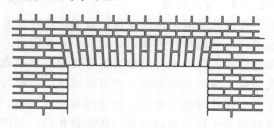

图 6.17　砖砌平拱过梁

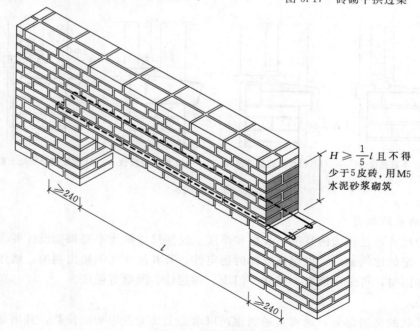

$H \geqslant \dfrac{1}{5} l$ 且不得少于 5 皮砖，用 M5 水泥砂浆砌筑

图 6.18　钢筋砖过梁

119

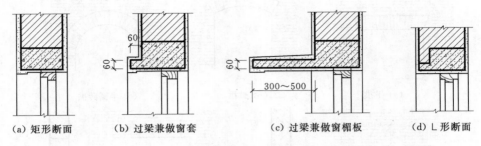

图 6.19 钢筋混凝土过梁

240mm 等（即高度等于砖厚的倍数）。过梁两端搁入墙内的支撑长度不小于 240mm。矩形断面的过梁用于没有特殊要求的外立面墙或内墙中。L 形断面多用于有窗套的窗、带窗楣板的窗。出挑部分尺寸一般厚度为 60mm、长度为 300～500mm，也可按设计给定。由于钢筋混凝土的导热性多大于其他砌块，寒冷地区为了避免过梁内产生凝结水，也多采用 L 形过梁。

6.2.2.5 窗台构造

外窗的窗洞下部设窗台，目的是排除窗面流下的雨水，防止其渗入墙身和沿窗缝渗入室内。外墙面材料为面砖时，可不必设窗台。窗台可用砖砌挑出，也可采用钢筋混凝土窗台的形式。砖砌窗台的做法是将砖侧立斜砌或平砌，并挑出外墙面 60mm，然后表面抹水泥砂浆，或做贴面处理，或可做成水泥砂浆勾缝的清水窗台，稍有坡度。注意抹灰与窗槛下的交接处理必须密实，防止雨水渗入室内。窗台下必须抹滴水避免雨水污染墙面。预制钢筋混凝土窗台构造特点与砖窗台相同，如图 6.20 所示。

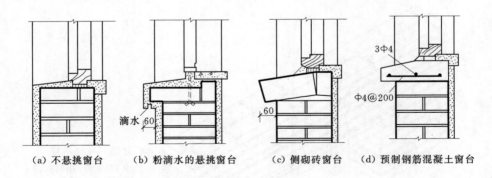

图 6.20 窗台构造

6.2.2.6 墙身的加固

墙身的尺寸，是指墙的高度、长度和厚度。这些尺寸的大小要根据设计要求而定，但必须符合一定的比例制约，以保证墙体的稳定性。若其尺寸比例超出制约，墙体稳定性不好，需要加固时，可采用墙墩、壁柱、门垛、构造柱、圈梁等做法。

1. 墙墩

墙中柱状的突出部分，通常直通到顶，以承受上部梁及屋架的荷载，并增加墙身强度及稳定性。墙墩所用砂浆的标号较墙体的高。

2. 壁柱

壁柱形似墙墩，不同之处主要是增加墙的稳定作用，其上不考虑荷载。壁柱突出墙面的尺寸一般为 120mm×370mm、240mm×370mm、240mm×490mm 或根据结构计算确定。

3. 门垛

墙体上开设门洞一般应设门垛，特别在墙体端部开启与之垂直的门洞时必须设置门垛，以保证墙身稳定和门框的安装。当在较薄的墙体上开设门洞时，为便于门框的安装和保证墙体的稳定，需在门靠墙转角处或丁字接头墙体的一边设置门垛，门垛凸出墙面不少于 120mm，宽度同墙厚，如图 6.21 所示。

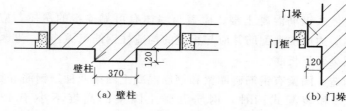

图 6.21 壁柱和门垛

4. 圈梁

圈梁是沿外墙四周及部分内墙设置在楼板处的连续闭合的梁，如图 6.22（a）所示。圈梁配合楼板共同作用可提高建筑物的空间刚度及整体性，防止因地基不均匀沉降或振动荷载引起的墙体开裂。对于抗震设防地区，利用圈梁加固墙身非常必要。

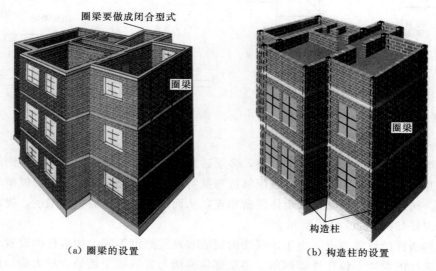

图 6.22 圈梁和构造柱

（1）圈梁的设置要求。装配式钢筋混凝土楼、屋盖或木楼、屋盖的砖房，横墙承重时应按表 6.2 的要求设置圈梁；纵墙承重时每层均应设置圈梁，且抗震横墙上的圈梁间距应比表内要求适当加密。

表 6.2　　　　　　　　　　　砖房现浇钢筋混凝土圈梁设置要求

墙 类 型	烈　　度		
	6、7	8	9
外墙和内纵墙	屋盖处及每层楼盖处	屋盖处及每层楼盖处	屋盖处及每层楼盖处
内横墙	同上；屋盖处间距不应大于 7m；楼盖处间距不应大于 15m；构造柱对应部位	同上；屋盖处沿所有横墙，且间距不应大于 7m；楼盖处间距不应大于 7m；构造柱对应部位	同上；各层所有横梁

现浇或装配整体式钢筋混凝土楼、屋盖与墙体有可靠连接的房屋，应允许不另设圈梁，但楼板沿墙体周边应加强配筋并应与相应的构造柱钢筋可靠连接。圈梁宜与预制板设在同一标高处或圈梁紧靠板底。

（2）圈梁的构造。圈梁有钢筋砖圈梁和钢筋混凝土圈梁两种。钢筋混凝土圈梁按施工方式又分为整体式和装配式两种。钢筋混凝土圈梁的高度不小于 120mm，一般为 240mm、180mm，宽度与墙厚相同。钢筋砖圈梁做法同钢筋砖过梁。

圈梁应闭合，如遇洞口必须断开时，应在洞口上端设附加圈梁，并应上下搭接，附加圈梁如图 6.24 所示。

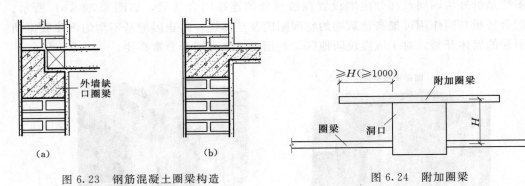

图 6.23　钢筋混凝土圈梁构造　　　　　　　　图 6.24　附加圈梁

5. 构造柱

为了增强建筑物的整体性和稳定性，多层砖混结构建筑的墙体中还应设置钢筋混凝土构造柱，并与各层圈梁相连接，形成能够抗弯抗剪的空间框架，它是防止房屋倒塌的一种有效措施。构造柱必须与圈梁及墙体紧密相连，从而加强建筑物的整体刚度，提高墙体抗变形的能力，如图 6.22（b）所示。

（1）构造柱的设置要求。由于建筑物的层数和地震烈度不同，构造柱的设置要求也不相同。构造柱的设置部位在外墙四角、错层部位横墙与外纵墙交接处、较大洞口两侧，大房间内外墙交接处等，如图 6.25 所示，具体要求见表 6.3。

（2）构造柱的构造。构造柱最小截面可采用 180mm×240mm（墙厚 190mm 时为

180mm×190mm），纵向钢筋宜采用4Φ12，箍筋间距不宜大于250mm，且在柱上下端应适当加密；6、7度时超过六层、8度时超过五层和9度时，构造柱纵向钢筋宜采用4Φ14，箍筋间距不应大于200mm；房屋四角的构造柱应适当加大截面及配筋。

构造柱的施工方式是先砌墙，后浇混凝土，构造柱与墙连接处应砌成马牙槎，并沿墙高每隔500mm设置深入墙体不小于1m的2Φ6水平拉结钢筋，构造柱做法如图6.26所示。

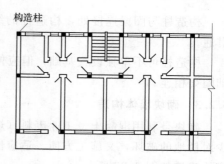

图 6.25 构造柱在平面中的位置

表 6.3 多层砖砌体房屋构造柱设置要求

房 屋 层 数				设 置 部 位	
6 度	7 度	8 度	9 度		
四、五	三、四	二、三		楼、电梯间四角，楼梯斜梯段上下端对应的墙体处； 外墙四角和对应转角； 错层部位横墙与外纵墙交接处； 大房间内外墙交接处； 较大洞口两侧	隔12m或单元横墙与外纵墙交接处； 楼梯间对应的另一侧内横墙与外纵墙交接处
六	五	四	二		隔开间横墙（轴线）与外墙交接处； 山墙与内纵墙交接处
七	≥六	≥五	≥三		内墙（轴线）与外墙交接处； 内墙的局部较小墙垛处； 内纵墙与横墙（轴线）交接处

注 较大洞口，内墙指不小于2.1m的洞口；外墙在内外墙交接处已设置构造柱时应允许适当放宽，但洞侧墙体应加强。

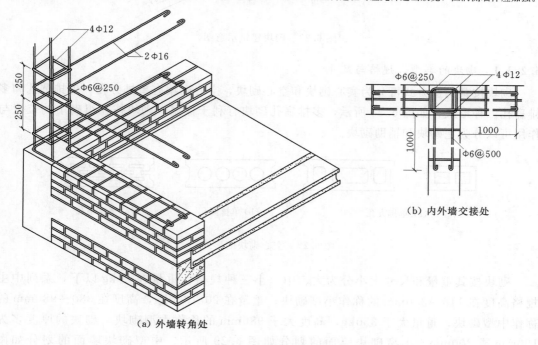

（a）外墙转角处

（b）内外墙交接处

图 6.26 构造柱做法

构造柱与圈梁连接处,构造柱的纵筋应在圈梁纵筋内侧穿过,保证构造柱纵筋上下贯通。

构造柱可不单独设置基础,但应伸入室外地面下 500mm,或与埋深小于 500mm 的基础圈梁相连。

6.2.3　砌块墙体构造

砌块是利用混凝土、工业废料(煤渣、矿渣等)或地方资源材料制作而成,它既能减少对耕地的破坏,又施工方便、适应性强,便于就地取材,符合建筑工业化发展的要求。砌块建筑如图 6.27 所示。

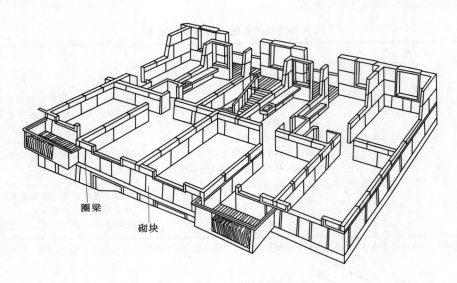

图 6.27　砌块建筑示意图

6.2.3.1　砌块的类型、规格与尺寸

砌块按其构造方式可分为实心砌块和空心砌块,空心砌块有单排方孔、单排圆孔和多排扁孔三种形式,如图 6.28 所示,多排扁孔砌块有利于保温。砌块按在组砌中的位置与作用可以分为主砌块和辅助砌块。

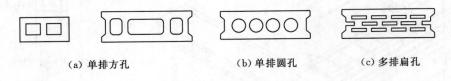

(a) 单排方孔　　　　　(b) 单排圆孔　　　　　(c) 多排扁孔

图 6.28　空心砌块的形式

砌块按其重量和尺寸大小分为大、中、小三种规格。重量在 20kg 以下,系列中主规格高度在 115~380mm 的称作小型砌块;重量在 20~350kg,高度在 380~980mm 的称作中型砌块;重量大于 350kg,高度大于 980mm 的称作大型砌块。砌块的厚度多为 190mm 或 200mm。小型砌块墙面的划分如图 6.29 所示。中型砌块墙面的划分如图

6.30 所示。

6.2.3.2 砌块墙体的构造特点

1. 砌块的砌筑原则

砌块墙体力求排列整齐、有规律性，以便施工；上下皮错缝搭接，避免通缝；纵横墙交接处和转角处砌块也应彼此搭接，有时还应加筋，以提高墙体的整体性，保证墙体强度和刚

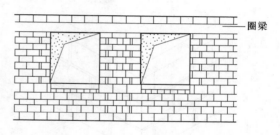

图 6.29　小型砌块排列及圈梁位置示例

度；当采用混凝土空心砌块时，上下皮砌块应孔对孔、肋对肋，使其之间有足够的接触面，扩大受压面积；尽可能减少镶砖，必须镶砖时，应分散、对称布置，以保证砌体受力均匀；优先采用大规格的砌块，尽量减少砌块规格，充分利用吊装机械的设备能力。

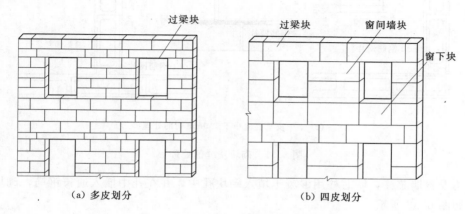

（a）多皮划分　　　　　　　　　　（b）四皮划分

图 6.30　中型砌块墙面的划分

砌块建筑进行施工前，必须遵循以上原则进行反复排列设计，通过试排来发现和分析设计与施工间的矛盾，并给予解决。

2. 细部构造

（1）圈梁。圈梁的作用是加强砌块墙体的整体性，可预制和现浇，通常与窗过梁合用。在抗震设防区，圈梁设置在楼板同一标高处，将楼板与之联牢箍紧，形成闭合的平面框架，对抗震有很大的作用。

（2）砌块灰缝。砌块灰缝的宽度大小既要注意施工方便、易于灌浆捣实，又要注意防渗、保温、隔音，还要顾及砌块误差的调整。砌块灰缝有平缝、凹槽缝和高低缝，平缝多用于水平缝，凹槽缝多用于垂直缝，缝宽视砌块尺寸而定，必要时也可作一点调整。小型砌块缝宽 10～15mm，中型砌块缝宽 15～20mm，砂浆强度不低于 5M。垂直灰缝若大于 40mm，必须用 C10 细石混凝土灌缝。

当上下皮砌块出现通缝，或错缝距离不足 150mm 时，应在水平缝通缝处加钢筋网片，使之拉结成整体，砌块灰缝的处理如图 6.31 所示。

（3）砌块墙芯柱构造。当采用混凝土空心砌块时应在纵横墙交接处、外墙转角处、楼

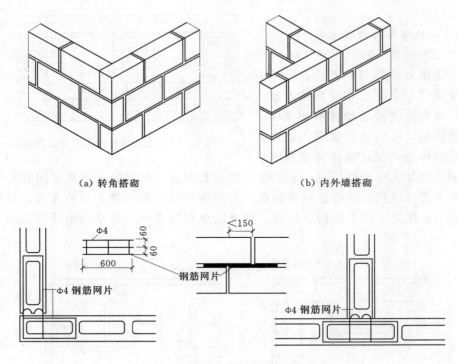

（a）转角搭砌　　　　　　　（b）内外墙搭砌

（c）上下皮垂直缝小于 150mm 时的处理

图 6.31　砌块灰缝的处理

梯间四角设置墙芯柱，墙芯柱用混凝土填入砌块孔中，并在孔中插入通长钢筋，砌块墙芯柱构造如图 6.32 所示。

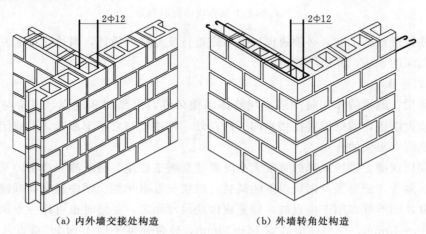

（a）内外墙交接处构造　　　　　　（b）外墙转角处构造

图 6.32　砌块墙芯柱构造

（4）门窗部位构造。门窗过梁与阳台一般采用预制钢筋混凝土构件，门窗固定可用预埋木块、铁件锚固或膨胀木块、膨胀螺栓固定等。

（5）勒脚。砌块建筑的勒脚，根据具体情况确定，硅酸盐、加气混凝土等吸水性较大的砌块不宜做勒脚。

（6）砌块墙外饰面处理。对能抗水并表面光洁、棱角清楚的砌块可以做清水墙嵌缝。一般砌块宜做外饰面，也可采用带饰面的砌块，以提高墙体的防渗能力，改善墙体的热工性能。

6.3 隔 墙 构 造

隔墙的作用在于分隔，不承受外来荷载，自身重量由楼板和墙下小梁来承担，因此，隔墙应满足自重轻、厚度薄、隔声、防潮、耐火性能好、便于安装和拆卸的特点。隔墙的类型很多，按其构造方式可分为块材隔墙、轻骨架隔墙、板材隔墙。

6.3.1 块材隔墙

6.3.1.1 普通砖隔墙

普通砖隔墙一般采用顺砌半砖（120mm）隔墙、侧砌 1/4 砖隔墙（60mm）。半砖隔墙的砌筑砂浆等级强度宜大于 M2.5，1/4 砖隔墙的砌筑砂浆等级强度宜大于 M5。墙体高度超过 3m，长度超过 5m 时要考虑墙身的稳定而加固，一般沿高度每隔 0.5m 砌入 2Φ4 钢筋，或每隔 1.2～1.5m 设一道 30～50mm 厚的水泥砂浆层，内放 2Φ6 钢筋。隔墙上部与楼板相接处，用立砖斜砌，使墙和楼板挤紧。隔墙上有门时，要预埋铁件或将带有木楔的混凝土预制块砌入隔墙中以固定门框。1/4 砖隔墙，高度、长度不宜过大，且一般用于不设门洞的次要房间，若隔墙必须开设门洞时，则须将门洞两侧墙垛放宽到半砖墙，或在墙内每隔 1200mm 设钢筋混凝土小立柱加固，并每隔 7 皮砖砌入 1Φ6 钢筋，且与两端垂直墙相接，如图 6.33 所示为半砖隔墙构造。

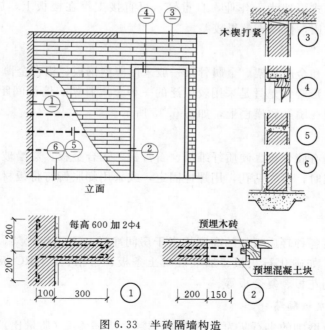

图 6.33　半砖隔墙构造

6.3.1.2　砌块隔墙

为减轻隔墙自重，可采用轻质砌块，砌块隔墙重量轻、块体大，墙厚一般为 90～120mm。加固措施同 1/2 砖隔墙之做法。砌块不够整块时宜用普通黏土砖填补。目前常用加气混凝土块、粉煤灰硅酸盐砌块、水泥炉渣空心砖等砌筑隔墙。砌块大多质轻、空隙率大、隔热性能好，但吸水性较强，因此应在砌块下方先砌 3～5 皮黏土砖。砌块隔墙采取的加固措施同砖墙，如图 6.34 所示。

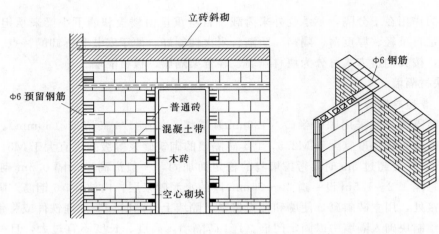

图 6.34　砌块隔墙构造

6.3.2　轻骨架隔墙

轻骨架隔墙由骨架和面板层两部分组成。由于先立墙筋（骨架）再做面层，故又称为立筋式隔墙。立筋式隔墙为干作业，自重轻，可直接支撑在楼板上，施工方便，灵活多变，故得到广泛应用，但隔声效果较差。

6.3.2.1　骨架

骨架有木骨架和金属骨架。金属骨架一般采用薄型钢板、铝合金薄板或拉眼钢板网加工而成。目前，U 形轻钢龙骨是采用较广泛的一种金属骨架。墙筋间距视面板规格而定。板与板的接缝必须在墙筋和横档上，如图 6.35 所示。

6.3.2.2　饰面层

面板常用类型有胶合板、硬质纤维板、石膏板、铝合金板、彩绘玻璃等。

采用金属骨架时，可先钻孔，用螺栓固定，或采用膨胀铆钉将板材固定在墙筋上，如图 6.36 所示。

6.3.3　板材隔墙

板材隔墙是指各种轻质板材的高度相当于房间净高，不依赖骨架，可直接装配而成。目前多采用条板，如碳化石灰板、加气混凝土条板、泰柏板、GRC 板、多孔石膏条板、纸蜂窝板、水泥刨花板、复合板等。

6.3.3.1　碳化石灰板隔墙

碳化石灰板以磨细的生石灰为主要原料，掺入 3％～4％（质量比）的短玻璃纤维，

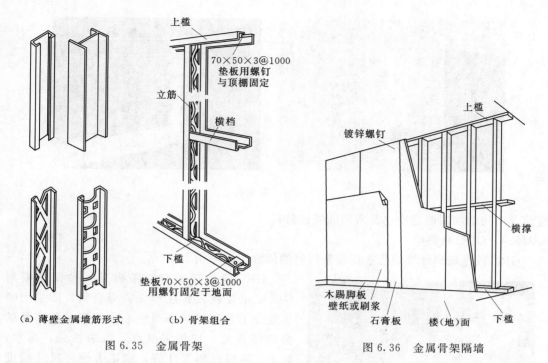

（a）薄壁金属墙筋形式　　（b）骨架组合

图 6.35　金属骨架

图 6.36　金属骨架隔墙

加水搅拌，振动成型，并利用石灰窑的废气碳化而成的空心板。碳化石灰板规格一般长为 2.7～3m，宽 500～800mm，厚 90～120mm。碳化石灰板安装时，板材之间用水玻璃砂浆或 108 胶砂浆黏结。

碳化石灰隔墙板的生产原料来源广泛，可以就地取材，价格低廉，生产工艺简单，不用钢材，重量轻，隔声效果好。

6.3.3.2　加气混凝土条板隔墙

加气混凝土板全称蒸压加气混凝土板，是以硅质材料和钙质材料为主要原料，以铝粉为发气材料，配以经防腐处理的钢筋网片，经加水搅拌、浇注成型、预养切割、蒸压养护等工序制成的多气孔板材。加气混凝土板干密度为 5～7kN/m³，抗压强度为 300～500N/cm²。加气混凝土条板的规格，宽度通常为 500mm、600mm，厚度为 75mm、100mm、120mm 等，高度可按设计要求进行切割。条板的安装与碳化石灰板安装相同。

6.3.3.3　泰柏板隔墙

泰柏板又称为三维板，即钢丝网泡沫塑料水泥砂浆复合墙板。由 $\phi2$ 低碳冷拔镀锌钢丝焊接成三维空间网笼，中间填充 50mm 厚的阻燃聚苯乙烯泡沫塑料构成的轻质板材，然后在现场安装并双面抹灰或者喷涂水泥砂浆而成的复合墙体，如图 6.37 所示。泰柏板规格一般长 2.4～4m，宽 1.2～1.4m，厚 75～76mm，抹灰后的厚度约为 100mm。

泰柏板自重轻，强度高，保温、隔热性能好，具有一定的隔声能力和防火能力，故被广泛用作工业与民用建筑的内墙、外墙、轻型屋面以及小开间建筑的楼板等，同时在高层

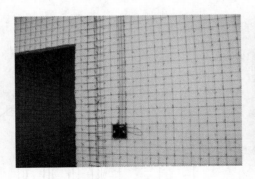
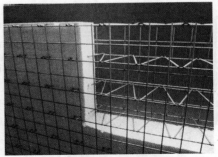

图 6.37 泰柏板

建筑及旧房的加层改造中也是常用的墙体材料。

6.3.3.4 GRC 板隔墙

GRC 板是玻璃纤维增强水泥轻型板材的简称，如图 6.38 所示。

图 6.38 GRC 空心条板

GRC 隔墙轻质空心条板是一种面层喷射 GRC，心层注入膨胀珍珠岩混合料，即采用喷注复合工艺制成的新型空心隔墙板。该产品的突出特点是：抗折强度高，抗裂性强；耐水，防火，防腐；加工性好，施工方便；尺寸精度高，具有性价比高、环保、节能、防火、抗水、隔热和抗冲击等性能，且无毒无味，无污染，系环保优质产品。GRC 空心条板有着优良的综合技术性能，得到广泛应用。GRC 空心条板隔墙节点构造如图 6.39 所示。

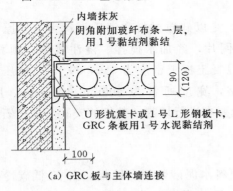

(a) GRC 板与主体墙连接

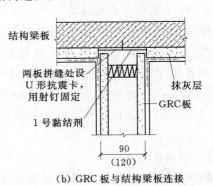

(b) GRC 板与结构梁板连接

图 6.39 GRC 空心条板隔墙节点构造

6.4 幕 墙 构 造

建筑幕墙主要有玻璃、金属、轻质混凝土挂板、天然花岗石板等幕墙，如图 6.40 所示。目前，玻璃幕墙的应用最为广泛。

（a）玻璃幕墙

（b）石材幕墙

（c）金属幕墙

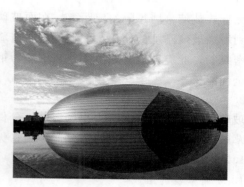

（d）玻璃、金属混合幕墙

图 6.40 幕墙类型

6.4.1 玻璃幕墙

6.4.1.1 玻璃幕墙的分类

1. 按构造方式分类

玻璃幕墙按构造方式可分为有框玻璃和无框玻璃幕墙两类。

（1）有框玻璃幕墙。有框玻璃幕墙又有明框和隐框两种。明框玻璃幕墙的金属框暴露在外，形成可见的金属格构，如图 6.41 所示。隐框的金属框隐藏在玻璃的背面，室外看不见金属框，如图 6.42 所示。隐框玻璃幕墙又可分为全隐框玻璃幕墙和半隐框玻璃幕墙两种，半隐框玻璃幕墙可以是横明竖隐，也可以是竖明横隐。

图 6.41 明框玻璃幕墙

（2）无框玻璃幕墙（全玻式玻璃幕墙）。无框玻璃幕墙不设边框，以高强黏结胶将玻璃连成整片墙或点式安装的玻璃幕墙，如图 6.43 所示。

图 6.42　隐框玻璃幕墙

图 6.43　点式玻璃幕墙

　　无框式玻璃幕墙每隔一定距离，在面玻璃背面用条形玻璃板即肋玻璃作为加强肋板，以起到增强玻璃刚度的作用。面玻璃与肋玻璃相交部位应留出一定的间隙，用以注满硅酮系列密封胶，此类玻璃幕墙所用的玻璃多为钢化玻璃和夹层钢化玻璃，以增大玻璃的刚度和安全性能。

　　2. 按施工方式分类

　　玻璃幕墙按施工方式分为现场组装（分件式幕墙）和预制装配（单元式幕墙）两种。有框幕墙可以现场组装，也可以预制装配；无框幕墙只能现场组装。

6.4.1.2　玻璃幕墙的构造

　　1. 玻璃幕墙的组成

　　玻璃幕墙由玻璃和金属框组成幕墙单元，借助于螺栓和连接铁件安装到框架上。

图 6.44　铝合金边框安装

　　（1）金属边框。金属边框有竖框、横框之分，起骨架和传递荷载作用。金属边框可用铝合金、铜合金、不锈钢等型材做成，铝合金框架的使用最为普遍，如图 6.44 所示为铝合金边框安装。

　　（2）玻璃。玻璃有单层、双层、双层中空和多层中空玻璃，起采光、通风、隔热、保温等围护作用。通常选择热工性能好，抗冲击能力强的钢化玻璃、吸热玻璃、镜面反射玻璃、中空玻璃等。接缝构造多采用密封层、密封衬垫层、空腔三层构造层。

　　（3）连接固定件。连接固定件有预埋件、转接件、连接件、支承用材等，在幕墙及主体结构之间以及幕墙元件与元件之间起连接固定作用，如图 6.45 所示。

　　（4）装修件。装修件包括后衬板（墙）、扣盖件及窗台、楼地面、踢脚、顶棚等构部件，起密闭、装修、防护等作用。

　　（5）密缝材料。密缝材料有密封膏、密封带、压缩密封件等，起密闭、防水、保温、

图 6.45 幕墙连接件

绝热等作用。

此外，还有窗台板、压顶板、泛水、防止凝结水和变形缝等专用件。

2. 幕墙框架与主体结构的连接

幕墙框架与主体结构的连接时，应预先在主体结构的楼板或梁上布置预埋件，竖梃（竖向骨架）通过连接件固定在楼板或梁上，连接件多为角形铝铸件，它与竖梃、横档均用螺钉固定，如图 6.46 所示。竖梃与横向骨架的连接如图 6.47 所示。

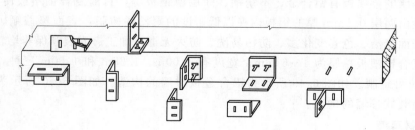

图 6.46 预埋件和连接件形式

3. 点式玻璃幕墙的构造

点式玻璃幕墙是由玻璃面板、支承装置和支承结构构成的玻璃幕墙。

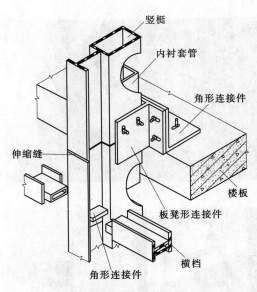

竖梃

内衬套管

角形连接件

伸缩缝

楼板

板凳形连接件

横档

角形连接件

图 6.47 竖梃与横向骨架的连接

（1）支承体系。支承体系是将面玻璃所受的各种荷载直接传递到建筑主构上。因此，它是主要受力构件，一般是根据承受的荷载大小和建筑造型选取结构形式和材料，如玻璃肋、不锈钢立柱、铝型材柱及不锈钢拉杆（索）等。

（2）金属连接件。金属连接件包括固定件（俗称爪座和爪子）和扣件。固定件通常用不锈普通钢铸造而成，而扣件则是不锈钢机加工件。考虑到金属相容性，爪座必须采用与支承体系相同的材质，或使用机械固定。

金属连接件是建筑点式技术的精华所在。它把面玻璃固定在支承结构上不仅产生玻璃孔边缘附加应力，而且能够允许少量的位移来调节由于建筑安装带来的施工误差，同时还有减震措施以提高抗震能力，因此，设计时考虑的因素是多方面的。

金属连接件还产生显著的装饰效果，因此它除满足功能上的要求之外，还要有优美的造型设计和精细的加工制造，起"画龙点睛"的作用。

（3）玻璃。点式玻璃幕墙所用的玻璃，由于钻孔而导致孔边玻璃强度降低约 30%，因此采用点式玻璃幕墙必须使用强度较高的钢化玻璃。钢化玻璃的抗冲击强度是浮法玻璃的 3～5 倍，抗弯强度是浮法玻璃的 2～5 倍。钢化玻璃另一个重要特性是使用安全，在遇到较大外力而破坏时产生无锐角的细小碎块（俗称"玻璃雨"），不易伤人。

（4）密封材料。玻璃与玻璃之间采用耐候硅酮胶密封，玻璃与金属结构之间采用结构硅酮胶黏结。

点式玻璃幕墙构造如图 6.48 所示。

6.4.2　金属板材幕墙

用于幕墙的金属板有铝合金、不锈钢、涂层薄钢板等，目前复合铝塑板使用较广泛。复合铝塑板由两层 0.5mm 厚的铝板内夹以低密度的聚乙烯树脂，表面覆盖氟碳酸树脂涂料，板的表面光洁、色彩变化多、防污易洗、防火无毒，加工、安装和保养均较方便。用于幕墙的复合铝塑板总厚为 4～6 mm；宽度有 1.00m、1.25m 和 1.50m 三种，长度小于4.5m，再长可定制。如图 6.49 所示为铝合金板材墙的构造。如图 6.50 所示为压型铝合金板单元组装式幕墙的构造。

6.4.3　石材幕墙

石材幕墙的构造一般采用框支承结构，天然花岗岩石做饰面，背后为金属支架。用于高层的石板幕墙，板厚一般为 30mm，分格不宜过大，一般不超过 900mm×900mm，它的最大允许挠度限定在长度的 1/2000～1/1500 之间，所以支撑架设计须经过结构精确计算，以确保石板幕墙质量安全可靠。

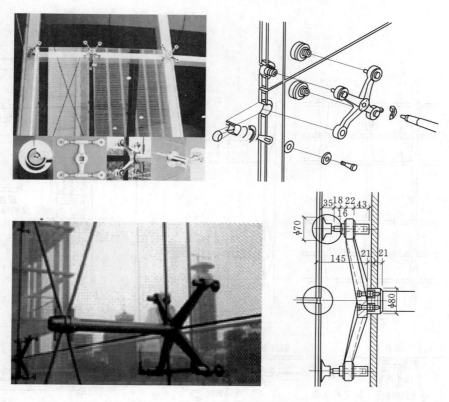

图 6.48　点式玻璃幕墙及细部构造

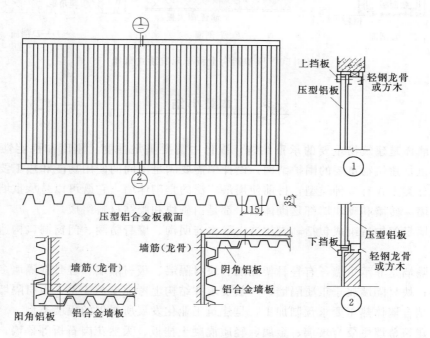

图 6.49　铝合金板材墙的构造

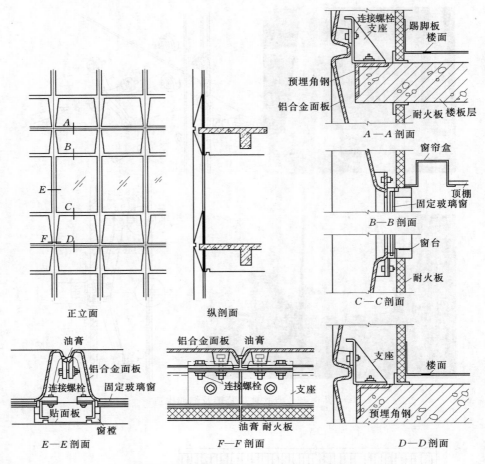

图 6.50　压型铝合金板单元组装式幕墙

本章小结

（1）墙体是建筑物重要的承重结构，设计中需要满足强度、刚度和稳定性的结构要求。墙体也是建筑物重要的围护结构，设计中需要满足不同的使用功能和热工要求。墙体按不同的分类方式有多种类型，目前使用最广泛的是砌体墙，它既可以是承重墙，也可以是非承重墙。砖墙和砌块墙都是砌体墙，都是由砌块和胶结材料组成。

（2）墙身的构造组成包括勒脚构造、散水与明沟、墙身防潮、门窗洞口构造和墙身加固措施等。

（3）隔墙是非承重墙，有轻骨架隔墙、块材隔墙、板材隔墙。轻骨架隔墙多与室内装修相结合；块材隔墙属于重质隔墙，一般要求在结构上考虑支承关系；板材隔墙施工安装方便，可结合墙体热工要求预制加工，是建筑工业化发展所提倡的隔墙类型。

（4）建筑幕墙主要有玻璃、金属、轻质混凝土挂板、天然花岗石板等幕墙，目前玻璃幕墙的应用最为广泛。

复习思考题

1. 墙体的作用是什么？在设计上有哪些要求？
2. 什么是勒脚？常见的勒脚做法有哪几种？
3. 墙体中为什么要设水平防潮层？它应设在什么位置？一般有哪些做法？
4. 什么情况下需设垂直防潮层？
5. 常见的散水和明沟的做法有哪几种？
6. 常见的过梁有哪几种？它们的适用范围和构造特点是什么？
7. 窗台构造中应考虑哪些问题？
8. 墙身的加固措施有哪些？
9. 砌块墙体的构造要求有哪些？
10. 简述各种隔墙的构造做法。
11. 简述玻璃幕墙的分类和构造做法。

阶段设计练习 1：墙体构造设计

1. 目的要求

通过本次设计：掌握墙体的细部构造；熟悉墙体与地坪层及楼板的连接关系；熟悉墙体和楼地面的饰面构造层次与材料做法；熟悉各节点部位的构造做法；熟悉墙身大样图的绘制与识读，增强图纸表达能力。

2. 设计条件

（1）某住宅为六层砖混结构，层高 2.8m，耐火等级为二级。室内外高差为 600mm。

（2）外墙墙厚为 240mm，定位轴线对中。

（3）窗洞口尺寸为 1500mm×1500mm，楼板厚 100mm。

设计所需的其他条件由学生自定。

3. 设计内容及深度

外墙墙身构造详图包含以下几处节点，详图可从下至上用同一比例绘制（1∶10 或 1∶20），各节点处加注详图符号。

（1）墙脚和地坪层构造的节点详图。

1）画出墙身、勒脚、散水或明沟、防潮层、室内外地坪、踢脚板和内外墙面抹灰，剖切到的部分用材料图例表示。

2）标注定位轴线及编号圆圈，标注墙体厚度（在轴线两边分别标注）和室内外地面标高。

（2）窗台构造的节点详图。

1）画出墙身、内外墙面抹灰、内外窗台和窗框等。用引出线注明内外窗台的饰面做法，标注细部尺寸，标注外窗台的排水方向和坡度值。

2）按开启方式和材料表示出窗框，表示清楚窗框与窗台饰面的连接，标注窗台标高

（结构面标高）。

（3）过梁（或圈梁）和楼板层构造的节点详图。

1）画出墙身、内外墙面抹灰、过梁（或圈梁）、窗框、楼板层和踢脚板等。表示清楚过梁（或圈梁）的断面形式，标注有关尺寸；用多层构造引出线注明楼板层做法；表示清楚楼板的形式以及板与墙的相互关系；标注踢脚板的做法和尺寸。

2）标注过梁底面（或圈梁结构面）标高和楼面标高。

4. 图纸要求

（1）采用 A3 图幅，用 AutoCAD 软件计算机制图或手工绘制。

（2）图面要求字迹工整、图样布局均匀，线型粗细及材料图例等应符合施工图要求及建筑制图国家标准。

5. 设计方法和步骤

注意整个图面布图合理而不局促。

注意线条的合理运用。在三个节点详图中，被剖到的墙体以及过梁（或圈梁）结构外轮廓线用粗实线绘制，被剖到的散水、地层中的混凝土垫层、窗框、楼板等用中实线绘制，其余线条用细实线绘制。注意以上三种线型的对比要分明。

以墙脚节点详图为例，设计步骤如下。

（1）先画轴线。

（2）沿轴线画出墙线，画出窗框及其轮廓线，再在墙内外画装修层次。

（3）按标高画墙体室内外地面、散水、勒脚、水平防潮层以及踢脚等构造。

（4）在此基础上画出室外地坪、散水与室内地层的具体构造层次。

（5）进行有关的尺寸或文字标注。

（6）标注图名、比例。

为表示同一外墙墙身的上下连接关系，三个节点可将墙身对齐，由下而上分别绘制墙脚和地坪层构造的节点详图、窗台构造的节点详图、过梁（或圈梁）和楼板层构造的节点详图，定位轴线统一在最下面墙脚和地坪层构造的节点详图处绘制，在每个节点详图右下角可标注详图符号及比例。

第7章 基础及地下室

本章导读

本章基本要求： 了解地基与基础的基本概念，了解地基的加固方法，理解基础埋深及其影响因素，熟悉基础的分类及各自特点、应用范围，掌握基础的构造形式，掌握地下室防潮与防水构造。

本章重点、难点： 重点，地基与基础的区别与联系，地下室的防潮与防水构造。难点，基础类型的选择，地下室防水构造。

7.1 地 基 与 基 础

基础是建筑物最下部的构件，埋在地面以下，属隐蔽工程。基础是建筑物的组成部分，它承受建筑物上部的全部荷载，并将荷载传给地基。

地基是基础下部的土层。地基不是建筑物的组成部分。

具有一定承载能力、能直接支承基础的土层称为持力层；持力层以下的土层称为下卧层。地基能承受基础传递的荷载，并能保证建筑正常使用功能的最大能力称为地基承载力。为了保证建筑物的稳定和安全，基础底面传给地基的平均压力必须小于地基承载力。

地基土层在荷载作用下产生的变形，随着土层深度的增加而减少，到了一定深度则可忽略不计，如图7.1所示。

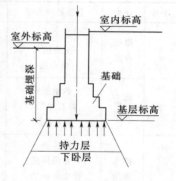

图7.1 基础与地基

7.1.1 地基

7.1.1.1 天然地基与人工地基

（1）天然地基。凡天然土层具有足够的承载能力，不需要经过人工加固，可直接在其上部建造房屋的土层，称为天然地基。天然地基的土层分布及承载力大小由勘测部门实测提供。

（2）人工地基。当土层的承载力较差或虽然土层质地较好，但上部荷载过大时，为使地基具有足够的承载能力，应对土层进行加固。这种经过人工处理的土层叫人工地基。

7.1.1.2 对地基的要求

（1）强度的要求。要求地基有足够的承载力，建筑物作用在基础底部的压力应小于地基承载力，这一要求是选择基础类型的依据。

（2）变形的要求。要求地基有均匀的压缩量，以保证有均匀的下沉，避免不均匀沉降导致建筑物产生开裂变形。

（3）稳定的要求。要求地基应具有防止产生滑坡、倾斜方面的能力。必要时（特别是较大的高度差时）应加设挡土墙，以防止滑坡变形。这一点对那些经常受水平荷载或位于斜坡上的建筑尤为重要。

（4）经济的要求。应尽量选择土质优良的地基场地，降低土方开挖与地基处理的费用。

（5）地基应有抵御地震、爆破等动力荷载的能力。

7.1.1.3 地基处理方法

1. 地基处理的目的

地基处理的目的是采用切实有效的措施，改善地基的工程性质，满足建筑物的要求。具体来说，可以概括为以下几个方面：提高地基的强度，增加其稳定性；降低地基的压缩性，减少其变形；改善地基的渗透性，减少其渗透或加强其渗透稳定；改善地基的动力特性，提高其抗震性能；改善地基的某种特殊的不良特性，满足工程性质的要求。

其中，提高地基的强度和减少地基的变形，是地基处理所应达到的基本目的。

2. 软弱地基的处理方法

根据《建筑地基基础设计规范》（GB 50007—2011）的规定，软弱地基系指主要由淤泥、淤泥质土、冲填土、杂填土或其他高压缩性土层构成的地基。常用的处理方法见表 7.1。

表 7.1 软弱土地基处理方法分类

序号	分类	主要处理方法	原理及作用	适用范围
1	碾压夯实	碾压法；重夯法；强夯法	通过机械碾压及夯击压实土的表层。强夯法则利用强大的夯击功迫使深层土液化和动力固结而密实	适用于砂土及含水量不高的黏性土。强夯法应注意其震动对附近建筑物的影响
2	换土垫层	砂垫层；碎石垫层；素土垫层	挖去浅层软土，换土、砂、砾石等强度较高的材料，从而提高持力层的承载力，减少部分沉降量	适用于处理浅层软弱土地基，一般只应用于荷载不大的建筑物基础
3	排水固结	预压法；砂井预压法；排水纸板法；井点降水预压法	通过改善地基的排水条件和施加预压荷载，加速地基的固结和强度增长，提高地基的稳定性，并使基础沉降提前完成	适用于处理厚度较大的饱和软弱土层，但需要具有预压条件（预压的荷载和时间），对于厚度较大的泥炭层，则要慎重对待
4	振动及挤密	挤密砂桩法；振冲桩法；挤实土桩法；CFG 桩法	通过挤密或振动使深层土密实，并在振动挤压过程中，回填砂、砾石等，形成砂桩或碎石桩，与土层一起组成复合地基，从而提高地基的承载力，减少沉降量	适用于处理砂土、粉砂或部分黏土粒含量不高的黏性土
5	化学加固	电硅化法；旋喷法；深层石灰搅拌法	通过注入化学浆液，将土粒胶结，或通过化学作用、机械拌和等，改善土的性质，提高地基的承载力	适用于处理软土，特别适用于已建成工程的事故处理或地基的加固等

注 该表摘自《建筑地基基础设计方法及实例分析（第二版）》表 3.0.1。

7.1.2 基础

7.1.2.1 基础的埋置深度

室外设计地面至基础底面的垂直距离称为基础的埋置深度，简称基础埋深，如图 7.1

所示。埋深大于或等于5m时称为深基础；埋深小于5m时称为浅基础。在满足地基稳定和变形要求的前提下，应优先选用浅基础，可降低工程造价。但当基础埋深过小时，有可能在地基受到压力后，会把基础四周的土挤出，使基础产生滑移而失去稳定，同时基础过浅，易受外界的影响而破坏。考虑到基础的稳定性、基础的大放脚要求、动植物活动的影响、风雨侵蚀等自然因素以及习惯做法等的影响，除岩石地基外，基础埋深不宜小于0.5m。

7.1.2.2 影响基础埋深的因素

影响基础埋深的因素很多，其主要影响因素如下。

（1）建筑物的用途。如有无地下室、设备基础和地下设施；基础的类型和构造。

（2）建筑物上部荷载的大小和性质。一般高层建筑的基础埋置深度约为地面以上建筑物总高度的1/15～1/10；多层建筑一般根据地下水位及冻土深度来确定埋深尺寸。

（3）工程地质条件。地基土质的好坏直接影响基础的埋深，土质好，承载力高的土层，基础可以浅埋；相反则应深埋。当土质为两种土质结构时，如上层土质好且有足够厚度，基础埋在上层土范围内为宜；反之，则应埋在下层好土范围内为宜。

（4）水文地质条件。地基土含水量的大小对承载力的影响很大，所以地下水位高低直接影响地基承载力。如黏性土遇水后，因含水量增加，体积膨胀，使土的承载力下降；而含有侵蚀性物质的地下水，对基础会产生腐蚀，故建筑物的基础应争取埋置在地下水位以上，如图7.2（a）所示。当地下水位很高时，基础不能埋置在地下水位以上时，应将基础底面埋置在最低地下水位200mm以下，不应使基础底面处于地下水位变化的范围之内，从而减少和避免地下水的浮力和其他影响，如图7.2（b）所示。当地下水含有腐蚀性物质时，基础应采取防腐措施。

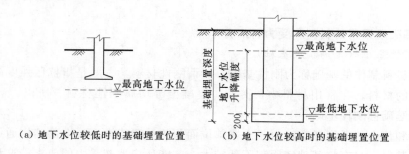

（a）地下水位较低时的基础埋置位置　　（b）地下水位较高时的基础埋置位置

图7.2　地下水位与基础埋深的关系

（5）地基土冻结深度的影响。地面以下冻结土层与非冻结土层的分界线称为冰冻线。土的冻结深度取决于当地的气候条件。气温越低、低温持续时间越长，冻结深度就越大。如北京地区为0.8～1.0m，哈尔滨为2m；有的地区不冻结，如武汉地区；有的地区冻结深度很小，如上海、南京一带仅为0.12～0.2m。冬季土的冻胀会把基础抬起；春天气温回升，土层解冻，基础就会下沉，使建筑物周期性地处于不稳定状态。由于土中各处冻结和融化并不均匀，故建筑物很容易产生变形、开裂等情况。因此，如地基土有冻胀现象，基础应埋置在冰冻线以下大约200mm的地方，如图7.3所示。

（6）相邻建筑物基础埋深的影响。当新建建筑与原有建筑相邻时，如基础埋深小于或等于原有建筑基础埋深，可不考虑相互影响；当基础埋深大于原有基础埋深时，必须考虑相互影响，两基础间应保持一定的水平净距 L，其数值应根据原有建筑物荷载大小、基础形式和土质情况确定，一般应满足下列条件：$H/L \leqslant 0.5 \sim 1$ 或 $L = (1.0 \sim 2.0)H$，如图7.4所示。当不能满足上述要求时，应采用临时加固支撑、打板桩、地下连续墙或加固原有建筑物地基等措施，以保证原有建筑物的安全和正常使用。

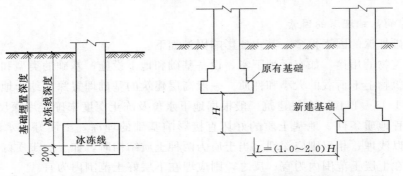

图7.3 冰冻线与基础
埋深的关系

图7.4 基础埋深和相邻基础的关系

7.2　基础的类型与构造

基础的类型较多，按基础所采用材料和受力特点分，有刚性基础和柔性基础（非刚性基础）；按构造型式分，有独立基础、条形基础、井格式基础、筏式基础、箱形基础和桩基础。

7.2.1　按基础所采用的材料和受力特点分

7.2.1.1　刚性基础（无筋扩展基础）

由刚性材料制作的基础称为刚性基础。所谓刚性材料，一般是指抗压强度高，而抗拉抗剪强度低的材料。在常用材料中，砖石、混凝土等均属刚性材料。所以，砖石砌体基础、混凝土基础称刚性基础。

从受力和传力的角度考虑，由于土壤单位面积的承载能力小，上部结构通过基础将其荷载传给地基时，只有将基础底面积不断扩大，才能适应地基受力的要求，这种逐渐扩展的台阶称为大放脚。

根据试验得知，建筑上部结构（墙柱）在基础中传递压力是沿一定角度分布的，这个传力角度称为压力分布角，或称刚性角，以 α 表示，如图7.5所示。

由于刚性材料抗压能力强，抗拉能力弱，因此压力分布角只能在材料的抗压范围内控制。如果基础底面宽度超过控制范围，即由 B_0 增大到 B_1，致使刚性角扩大。这时，基础会因受拉而破坏，如图7.5（b）所示。所以，刚性基础底面宽度的增大要受到刚性角的限制。

不同材料基础的刚性角是不同的，通常砖砌基础的刚性角控制在 $26° \sim 33°$，混凝土基础应控制在 $45°$ 以内。

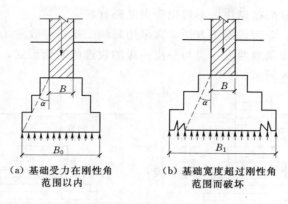

(a) 基础受力在刚性角
范围以内

(b) 基础宽度超过刚性角
范围而破坏

图 7.5　混凝土基础

1. 灰土基础

灰土基础是用经过消解的生石灰和黏土按照一定比例拌和、夯实后而成，常用的灰土比例为 3∶7 或 2∶8。灰土基础一般适合于地下水位较低的低层砌体结构建筑物，其厚度与建筑物层数有关。灰土基础应分层施工，每层虚铺厚度一般为 220mm，夯压密实后厚度为 150mm，如图 7.6 所示。

灰土基础施工简单，造价低廉，便于就地取材，可以节省水泥、砖石等，但其抗冻、耐水性能较差，在地下水位线以下或者很潮湿的地基上不宜采用。

2. 三合土基础

三合土基础是由石灰、砂、骨料（碎砖、碎石、矿渣等）按照 1∶2∶4～1∶3∶6 的体积比拌和、分层铺设，每层夯实前虚铺 220mm，夯实后净剩 150mm。三合土铺筑至设计标高后，在最后一遍打夯时，宜浇灌石灰浆，待表面灰浆略为风干后，再铺上一层砂子，最后整平夯实。这种基础在我国南方地区应用很广，如图 7.7 所示。三合土基础造价低廉，施工简单，但强度较低，所以只能用于四层以下建筑的基础。

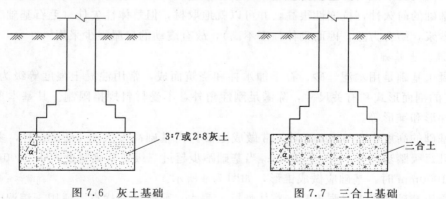

图 7.6　灰土基础　　　　　　图 7.7　三合土基础

3. 砖基础

砖基础取材容易，价格较低，施工简便，是常用的类型之一。但由于强度、耐久性、抗冻性差，多用于干燥而温暖地区的中小型建筑的基础。

在建筑物防潮层以下部分，砖的等级不得低于 MU10；砂浆一般不低于 M5。非承重

143

空心砖、硅酸盐砖和硅酸盐砌块，不得用于做基础材料。

由于刚性角限制，并考虑砌筑方便，常采用每隔二皮砖厚收进 1/4 砖的断面形式，在基础底宽较大时，也可采取两皮一级与一皮一级的收进的断面形式，但其最底下一级必须用两皮砖厚，如图 7.8 所示。

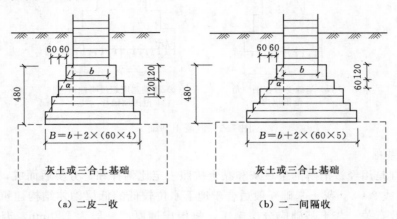

(a) 二皮一收　　　　　　　　(b) 二一间隔收

图 7.8　砖基础

4. 石基础

石基础有毛石基础和料石基础。

毛石基础指用开采下来未经雕琢成形的石块，采用不小于 M5 的水泥砂浆砌筑的基础。毛石基础厚度和台阶高度均不小于 100mm，当台阶多于两阶时，每个台阶伸出宽度不宜大于 150mm。为便于砌筑上部砖墙，可在毛石基础的顶面浇铺一层 60mm 厚、C10 的混凝土找平层。

料石基础是用经过加工具有一定规格的石材，用 M2.5 砂浆或 M5 砂浆砌筑而成的基础。料石砌筑要求上下面平整，石缝错开，灰浆饱满。

石基础的耐久性，抗冻性很高，并可以就地取材，但整体性欠佳（毛石基础毛石间黏结依靠砂浆，结合力差，因而砌体强度不高），故有震动的房屋很少采用。

5. 混凝土基础

混凝土基础是用水泥、砂、石子加水拌和浇筑而成，常用混凝土强度等级为 C7.5～C15。它的剖面形式和有关尺寸，除满足刚性角外，不受材料规格限制。其基本形式有矩形、阶梯形和锥形等。

当基础的高度小于 350mm 时，常做成矩形。当基础高度大于 350mm 时，多做成阶梯形，且每级踏步高为 300～350mm；当基础踏步超过三级或基础宽度大于 2000mm 或高度大于 1000mm 时，基础应做成锥形，如图 7.9 所示。

混凝土基础的优点是强度高，整体性好，耐水、耐腐蚀等优点，适用于潮湿的地基或有水的基槽中。

6. 毛石混凝土基础

为了节约水泥用量，对于体积较大的混凝土基础，可以在浇灌混凝土时加入 25%～30% 的毛石，这种基础称为毛石混凝土基础。

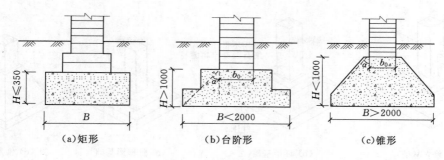

(a)矩形　　　　　　　(b)台阶形　　　　　　　(c)锥形

图 7.9　混凝土基础

7.2.1.2　柔性基础（扩展基础）

当建筑物的荷载较大而地基承载能力较小时，由于基础底面 B_0 加宽，如果仍采用混凝土材料，势必导致基础深度也要加大。这样，既增加了开挖工作量，又使材料用量增加，如图 7.10（a）所示。如果在混凝土基础的底部配以钢筋，利用钢筋来承受拉力，如图 7.10（b）所示。使基础底部能够承受较大弯矩，这时，基础宽度的加大不受刚性角的限制。故称钢筋混凝土基础为柔性基础。在同样条件下，采用钢筋混凝土与采用混凝土基础相比，可节省大量的混凝土材料和减小开挖工作量。

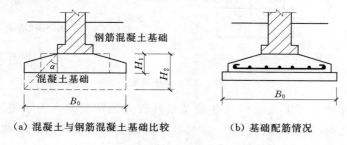

（a）混凝土与钢筋混凝土基础比较　　　　　　（b）基础配筋情况

图 7.10　钢筋混凝土基础

为了保证钢筋混凝土基础施工时，钢筋不致陷入泥土中，须在基础与地基之间设置混凝土垫层。垫层一般采用 C7.5 或 C10 素混凝土，厚度为 100mm。垫层两边应伸出底板各 70mm。

7.2.2　按基础的构造型式分类

基础构造形式随着建筑物上部结构形式、荷载大小及地基土质情况而定。通常情况下，上部结构形式直接影响基础的形式，当上部荷载增大，且地基承载能力有变化时，基础形式也随之变化。常见基础有以下几种构造形式。

（1）独立基础。当建筑物上部结构采用框架结构或单层排架及门架结构承重时，其基础常采用方形或矩形的单独基础，这种基础称为独立基础或柱式基础，如图 7.11（a）所示。独立基础是柱下基础的基本形式。当柱采用预制构件时，则基础做成杯口形，然后将柱子插入，并嵌固在杯口内，故称杯形基础，如图 7.11（b）所示。现浇钢筋混凝土独立基础截面可以做成阶梯形或锥形，如图 7.11（c）、（d）所示。

（2）条形基础。当建筑物上部结构采用砖墙或石墙承重时，基础沿墙身设置，多做成长条形，这种基础称条形基础或带形基础，如图 7.12（a）所示。所以，条形基础往往是砖石墙的基础形式。

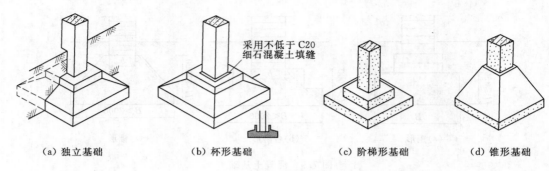

（a）独立基础　　　　（b）杯形基础　　　　（c）阶梯形基础　　　　（d）锥形基础

图 7.11　独立基础

　　当建筑采用框架结构，但地基条件较差时，为满足地基承载力的要求，提高建筑的整体性，可把独立基础在一个方向连接起来，称为柱下条形基础，如图 7.12（b）所示。

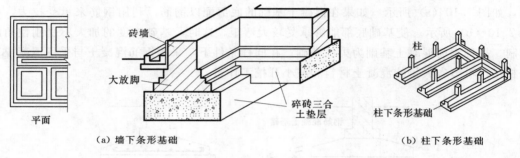

（a）墙下条形基础　　　　　　　　　　　　　　　　　　（b）柱下条形基础

图 7.12　条形基础

　　（3）井格式基础。当框架结构处在地基条件较差的情况时，为了提高建筑物的整体性，避免各柱子之间产生不均匀沉降，常将柱子基础沿纵横方向连接起来，做成十字交叉的井格基础，故又称十字带形基础，如图 7.13 所示。

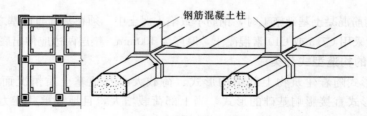

图 7.13　井格式基础

　　（4）筏形基础。当建筑物上部荷载较大，而所在地的地基承载能力又比较弱，这时采用简单的条形基础或井格式基础已不能适应地基变形的需要时，常将墙或柱下基础连成一片，使整个建筑物的荷载承受在一块整板上，这种满堂式的板式基础称筏形基础。筏形基础有平板式和梁板式之分，如图 7.14 所示。

　　（5）箱形基础。箱形基础是由钢筋混凝土的底板、顶板和若干纵横墙组成的，形成空心箱体的整体结构，共同承受上部结构荷载，如图 7.15 所示。箱形基础整体空间刚度大，对抗地基的不均匀沉降有利，一般适用于高层建筑或在软弱地基上建造的重型建筑物。

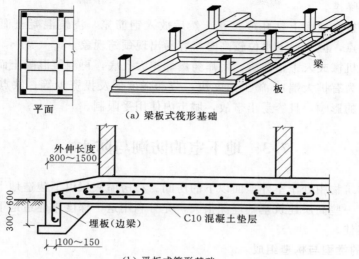

平面

(a) 梁板式筏形基础

外伸长度
800～1500

300～600

埋板(边梁)

C10混凝土垫层

100～150

(b) 平板式筏形基础

图 7.14　筏形基础

当基础的中空部分尺寸较大时，可用作地下室，可做安装设备、储藏存放、商场、餐厅、车库以及战备防空等多种用途。

（6）桩基础。当建筑物荷载较大、地基弱土层较厚、浅层地基土不能满足建筑物对地基承载力和变形的要求，采取其他地基处理措施又不经济时，可采用桩基础。桩基础由设置于土中的桩和承接上部的承台组成，如图 7.16 所示。桩柱有钢桩、混凝土桩、木桩、钢筋混凝土桩，其断面有方形、圆形、筒形等多种形状。

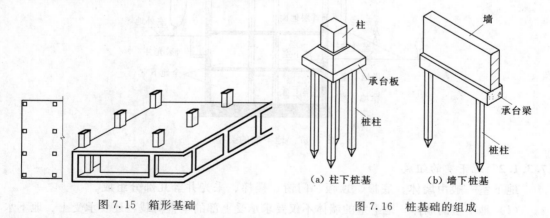

柱

承台板

桩柱

墙

承台梁

桩柱

（a）柱下桩基

（b）墙下桩基

图 7.15　箱形基础　　　　　　图 7.16　桩基础的组成

桩基础的类型很多，按照桩的受力方式不同可分为端承桩和摩擦桩。端承桩是穿过软弱土层并将建筑物的荷载直接传递给坚硬土层的桩；摩擦桩是把建筑物的荷载传布到桩四周土中及桩尖土中的桩，但荷载的大部分靠桩四周表面与土的摩擦力来支承。

按照桩的施工方式不同可分为预制桩、灌注桩和爆扩桩。

预制桩是在工厂或施工现场制成各种材料和形式的桩，然后用沉桩设备将桩打入、压入、振入或旋入土中。预制桩质量易于保证，不受地基等其他条件的影响，但造价高、用钢量大、施工有噪声。

灌注桩是直接在地面上钻孔或打孔，然后放入钢筋笼，浇筑混凝土而成，具有施工快、造价低等优点，但当地下水位较高时，容易出现颈缩现象。

爆扩桩是用机械或人工钻孔后，用炸药爆炸扩大孔底，再浇筑混凝土而成。其优点是承载力较高（因为有扩大端），施工速度快，劳动强度低及投资少等；缺点是爆炸产生的震动对周围房屋的影响，且容易出事故，城市内使用受限制。

7.3 地下室的防潮与防水

地下室是建筑物中处于室外地面以下的房间。在房屋底层以下建造地下室，可以提高建筑用地效率。一些高层建筑基础埋深很大，充分利用这一深度来建造地下室，其经济效果和使用效果俱佳。

7.3.1 地下室的类型与构造组成

7.3.1.1 地下室的类型

按功能分为普通地下室和人防地下室；按结构材料分为砖墙结构地下室和混凝土墙结构地下室；按埋入地下深度的不同，分为全地下室和半地下室。全地下室是指地下室地面低于室外地坪的高度超过该地下室净高的1/2；半地下室是指地下室地面低于室外地坪的高度超过该地下室净高的1/3，且不超过1/2，如图 7.17 所示。

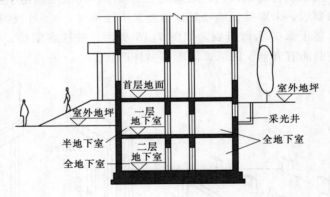

图 7.17 地下室的类型

7.3.1.2 地下室的组成

地下室一般由墙体、底板、顶板、门窗、楼梯、采光井等几部分组成。

（1）地下室的墙体。地下室的墙体不仅要求承受上部的垂直荷载，还要承受土、地下水及土壤冻结时的侧压力。所以，采用砖墙时厚度一般不小于 490mm。荷载较大或地下水位较高时，最好采用钢筋混凝土墙，外墙厚度不小于 250mm，内墙厚度不宜小于 200mm。

（2）地下室的底板。地下室的底板主要承受地下室地坪的垂直荷载。当地下水位高于地下室地面时，还要承受地下水的浮力，所以底板要有足够的强度、刚度和抗渗能力。常用现浇混凝土板配双层钢筋，并在底板下垫层上设置防水层。底板处于最高地下水位以上时，底板宜按一般地面工程考虑，即在夯实的土层上浇筑 60～100mm 厚混凝土垫层，再做面层。

（3）地下室的顶板。地下室顶板主要承受首层地面荷载，要求有足够的强度和刚度，可采用现浇或预制钢筋混凝土板。如为防空地下室，顶板必须采用钢筋混凝土现浇板，并按有关规定决定其跨度、厚度和混凝土的强度等级。

（4）地下室楼梯。地下室楼梯可与上部楼梯结合设置，层高小或用作辅助房间的地下室可设单跑楼梯。防空地下室的楼梯，至少要设置两部楼梯通向地面的安全出口。

（5）地下室的门窗。地下室的门窗与普通房间门窗相同，但窗口下沿距离散水面的高度应大于 250mm，以免灌水。防空地下室的门应符合相应等级的防护和密闭要求，一般采用钢门或钢筋混凝土门。防空地下室一般不允许设窗。

（6）采光井。当地下室的窗在地面以下时，为达到采光和通风的目的，应设采光井。一般每个窗设置 1 个采光井，当窗的距离很近时，也可将采光井连在一起。采光井由侧墙、底板、遮雨设施或铁篦子组成，侧墙一般为砖墙，采光井底板则由混凝土浇筑而成，如图7.18 所示。

采光井的深度应根据地下室窗台的高度确定，一般采光井底板顶

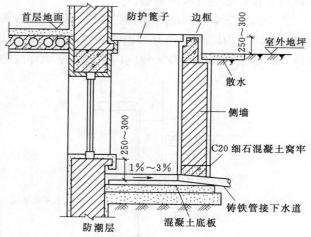

图 7.18 采光井的构造

面应比窗台低 250～300mm。采光井在进深方向（宽）为 1000mm 左右，在开间方向（长）应比窗宽大 1000mm。采光井侧墙顶面应比室外地面标高高出 250～300mm，以防止地面水流入。

人防地下室属于箱形基础的范围，其组成部分同样有顶板、底板、侧墙、门窗及楼梯等。另外，人防地下室还应有防护室、防毒通道（前室）、通风滤毒室、洗消间及厕所等。为保证疏散，地下室的房间出口应不设门而以空门洞为主。与外界联系的出入口应设置防护门，出入口至少应有两个。其具体做法是一个与地上楼梯连接，另一个与人防通道或专用出口连接。为兼顾平时利用可在外墙侧开设采光窗并设置采光井。

7.3.2　地下室的防潮防水构造

地下室的外墙和底板在使用过程中受到地下潮气、地下水的侵蚀，若处理不当，便会影响使用，危害建筑物的耐久性。因此，地下室的防潮防水便成为地下室设计和施工必须解决的一个重要问题。地下室防潮、防水方案，要以地下室的标准、结构形式、特别是水文地质条件确定。

7.3.2.1　地下室的防潮

当最高地下水位低于地下室地板 300～500mm，且地基范围内的土壤及回填土无形成

上层滞水的可能时，墙和底板仅受到土壤中毛细管水和地表水下渗而造成的无压力水的影响，只需做防潮处理。

对于现浇混凝土外墙，一般可起到自防潮效果，不必再做防潮处理。对于黏土砖墙，其构造要求是：墙体必须采用水泥砂浆砌筑，灰缝必须饱满；在外墙外侧设垂直防潮层。垂直防潮层是在墙外表面先抹一层 20mm 厚水泥砂浆（1：2.5）找平层后，涂刷一道冷底子油（冷底子油是将沥青稀释溶解在煤油、柴油或汽油中制成，涂刷在水泥砂浆或混凝土基层面上做打底用，故叫冷底子油）和二道热沥青。防潮层做至室外散水处。然后在防潮层外侧回填低渗透性土壤，如黏土、灰土等，并逐层夯实，土层宽 500mm 左右，以防地面雨水和其他地表水的影响。

另外，地下室所有的墙体都必须设两道水平防潮层，一道设在地下室地坪附近，一般设置在地坪结构层之间，另一道设在室外地面散水以上 150～200mm 的位置，以防地潮沿地下墙身或勒脚处墙身入侵室内。地下室地坪的防潮构造，如图 7.19 所示。

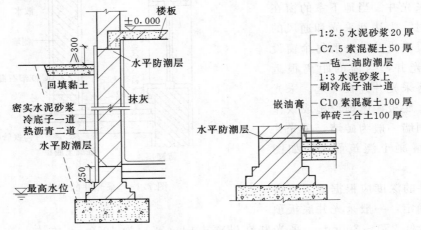

图 7.19 地下室地坪的防潮构造

7.3.2.2 地下室的防水

当设计最高地下水位高于地下室地坪时，地下水不但会渗入墙体，还会对地下室外墙和底板产生侧压力和浮力，这种情况下必须采取防水措施。

1. 防水构造基本要求

（1）地下工程防水的设计和施工必须做好工程水文地质勘察工作，遵守"防、排、截、堵相结合，因地制宜，综合治理"的原则。

（2）一般地下室防水工程设计，外墙主要起抗水压或自防水作用，需做卷材外防水（即迎水面处理），卷材防水做法应遵循国家有关规定施工。

（3）地下工程的防水设计，应考虑地表水、潜水、上层滞水、毛细管水等的作用，以及由于人为因素引起的附近水文地质改变的影响，合理确定工程防水标高。

（4）地下室最高水位高于地下室地面时，地下室设计应考虑采用整体钢筋混凝土结构，保证防水效果。

（5）地下室设防标高的确定。根据勘测资料提供的最高水位标高，再加上 500mm 为设防标高。上部可以做防潮处理，有地表水按安全防水地下室设计。

（6）地下室防水。根据实际情况，可采用柔性防水或刚性防水，必要时可以采用刚柔结合防水方案。在特殊要求下，可以采用架空、夹壁墙等多道设防方案。

（7）地下室外防水无工作面时，可采用外防内贴法，有条件时改为外防外贴法施工。

（8）地下室外防水层的保护，可以采取软保护层，如聚苯板等。

（9）变形缝、施工缝、穿墙管（盒）、埋设件、预留孔洞等特殊部位，应采取加强措施。

（10）地下管沟、地漏、出入口、窗井等，应有防灌措施，寒冷地区的排水沟应有防冻措施。

2. 地下工程防水等级标准

《地下工程防水技术规范》（GB 50108—2008）中，根据地下工程的使用功能、使用年限、水文地质、结构形式、环境条件、施工方法及材料性能等因素确定防水等级及防水方案，见表 7.2 和表 7.3。

表 7.2 地下工程防水等级

防水等级	标　　准	设防要求	工 程 名 称
一级	不允许渗水，围护结构无湿渍	多道设防，其中必有一道结构自防水，并根据需要可设附加防水层或其他防水措施	医院、影剧院、商场、娱乐场、餐厅、旅馆、冷库、粮库、金库、档案库、计算机房、控制室、配电间、通信工程、防水要求较高的生产车间、指挥工程、武器弹药库、指挥人员掩蔽部、地下铁道车站、城市人行地道、铁路旅客通道
二级	不允许漏水，围护结构有少量偶见，无湿渍	二道或多道设防，其中必有一道结构自防水，并根据需要可设附加防水层	车库、燃料库、空调机房、发电机房、一般生产车间、水泵房、工作人员掩蔽部、城市公路隧道、地铁运行区间隧道
三级	有少量漏水点，不得有线流和漏泥沙，每昼夜漏水量小于 0.5L/m²	一道或二道设防，其中必有一道结构自防水，并根据需要可采用其他防水措施	电缆隧道、水下隧道、一般公路隧道
四级	有漏水点，不得有线流和漏泥沙，每昼夜漏水量小于 2L/m²	一道设防，可采用结构自防水或其他防水措施	取水隧道、污水排放隧道、人防疏散干道、涵洞

注　地下工程的防水等级，可按工程或组成单元划分。

表 7.3 地下工程防水方案及选材要求

防水等级	一　　级	二　　级	三　　级	四　　级
防水方案	混凝土自防水结构，根据需要可设附加防水层	混凝土自防水结构，根据需要可设附加防水层	混凝土自防水结构，根据需要可采取其他防水措施	混凝土自防水结构或其他措施
选材要求	优先选用补偿收缩防水混凝土、厚质高聚物改性沥青卷材，也可用合成高分子卷材、合成高分子涂料、防水砂浆	优先选用补偿收缩防水混凝土、厚质高聚物改性沥青卷材，也可用合成高分子卷材、合成高分子涂料	宜选用自防水结构、高聚物改性沥青卷材、合成高分子卷材	自防水结构、防水砂浆或高聚物改性沥青卷材

3. 地下室的防水构造

（1）卷材防水。卷材防水是利用胶结材料将卷材黏结在基层上，形成防水层。一般是用改性沥青卷材或高分子卷材（如三元乙丙-丁基橡胶防水卷材；氯化聚乙烯-橡胶共混防水卷材等）与各自相适应的胶结材料胶合而成的防水层。这种防水层能适应结构的微量变形和抵抗水的一般化学腐蚀，是一种比较可靠的传统防水做法。地下室卷材防水构造如图7.20 所示。

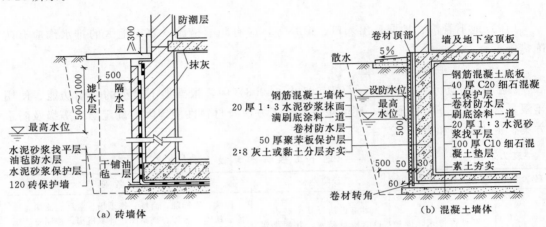

图 7.20　地下室卷材防水构造

（2）混凝土构件自防水。构件自防水是利用混凝土或钢筋混凝土构件自身的抗渗性能，使承重、围护和防水功能三者合一，构件自防水具有造价低、施工简便的特点。

当地下室的外墙和底板均为钢筋混凝土结构时，通常调整混凝土的配合比（或称材料级配）或在混凝土中掺入外加剂等手段，改善混凝土构件的密实性，提高其抗渗性能。防水混凝土材料水泥、砂石、水及所有掺加剂应符合国家有关标准规范的规定。

防水混凝土外墙底板，均不宜太薄。一般外墙厚应为 200mm 以上，底板厚应在 150mm 以上，否则会影响抗渗效果。为了防止地下水对混凝土的侵袭，在墙外侧应抹水泥砂浆，然后涂热沥青，如图7.21 所示。

（3）涂料防水（涂膜防水）。涂料防水层包括无机防水涂料和有机防水涂料。

有机防水涂料主要包括反应型、水乳型和聚合物水泥涂料。它的特点是能形成无接缝的完整防水

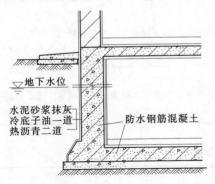

图 7.21　地下室防水混凝土防水构造

膜，有较好的延伸率和抗渗性，故多适用于结构主体的迎水面。有机防水涂料根据材料的性能，厚度宜为 1.2～2.0mm。

无机防水涂料主要包括水泥基无机活性涂料和水泥基渗透结晶型防水涂料。它的特点是凝固快，与基面有较强的黏结力，且适合于潮湿的基层，故多用于结构主体的背水面和潮湿的基面做防水过渡层。水泥基防水涂料的厚度宜为 1.5～2.0mm；水泥基渗透结晶型

防水涂料的厚度不应小于 0.8mm。

埋置深度较深的重要工程、有振动或有较大变形的工程宜选用高弹性防水涂料。有腐蚀性的地下环境宜选用耐腐蚀性较好的有机防水涂料，并做刚性保护层。防水涂料可采用外防外涂和外防内涂两种做法，如图 7.22 所示。

（4）降排水防水。除上述防水措施外，还可以采用人工降排水的办法，消除地下水对地下室的影响。

降排水可分为外排水和内排水两种，所谓外排水系指当地下水位已高出地下室地面以上时，采取在建筑物的四周设置永久性降排水设施。通常是采用盲沟排水，即利用带孔的陶管

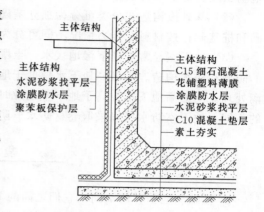

图 7.22 地下室防水涂料防水构造

埋设在建筑物四周地下室地坪标高以下，陶管的周围填充可以滤水的卵石及粗砂等材料，以便水透入管中然后积聚后排至城市排水总管，如图 7.23（a）所示。从而使地下水位降低至地下室底板以下，变有压力为无压力，以减少或消除地下水的影响。当城市总排水管高于盲沟时，则采用人工排水水泵将积水排出。这种办法只是在采用防水设计有困难的情况以及经济条件较为有利的情况下采用。

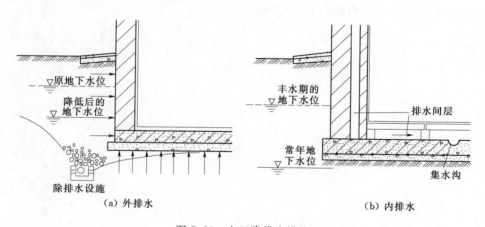

图 7.23 人工降排水措施

内排水法是将渗入地下室内的水，通过永久性自流排水系统如集水沟排至集水井再用水泵排除。但应充分考虑因动力中断引起水位回升的影响，在构造上常将地下室地坪架空，或设隔水间层，以保持室内墙面和地坪干燥，如图 7.23（b）所示。为了保险，有些重要的地下室，既做外部防水又设置内排水设施。

本章小结

（1）基础与地基是不同的概念。地基可分为天然地基和人工地基。基础的埋置深度与

地基状况、地下水位及冻土深度、相邻基础的位置以及设备布置等各方面因素有关。

（2）基础按构造式分类可分为独立基础、条形基础、井格式基础、筏式基础、箱形基础和桩基础；按材料及传力情况不同可分为刚性基础和柔性基础。

（3）地下室经常受到下渗地表水、土壤中的潮气和地下水的侵蚀，应妥善处理地下室的防潮和防水构造。当最高地下水位低于地下室地坪且无滞水可能时，地下室一般只做防潮处理。当最高地下水位高于地下室地坪时，对地下室必须采取防水处理。根据防水材料的不同，地下室防水可以采取卷材防水、防水混凝土防水、涂料防水等。

复习思考题

1. 基础和地基有何不同？它们之间的关系如何？
2. 天然地基和人工地基有什么不同？地基加固方法有几种？
3. 什么叫基础的埋深？影响它的因素有哪些？
4. 常见基础类型有哪些？各有何特点？应用范围如何？
5. 何谓刚性基础和柔性基础？使用上两者有什么不同？
6. 全地下室和半地下室有什么不同？
7. 地下室防潮构造的要点有哪些？构造上要注意些什么问题？
8. 地下室在什么情况下要防水？防水做法有哪几种？
9. 混凝土防水的细部构造的要点有哪些？

第8章 楼地层及阳台、雨篷

本章导读

本章基本要求：了解楼地层的构造组成、楼板的类型；了解楼板层的设计要求；掌握楼地层的构造；掌握阳台及雨篷构造；熟练掌握钢筋混凝土楼板构造。

本章重点、难点：重点，不同类型钢筋混凝土楼板的构造特点及应用。难点，预制装配式钢筋混凝土楼板的板型及板缝构造；阳台承重结构的布置。

8.1 概　　述

楼地层包括楼板层和地坪层。楼板层是建筑物中分隔上下空间的水平构件，它承受楼板层上的全部荷载，并将这些荷载通过墙体或梁柱传递到基础及地基上。同时，楼板层也对墙体或柱子起到水平支撑的作用，以减少水平风力和地震荷载对墙体作用，增强建筑物的整体刚度。顶层的楼板层即屋盖还对建筑物兼有围护的作用。

地坪层是建筑物底层与土壤直接接触或接近土壤的那部分水平构件，它承受作用在其上面的全部荷载，并将这些荷载均匀地传递给地基。

阳台是多、高层建筑中室内与室外的过渡空间，给人们提供了晾晒衣物、休息及其他活动的场所；雨篷是建筑物外门上方和顶层阳台上部悬挑的水平挡雨构件，阳台及雨篷都是水平方向的受力构件，它们要满足承载、抗倾覆、美观等要求。

8.1.1 楼板层的构造组成

为了满足各种使用功能的要求，楼板层通常由面层、结构层和顶棚三个基本部分组成，有时为了满足某些特殊要求，往往还需增设附加层，如图8.1所示。

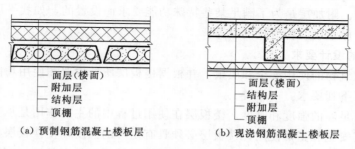

（a）预制钢筋混凝土楼板层　　　　　（b）现浇钢筋混凝土楼板层

图 8.1　楼板层的构造组成

（1）面层。面层又称楼面或地面，位于楼板层的最上层，是与人、家具、设备直接接触的部分，起着保护楼板、承受并传递荷载、装饰室内环境的作用。

（2）结构层。结构层即楼板，位于面层和顶棚之间，是楼板层的承重部分，一般包括板和梁。结构层承受着整个楼板层的全部荷载，并把这些荷载传给墙或柱，同时还有水平支撑墙身、增强建筑物整体刚度的作用。

（3）顶棚。顶棚位于楼板层的最下面，又称天花板，起着保护楼板、安装灯具、遮掩各种水平管线设备和装饰室内环境的作用。根据不同的使用要求，有抹灰顶棚、粘贴类顶棚和吊顶棚等多种形式。

（4）附加层。附加层又称功能层，是根据隔声、保温、隔热、防水、防潮、防腐蚀、绝缘等特殊要求而设置的，通常有隔声层、隔热层、保温层、防水层、隔汽层等不同构造类型。

8.1.2　地坪层的构造组成

地坪层通常由面层、垫层和基层三部分组成，对有特殊要求的地坪，常在面层和垫层之间增设附加层，如图 8.2 所示。

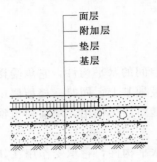

图 8.2　地坪层的构造组成

（1）面层。地坪层的面层与楼板层的面层在构造和要求上一致，均属室内装修范畴，可根据室内的使用、耐久性和装饰性要求，确定面层的材料和做法。

（2）垫层。垫层是地坪层的承重层，也称结构层，起着承受并传递荷载的作用。垫层可分为刚性垫层和非刚性垫层，刚性垫层一般采用 60～100mm 厚的 C10 混凝土，刚性垫层有足够的整体刚度，受力后不产生塑性变形，多用于整体性、防潮、防水要求较高的地面。非刚性垫层可采用 80～100mm 厚的碎石加水泥砂浆、60～100mm 厚的石灰炉渣、100～150mm 厚的三合土等不同做法，由于非刚性垫层无整体刚度，受力后会产生塑性变形，所以多用于块材地面。

（3）基层。基层位于垫层之下，起加强地基、传递荷载的作用。一般为原土层夯实或填土分层夯实，对于地基条件好且荷载不大的建筑，通常是将原土层压实作为基层（素土夯实）。当建筑物标准较高或地面荷载较大及室内有特殊使用要求时，应在素土夯实的基础上，再加铺灰土、三合土、碎石、矿渣等材料，以加强地基的处理。

（4）附加层。附加层是为了满足某些特殊功能要求而设置的，如找平层、结合层、防水层、防潮层、保温层或管道敷设层等。

8.1.3　楼板层的设计要求

为了保证建筑物的使用安全和质量，并根据楼板层所处位置和使用功能的不同，设计时楼板层应满足下列要求。

（1）应具有足够的强度和刚度。楼板层在使用过程中的主要作用是承受并传递各种荷载。为了保证其安全和正常使用，楼板层必须具有足够的强度，使楼板层在各种荷载作用下具有抵抗破坏的能力，能满足承载要求。同时楼板层还必须有足够的刚度，使其在荷载作用下的弯曲变形挠度不超过容许范围，不产生非结构性破坏。

（2）应具有一定的隔声能力。楼板传声主要是固体传声，如人的脚步声、拖动家具声、敲击楼板声等。为了避免建筑内部上下空间的相互影响，楼板层应具有一定的隔声能力。可采用楼面上铺设弹性面层、面层下设置弹性垫层、在楼板下设置吊顶棚等措施，以提高其隔绝撞击声的能力。

（3）应具有防水、防潮能力。对于有水侵蚀房间（如厨房、卫生间等）的地面，还应进行防水、防潮处理，以防止水的渗漏，影响下层房间的正常使用，或水渗入墙体，破坏墙体结构和内外饰面，影响建筑物的使用寿命和正常使用。

（4）应具有一定的防火能力。楼板层应根据建筑物不同的使用要求和质量等级，具有一定的防火能力。要正确地选择楼板层的材料和构造做法，使其燃烧性能和耐火极限符合国家防火规范中的有关规定。

（5）应具有一定的保温和隔热性能。对有温度、湿度要求的房间，为使楼面温度与室内温度一致，可在楼板层中设置保温层，以减少通过楼板的冷热损失，保证室内温度适宜。

（6）应满足敷设各种管线的要求。建筑物中各种设备的水平管线通常要借助楼板层来敷设，为保证室内平面布置的灵活性和使用空间的完整性，在有管道、线路敷设要求的楼板层中，必须结合各种管线的走向合理设计。

（7）应考虑经济和建筑工业化等方面的要求。在进行结构选型、结构布置和确定构造方案时，应与建筑物的使用要求、质量标准相适应，尽量就地取材，选用节能、环保型材料，减少材料的消耗和楼板层的自重，提高建筑装配化程度。为提高建筑质量，缩短工期，应尽量采用建筑工业化设计方案。

8.1.4　楼板的类型

根据所使用材料的不同，楼板一般可分为木楼板、钢筋混凝土楼板、压型钢板组合楼板等几种类型，如图 8.3 所示。

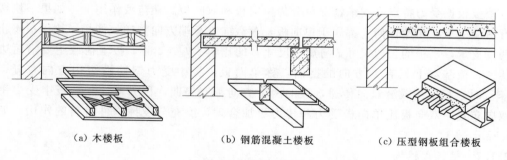

(a) 木楼板　　　　　　(b) 钢筋混凝土楼板　　　　　(c) 压型钢板组合楼板

图 8.3　楼板的类型

（1）木楼板。木楼板是我国传统的楼板形式，它是在由墙或梁支承重的木搁栅上铺钉木板而成，木楼板虽然具有自重轻、施工简单、保温性能好等优点，但木材易燃、易受潮变形、耐久性差、造价较高，且要大量耗用木材，除林区外现在较少使用。

（2）钢筋混凝土楼板。钢筋混凝土楼板因其强度高、刚度好，具有良好的耐久性、防火性和可塑性，便于工业化生产和机械化施工等优点，目前在我国工业与民用建筑中得到了广泛的应用。

（3）压型钢板组合楼板。压型钢板组合楼板是一种新型的楼板形式，它是将截面为凹凸形的压型钢板铺设在型钢梁上，以压型钢板作衬板，在其上现浇混凝土，而形成整体的组合楼板。

8.2　钢筋混凝土楼板构造

钢筋混凝土楼板按施工方法不同可分为现浇整体式钢筋混凝土楼板、预制装配式钢筋混凝土楼板和装配整体式钢筋混凝土楼板三种类型。

8.2.1　现浇整体式钢筋混凝土楼板

现浇整体式钢筋混凝土楼板是在施工现场通过支模、绑扎钢筋、浇注混凝土、养护等施工工序而成型的楼板。它具有整体性好，抗震能力强，容易适应各种形状、尺寸及预留孔洞的特殊要求等优点，主要用于抗震设防及整体性要求高，平面形状复杂，管道布置较多，对防水防潮要求高的建筑。但它也存在模板用量大，需要养护，施工工期长，湿作业量大等缺点。近年来，由于工具式钢模板的采用及现场浇筑机械化程度的提高，现浇整体式钢筋混凝土楼板在高层建筑中也得到较普遍的应用。

现浇整体式钢筋混凝土楼板按受力和支承情况，分为板式楼板、梁板式楼板和无梁楼板等几种类型。

8.2.1.1　板式楼板

在墙体承重体系建筑中，当房间尺寸较小时，楼板现浇成一块矩形的平板，支撑在四周的墙体上，楼板上的荷载由楼板传递给墙体，而不需要另设梁，这种楼板称为板式楼板。板式楼板易于支模浇筑，楼板底面平整，可以得到最大的使用净高。板式楼板的经济跨度在 2～3m，厚度在 80mm 左右，多用于居住建筑中的厨房、卫生间等跨度较小的房间及公共建筑的走廊等。

楼板根据受力特点和支承情况可分为单向板和双向板。在荷载作用下，如果一块楼板只有两端支承，无论任何它都属于单向板，荷载向支承端方向传递。如果一块楼板不止只有两端支承，当板的长边尺寸 l 与短边尺寸 l_1 的比值 $l/l_1 > 2$ 时，板上荷载主要沿短边方向传递，板基本上只有 l_1 方向的挠曲，称单向板，板中受力钢筋沿短边方向布置；当 $l/l_2 \leq 2$ 时，板上荷载沿双向传递，板的两个方向都有挠曲，称为双向板，板中受力钢筋沿双向布置。双向板比单向板受力和传力更加合理，能充分发挥构件材料的作用，如图 8.4 所示。

8.2.1.2　梁板式楼板

当房间的平面尺度较大时，若采用板式楼板，板的厚度和板内配筋均会增大，这样既不经济且楼板的自重加大。为使楼板的受力和传力更为合理，常在楼板下设梁作为板的支承，以减小板的跨度和厚度，这种楼板称为梁板式楼板。

梁板式楼板下的梁有主梁和次梁之分，主次梁呈双向布置，交叉形成梁格。主梁一般沿房间短向布置；次梁放置在主梁上，次梁跨度即为主梁的间距；板放置在次梁上，板的跨度即次梁的间距，荷载传递路线为板→次梁→主梁→墙（或柱）→基础→地基。当梁板式楼板下的次梁平行排列成肋状时，称为肋梁楼板；当肋梁间距较小时则称为密肋楼板；当楼板为单向板时，称为单向板肋梁楼板；当楼板为双向板时，称为双向板肋梁楼板。

在设计时既要保证结构构件受力的合理性，也要考虑经济要求，一般主梁的经济跨度

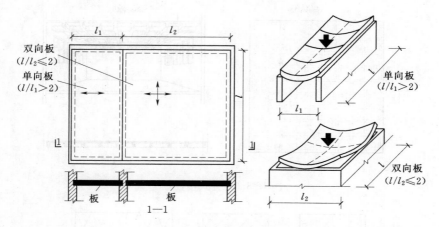

图 8.4 板式楼板受力特点

为 5~8m，梁截面高度为跨度的 1/14~1/8；次梁的经济跨度即主梁的间距，一般为 4~6m，梁截面高度为次梁跨度的 1/18~1/12；梁的宽高比为 1/3~1/2；板厚度的确定同板式楼板，单向板的经济跨度为 1.8~2.7m，一般不宜大于 3m，单向板板厚一般为板跨（短跨）的 1/35~1/30，双向板板厚一般为板跨（短跨）的 1/45~1/35，如图 8.5 所示。

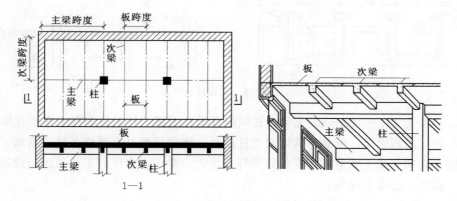

图 8.5 单向板肋梁楼板

当房间尺度较大并接近正方形时，常将两个方向的梁等距离、等截面高度布置，就形成了井式楼板，井式楼板是双向板肋梁楼板的一种特殊结构形式，它适用于板的长短边之比不大于 1.5 且跨度≤10m 的较大的无柱空间，如图 8.6 所示。为了美化楼板下部的图案，梁格可布置成正交正放、正交斜放或斜交斜放三种形式，如图 8.7 所示。

8.2.1.3 无梁楼板

无梁楼板不设梁，将钢筋混凝土楼板直接支承在柱上，是一种双向受力的板柱结构，对于建筑物净空高度与层高限制较严格的建筑物是经常使用的楼盖形式，如图 8.8 所示。无梁楼板分为柱帽式和无柱帽式两种。当荷载较大时，为了增大柱上的支承面积和减小板的跨度，常在柱的顶部设柱帽或托板。

无梁楼板的柱网一般布置成正方形或矩形，柱距以 6m 左右较为经济，板厚不宜小于

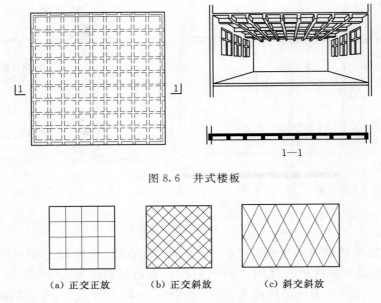

图 8.6　井式楼板

（a）正交正放　　　　（b）正交斜放　　　　（c）斜交斜放

图 8.7　井式楼板梁格布置

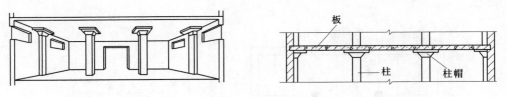

图 8.8　无梁楼板

150mm，一般为 150～200mm。无梁楼板周围宜设置圈梁，楼板的四周可支承在墙上，亦可支承在边柱的圈梁上，或是悬臂伸出边柱以外。无梁楼板具有顶棚平整，增加了室内的净空高度，有利于采光和通风，视觉效果好等优点，常用于多层的工业与民用建筑中，如展览馆、商场、仓库等建筑。

8.2.2　预制装配式钢筋混凝土楼板

预制装配式钢筋混凝土楼板是将楼板在预制厂或施工现场预先制作好，然后运到施工现场指定位置装配而成的钢筋混凝土楼板。这种楼板不用现场浇筑混凝土，可大大节省模板，缩短工期，且施工不受季节限制，提高了建筑工业化施工水平。但其整体性较差，在有较高抗震设防要求的地区应慎用。

8.2.2.1　预制装配式钢筋混凝土楼板的类型

按施工方式及受力特点的不同，预制钢筋混凝土楼板有预应力和非预应力两种类型。采用预应力构件，可推迟板裂缝的出现和限制裂缝的开展，从而提高构件的抗裂度和刚度。与非预应力钢筋混凝土楼板相比，预应力钢筋混凝土楼板可以节约钢材和混凝土，减轻自重，降低造价，也为采用高强度材料创造了条件。对于平面形状比较规整、尺寸符合建筑模数的建筑，宜优先采用预应力钢筋混凝土楼板。

按截面形式的不同，常用的预制钢筋混凝土楼板有实心平板、槽形板和空心板 3 种类型。

1. 实心平板

实心平板板面上下平整，制作简单。板的两端支承在墙或梁上，板的经济跨度一般不超过 2.4m，板厚度为 50～80mm（板厚为跨度的 1/30），板宽约为 600～900mm。实心平板多用于荷载不大、跨度小的走道或小开间房间的楼板，也可用作楼梯平台板、阳台板、雨篷板及管道沟盖板等，如图 8.9 所示。

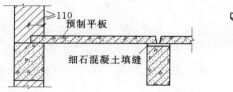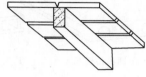

图 8.9 实心平板

2. 槽形板

槽形板是一种由板和肋组合而成的槽型构件，即在实心板的两侧设置纵肋，形成门型截面。由于槽形板的纵肋起到了梁的作用，荷载主要由纵肋承受，因此，板可以做得较薄而且跨度很大。当板的跨度达到 6m 时，在板中每隔 500～700mm，应增设横肋一道，以增加板的刚度。为了便于搁置，常将板的两端用端肋（边肋）封闭。

一般槽形板的板厚为 30～35mm，板宽为 600～1200mm，肋高为 150～300mm，板跨为 3～7.2m。槽形板具有自重轻，节省材料，造价低等优点，但其隔声性能较差。槽形板经常被制成大型屋面板，用于较大跨度的工业建筑中。

槽形板的搁置方式有正置和倒置两种。正置即肋朝下搁置，这种做法受力合理，但底板不平整，用于民用建筑时可采用吊顶棚来解决美观和隔声等问题。倒置即肋朝上搁置，这样布置板底平整，但上表面不平整，需另做面板。为提高板的保温、隔声能力，可在槽内填充轻质材料，如图 8.10 所示。

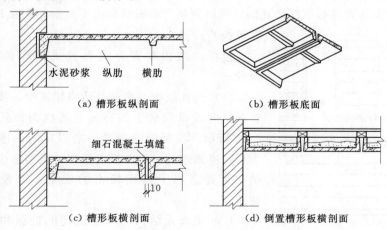

（a）槽形板纵剖面　　　　　　　　（b）槽形板底面

（c）槽形板横剖面　　　　　　　　（d）倒置槽形板横剖面

图 8.10 槽形板

3. 空心板

空心板是为了减轻板的自重，节省材料，将预制平板沿纵向抽孔而成的构件。空心板孔的断面形式有圆形、方形、长方形和椭圆形等，如图 8.11 所示。矩形孔较为经济但抽孔困难，圆形孔制作时抽芯脱膜都很方便且刚度好，所以应用最普遍。空心板也有预应力和非预应力之分，板的厚度可根据板的跨度而定，一般为 120～240mm，板宽度为 600～1200mm，跨度为 2.4～7.2m，其中较为经济的跨度为 2.4～4.2m。

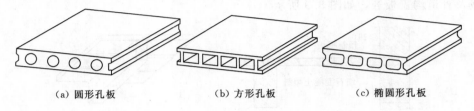

| （a）圆形孔板 | （b）方形孔板 | （c）椭圆形孔板 |

图 8.11　空心板

空心板上下表面平整，隔声隔热效果优于实心平板和槽形板，是预制板中应用最广泛的一种类型。但空心板不宜任意开洞，故不能用于管道穿越较多的房间。

空心板在安装时，为了避免混凝土灌缝时漏浆和确保板端不至于被上部墙体压坏，常将板端的孔洞用细石混凝土堵头、碎砖块或砂浆块填塞，如图 8.12 所示。

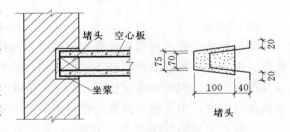

图 8.12　堵头

8.2.2.2　预制装配式钢筋混凝土楼板的结构布置

在进行楼板结构布置时，应先根据房间的平面尺寸确定板的支承方式，然后根据楼板的规格进行合理的布置。要按照尽量减少楼板的规格、类型；优先选用宽板，窄板作调剂用；避免出现预制空心板三面支承情况等原则来布置楼板结构，以达到结构布置经济、合理的目的。预制空心板是按照均布荷载作用下，沿长边方向两端搁置的方式设计的，受力钢筋沿长边方向布置在板下部的孔间，所以预制空心板的长边不能搁置在墙上，否则容易导致板的开裂。

楼板的结构布置方式有板式结构和梁板式结构两种。

（1）板式结构。在混合结构建筑中，预制板直接搁置在横向或纵向墙上的布板方式称为板式结构，如图 8.13 所示。预制板的布置一般以房间、走道的短边作为板跨度来进行，要求板的规格、类型愈少愈好。板式结构布置适用于横墙较密的住宅、宿舍、办公室等建筑。

（2）梁板式结构。当建筑物的进深和开间比较大时，楼板可先搁置在梁上，梁再支承在墙或柱子上，这

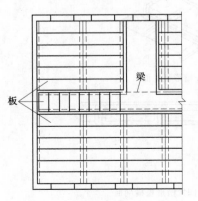

图 8.13　板式结构布置

样的布板方式称梁板式结构，如图8.14所示。楼板在梁上的搁置方式一般有两种：①楼板直接搁在矩形梁的顶面上；②楼板搁在花篮梁或十字梁两侧的挑耳上。为了减小结构层的高度，可将梁的截面做成花篮梁或十字梁，楼板搁在花篮梁或十字梁两侧的挑耳上，板的顶面与梁顶面平齐，在梁高不变的情况下，相当于减小了结构层高度，梁底净高增加了一个板厚的高度，且板的跨度也减小了，是减去梁顶面宽度之后的尺寸。梁板式结构多用于教学楼等开间和进深尺寸都较大的建筑中。

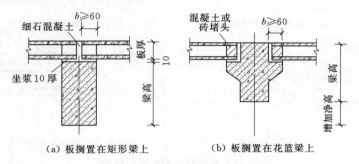

图8.14 梁板式结构布置

8.2.2.3 预制装配式钢筋混凝土楼板的细部构造

1. 预制板与墙、梁的连接构造

当楼板搁置在墙或梁上时，应使楼板与墙或梁有很好的连接，保证楼板的稳定性。根据《砌体结构设计规范》（GB 50003—2011）的规定，预制钢筋混凝土板的支承长度在墙上不宜小于100mm；在钢筋混凝土圈梁上不宜小于80mm；当利用板端伸出钢筋拉结和混凝土灌缝时，其支承长度可为40mm，但板端缝宽不小于80mm，灌缝混凝土不宜低于C20。

在抗震设防地区，当圈梁未设在板的同一标高时，板在外墙上的搁置长度应不小于120mm，在内墙上的搁置长度不应小于100mm；板在钢筋混凝土梁上的搁置长度一般不得小于80mm，搁置于钢梁上亦应大于50mm。其次，布板时应先在墙或梁上铺10～20mm厚M5的水泥砂浆（俗称坐浆）以找平，使板上的荷载可均匀传递给墙体，如图8.15所示。

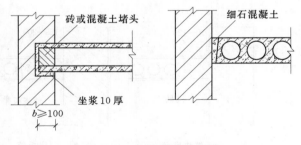

图8.15 板在墙上的搁置

为了增强建筑物的整体刚度，常在楼板与楼板、楼板与墙体之间用钢筋进行拉结，这种拉结钢筋也称为锚固筋。拉结钢筋的配置应根据抗震要求和建筑物对整体刚度的要求来确定，各地区的拉结锚固措施也各不相同。预制板与墙体的拉结构造如图8.16所示。

2. 板缝处理

为了便于安装楼板，预制楼板的构造尺寸总是比其标志尺寸小10～20mm，这样在布置预制楼板时就形成了侧缝和端缝。为了增强楼板的整体性，需对板缝进行处理，各地区由于其抗震设防要求不同，对板缝的处理方法也不相同，板缝一般用细石混凝土灌缝。

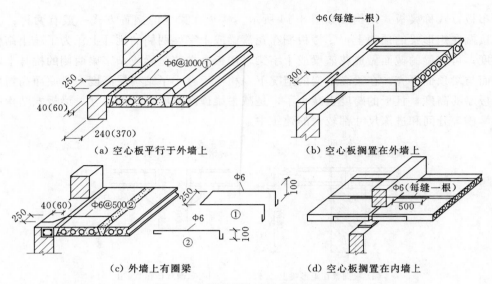

图 8.16 预制板与墙体的拉结构造

　　由于板宽规格的限制，在排板过程中，板宽方向的尺寸（即板在宽度方向的总和）与房间的平面尺寸之间常会出现差额即板缝差，这时可根据剩余板缝隙的大小采取相应的措施来灌缝。当剩余板缝宽度≤60mm 时，可采用调整板间侧缝宽度的方法，即适当加大各板缝的宽度（将板缝控制在 30mm 内），用细石混凝土灌实来解决；当板缝差在 60～120mm 时，可沿墙边挑两皮砖来解决；当板缝差在 120～200mm 或靠墙处有管道穿越时，可局部现浇钢筋混凝土板带，在板缝中加钢筋网片再灌实细石混凝土来解决；当剩余板缝宽超过 200mm 时，则需重新选择板的规格，如图 8.17 所示。

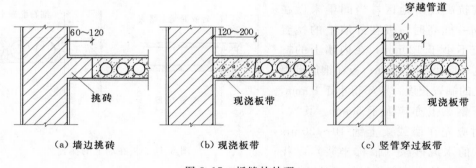

图 8.17 板缝的处理

　　3. 楼板上隔墙的处理

　　在楼板上设立隔墙时，宜采用轻质隔墙。若采用砖隔墙、砌块隔墙等自重较大的隔墙时，隔墙的位置应有利于楼板的受力，一般不宜将隔墙搁置在一块预制板上，可将隔墙搁置在两块板的接缝处。当采用槽形板楼板时，隔墙可直接搁置在槽形板的纵肋上。若采用空心板，须将隔墙设在板缝处并在隔墙下做现浇板带或梁来支承隔墙，如图 8.18 所示。

8.2.3　装配整体式钢筋混凝土楼板

　　装配整体式钢筋混凝土楼板是将楼板中的部分构件在工厂预制好后，经现场安装再整

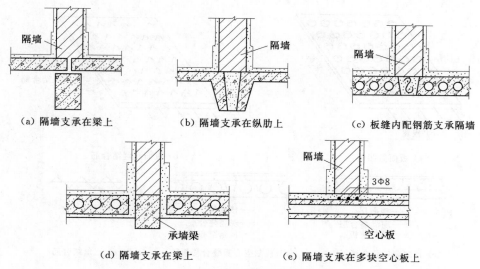

（a）隔墙支承在梁上　　　（b）隔墙支承在纵肋上　　　（c）板缝内配钢筋支承隔墙

（d）隔墙支承在梁上　　　（e）隔墙支承在多块空心板上

图 8.18　楼板上隔墙的设置

体浇筑混凝土面层所形成的楼板结构。它综合了预制装配式楼板和现浇整体式楼板的双重优点，其整体性优于预制装配式楼板，施工速度快，节省模板，还避免了现浇整体式楼板湿作业量大、施工复杂的缺点。

8.2.3.1　预制薄板叠合楼板

预制薄板叠合楼板是由预制钢筋混凝土薄板和现浇钢筋混凝土面层叠合而成的装配整体式楼板，也称叠合楼板。预制钢筋混凝土薄板既是现浇钢筋混凝土叠合层的永久性模板，又是楼板结构的组成部分，施工时承受施工荷载，完成后不需要拆除，大大加快了施工速度。

预制钢筋混凝土薄板通常采用预应力或非预应力钢筋混凝土薄板。预制薄板厚度常为 $50 \sim 70mm$，板的宽度为 $1100 \sim 1800mm$。现浇混凝土叠合层一般采用 C20 混凝土，厚度为 $70 \sim 120mm$，内需配置少量的支座负弯矩钢筋，楼板层中的水平设备管线可敷设于现浇钢筋混凝土叠合层中。叠合楼板的预制薄板，也可采用钢筋混凝土空心板，此时现浇叠合层的厚度较薄，一般为 $30 \sim 50mm$。

叠合楼板的跨度一般为 $4 \sim 6m$，最大可达 9m，在 5.4m 以内较为经济。叠合楼板的总厚度视板的跨度而定，以大于或等于预制薄板厚度的 2 倍为宜，一般为 $150 \sim 250mm$。

为了使预制薄板与现浇叠合层结合牢固，预制薄板上表面应做处理，可将预制薄板表面做刻槽处理，或者在薄板表面设置露出较规则的三角形结合筋等，如图 8.19 所示。

叠合楼板具有整体性好、跨度大、强度和刚度高，可节约模板，以及施工进度快等优点，其表面平整，便于饰面层装修，适用于对整体刚度要求高和大开间的建筑，如住宅、宾馆、学校、办公楼、医院以及仓库等。

8.2.3.2　压型钢板组合楼板

压型钢板组合楼板由面层、组合板和钢梁三部分构成，根据需要还可设吊顶棚，如图 8.20 所示。其中组合板包括现浇混凝土和钢衬板部分。混凝土和钢衬板浇筑在一起共同受力，混凝土承受剪力和压应力，钢衬板承受下部的弯拉应力，同时也是永久性的模板，既大大提高了楼板的强度和刚度，又加快施工进度，同时还可利用压型钢板的肋间空隙敷设

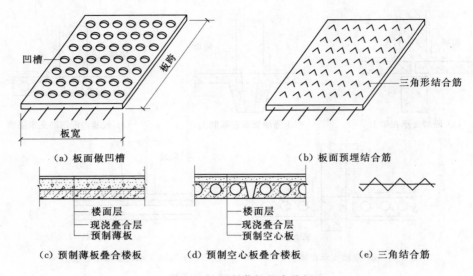

（a）板面做凹槽　　　　　　　　　（b）板面预埋结合筋

（c）预制薄板叠合楼板　　（d）预制空心板叠合楼板　　（e）三角结合筋

图 8.19　预制薄板叠合楼板

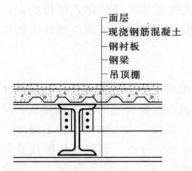

图 8.20　压型钢板组合楼板

管线等。它适用于需有较大空间的高、多层民用建筑及大跨度工业厂房中。

在实际应用中压型钢板组合楼板分为组合楼板与非组合楼板两种形式。组合楼板将压型钢板和钢梁翼缘板之间用圆柱头焊钉（又称为抗剪螺钉）进行穿透焊接，抗剪螺钉将混凝土、压型钢板和钢梁组合成整体。在施工阶段两者的作用是一样的，压型钢板作为浇筑混凝土板的永久性模板，合理设计后，不需要设置临时支撑，即由压型钢板承受湿混凝土板重量和施工活荷载。两者区别主要在于使用阶段，非组合楼板中钢梁上混凝土不参与钢梁的受力，按普通混凝土楼板计算承载力；而组合楼板中考虑混凝土楼板与钢梁共同工作，同时钢梁的刚度也有了提高，为保证压型钢板和混凝土叠合面之间的剪力传递，须在压型钢板上增加纵向波槽、压痕或横向抗剪钢筋等。

压型钢板组合楼板的构造形式较多，根据压型钢板形式的不同有单层钢衬板组合楼板和双层钢衬板组合楼板两种类型，如图 8.21 和图 8.22 所示。压型钢板板宽为 500～

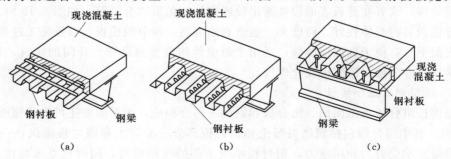

（a）　　　　　　　　（b）　　　　　　　　（c）

图 8.21　单层钢衬板组合楼板

1000mm，肋或肢高为 35～150mm，板的表面除镀 14～15μm 的一层锌外，板的背面为了防腐，可再涂一层塑料或油漆。

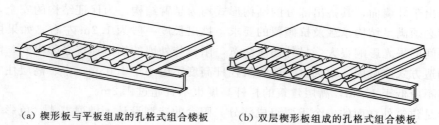

（a）楔形板与平板组成的孔格式组合楼板　　（b）双层楔形板组成的孔格式组合楼板

图 8.22　双层钢衬板组合楼板

8.3　阳台及雨篷构造

8.3.1　阳台

阳台是多、高层建筑中室内与室外的过渡空间，给人们提供了晾晒衣物、休息及室外活动的场所。另外，阳台也丰富了建筑物的立面，为建筑物的外部造型增添了虚实、凸凹的效果。

8.3.1.1　阳台的类型和设计要求

1. 阳台的类型

阳台由承重结构（梁、板）和围护结构（包括栏杆或栏板）两部分组成。阳台按不同的使用要求可分为生活阳台及服务阳台；按阳台与外墙的相对位置关系可分为凸阳台、凹阳台、半凸半凹阳台和转角阳台，如图 8.23 所示。按阳台栏板（或栏杆）上部的构造形式可分为开敞阳台和封闭阳台。

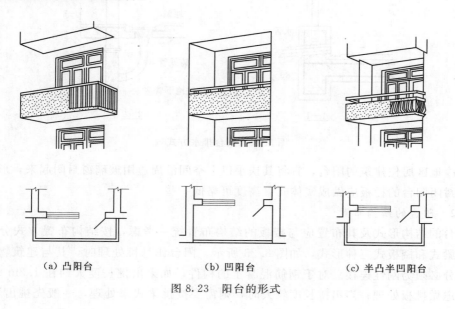

（a）凸阳台　　　　　　　　（b）凹阳台　　　　　　　（c）半凸半凹阳台

图 8.23　阳台的形式

2. 阳台的设计要求

阳台设计在满足使用功能的同时，必须保证其在荷载作用下有足够的强度与刚度。如果阳台凸出于外墙面，其挑出部分的结构形式均为悬臂结构，为保证结构的安全，阳台的挑出长度必须满足结构承载及抗倾覆的要求，挑出长度一般为 1.2m 左右，如果挑出长度太大对房间的采光影响很大。另外还应注意，阳台与外墙的构造连接必须牢固，阳台栏杆扶手的构造方式应坚固、耐久，一般建筑栏杆高度不应小于 1.05m，中、高层住宅阳台栏杆的净高不应低于 1.1m，高层建筑的栏杆高度也不宜超过 1.2m。

阳台是建筑外立面的一个重要组成部分，阳台的造型设计、排列方式、色彩等都影响到建筑立面的美观效果，在平面形式、排列方式、栏杆的选型上要多加考虑。

当为开敞阳台时，应进行排水设计。阳台排水有外排水和内排水两种形式，采用外排水时，应在阳台一端或两端的外侧设置泄水管（也称为水舌），阳台地面向水舌找 1%～1.5%的坡度，而且为避免阳台的雨水流入室内，阳台地面应比室内地面低 30～50mm。泄水管可采用镀锌铁管或塑料管，外挑长度不小于 80mm，以防雨水流到下层阳台，外排水适用于低层和多层建筑。对于高层建筑或降雨量较大地区的建筑应采用内排水方式，它是在阳台内侧设置排水立管（水落管）和地漏，阳台地面向地漏找坡，将水经地漏、水落管直接排入地下管沟，如图 8.24 所示。

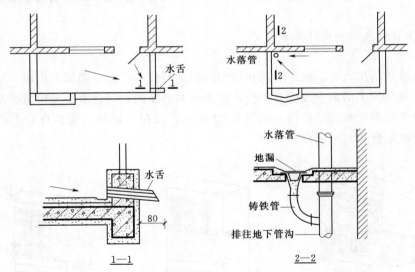

图 8.24　阳台排水方式

寒冷地区居住建筑的阳台，宜将其扶手以上空间沿周边用玻璃窗封闭起来，形成封闭阳台。封闭阳台的栏板应做成实体式，高度可略低一些。

8.3.1.2　阳台的结构布置

阳台的结构形式及其布置应与楼板的结构布置统一考虑，按结构布置方式分为挑板式、挑梁式和搁板式三种形式，如图 8.25 所示。阳台作悬挑处理时，其与建筑物主体相连的部分必须为刚性连接。对于钢筋混凝土的构件，如果出挑长度大约在 1.2m 以下时，可以考虑做挑板处理；当出挑长度较大时，则需要按挑梁式来处理，一般先挑出悬臂梁，再由其来支承板。

（1）挑板式阳台。挑板式阳台是以楼板挑出的阳台板为承重结构，利用阳台板直接悬挑的阳台形式。一般有如下两种做法。

1）利用墙梁（圈梁或过梁）悬挑阳台板，如图8.25（a）所示。当阳台板的底面标高与圈梁或过梁的底面标高相同或相近时，可将阳台板和圈梁或过梁现浇在一起，利用梁及其上部墙体的荷载或梁及其上部楼板的荷载来平衡阳台板倾覆。这种结构的阳台板底面平整，阳台宽度不受房间开间的限制，但圈梁受力复杂，阳台悬挑长度受限制，一般不超过1.2m。若悬挑长度较大时，可将圈梁或过梁的断面局部加大或加长，以达到平衡。

2）利用楼板直接向外悬挑形成阳台板，如图8.25（b）所示。这种方式结构简单，阳台板底面平整，但板的受力复杂；如果采用装配式楼板，会增加板的类型。在寒冷地区采用挑板式阳台时，要注意加设保温构造，以避免出现冷桥。

（2）挑梁式阳台。它是先从阳台下两端的横墙上悬挑出挑梁，挑梁上再置搁阳台板的阳台形式，如图8.25（c）所示。挑梁压入墙内的长度一般不小于悬挑长度的1.5倍。这种结构的阳台板通常与房间的楼板规格一致，构造简单，施工方便，是常采用的阳台形式。但由于这种阳台板底面不平整，影响美观，因此常在挑梁梁头处设置边梁，封住梁头，使阳台外形简洁、美观。

（3）搁板式阳台。阳台板直接搁置在阳台两侧墙体上的阳台形式，即为搁板式阳台。阳台板的板型和尺寸与楼板一致，施工方便，多用于凹阳台，如图8.25（d）所示。

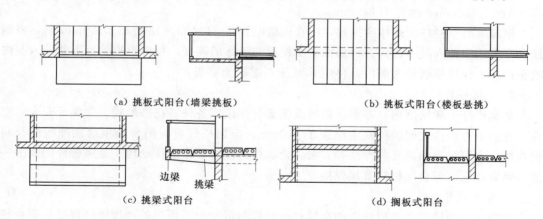

(a) 挑板式阳台（墙梁挑板）　　　　(b) 挑板式阳台（楼板悬挑）

边梁　挑梁

(c) 挑梁式阳台　　　　(d) 搁板式阳台

图8.25　阳台的结构布置

8.3.1.3　阳台栏杆的类型及细部构造

阳台栏杆从形式上可分为实体栏板、空花栏杆及两者结合而成的组合栏杆；按使用材料的不同，可分为砖砌栏板、钢筋混凝土栏板、金属栏杆和不同材料的组合式栏杆，如图8.26所示。其中砖砌栏板自重大，整体性不好，抗震性能差；金属栏杆如果采用不易生锈的合金材料，造型美观，但造价较高；钢筋混凝土栏板耐久性、整体性好，拼装方便，造型丰富，因此应用广泛。

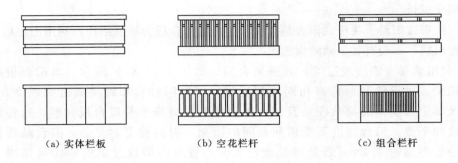

（a）实体栏板　　　　　（b）空花栏杆　　　　　（c）组合栏杆

图 8.26　阳台栏杆形式

1. 钢筋混凝土栏板

钢筋混凝土栏板有现浇和预制两种。现浇钢筋混凝土栏板通常与阳台板（或边梁）整浇在一起。预制钢筋混凝土栏板可预留钢筋与阳台后浇混凝土挡水边坎浇筑在一起，或与阳台板上的预埋铁件焊接。若是预制的钢筋混凝土栏杆，也可预留插筋插入阳台板的预留孔内，然后用水泥砂浆填实牢固。

钢筋混凝土栏板（栏杆）顶部通常设置钢筋混凝土压顶（扶手），钢筋混凝土压顶既可预制也可现浇。预制钢筋混凝土压顶与栏板（栏杆）的连接可采用预埋铁件焊接，也可在压顶底面留槽，将栏板（栏杆）插入并用 M10 水泥砂浆坐浆填实。另外，钢筋混凝土压顶（扶手）的顶部也可加宽设成带花台的形式，带花台扶手应在外侧设保护栏杆，一般高为 180～200mm，净宽为 240mm。

钢筋混凝土栏杆与墙体的连接，应在砌墙时预留 240mm×180mm×120mm 洞，将钢筋混凝土压顶伸入其中锚固。钢筋混凝土栏板与墙体的连接，可将栏板的上下肋伸入洞内或在栏板上预埋钢筋伸入洞内，再用 C20 细石混凝土填实。

2. 金属栏杆

金属栏杆一般用圆钢、方钢、扁钢或钢管等焊接成各种镂花的形式。为保证安全，空花栏杆的垂直杆件之间的距离不应大于 110mm。金属栏杆可与阳台板顶面预埋的通长扁钢焊接，也可采用预留孔洞榫接等方法。金属栏杆注意要作防锈处理。金属栏杆的扶手一般为钢管，它可与金属栏杆直接焊接。

3. 组合式栏杆

混凝土与金属组合式栏杆中的金属栏杆可以与混凝土栏板内的预埋铁件焊接。阳台栏杆与扶手构造，如图 8.27 所示。

8.3.2　雨篷

雨篷是建筑物外部出入口上方和顶层阳台上部悬挑的水平挡雨构件，多采用现浇钢筋混凝土悬挑构件，大型雨篷下常加立柱形成门廊。

雨篷常采用的形式有挑板式、梁板式和悬挂式雨篷，当雨篷挑出长度较小时，可采用挑板式，板挑出长度一般以 1.0～1.5m 为宜。为受力更合理，挑板式雨篷常做成变截面形式，即挑板根部厚端部薄，一般板根部厚度不小于 80mm，板端部厚度不小于 60mm，为防止雨篷倾覆，常将雨篷与门上过梁（或圈梁）浇筑在一起。若雨篷挑出长度较大时，

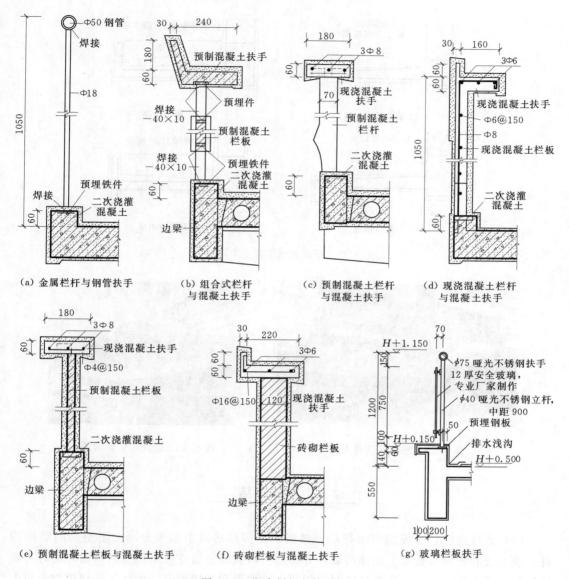

图 8.27　阳台栏杆与扶手构造

可用挑梁式，梁从门厅两侧墙体上挑出或由室内进深梁直接挑出。为使底面平整，可将挑梁上翻。雨篷多采用有组织排水，在雨篷两侧或前方设泄水孔或伸出水舌。雨篷顶面应做好防水和排水措施，一般用 20mm 厚防水砂浆抹面，并延伸至四周上翻形成高度不小于 250mm 的泛水，如图 8.28 所示。

近年来也有使用钢柱支承悬挑的钢梁，上安装玻璃板的新型挑梁式雨篷，如图 8.29 所示。悬挂式雨篷一般为钢构件的装配式结构，由连接固定于主体结构上的钢索拉结悬挑的钢梁，因为钢材受拉性能好，可加工成一定造型的轻型构件，与玻璃等材料组合能达到很好的造型的要求，如图 8.30 所示。

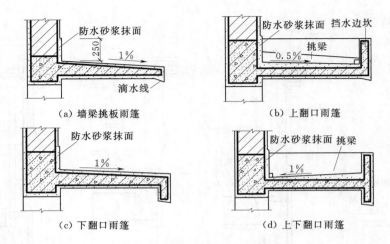

图 8.28　现浇钢筋混凝土雨篷构造

图 8.29　悬挑式玻璃雨篷

图 8.30　悬挂式玻璃雨篷

本章小结

（1）楼地层包括楼板层和地坪层。楼板层是多层房屋中水平分隔上下空间的结构构件，能承受并传递楼板层上全部荷载，并将这些荷载通过墙或柱子传递到基础，同时对墙体还有水平支撑的作用。楼板层主要由面层、结构层和顶棚组成。地坪层是建筑物中与土层直接接触的水平构件，可承受其上面荷载并将其传给地基。楼地层的设计应满足建筑的使用、结构、施工以及经济等方面的要求。

（2）楼板按所用材料不同，可分为木楼板、钢筋混凝土楼板、压型钢板组合楼板等几种类型，其中钢筋混凝土楼板应用最为广泛。

（3）钢筋混凝土楼板根据其施工方法不同可分为现浇式、装配式和装配整体式三种。现浇式钢筋混凝土楼板有现浇肋梁楼板、井式楼板和无梁楼板。装配式钢筋混凝土楼板，常用的板型有实心平板、槽形板、空心板。装配整体式钢筋混凝土楼板有预制薄板、叠合楼板和压型钢板组合楼板。

（4）阳台和雨篷是建筑立面的重要组成部分。在阳台和雨篷的设计中，不仅要重视阳台和雨篷在结构与构造连接上保证安全，防止倾覆的问题，而且还要注意其造型的美观性。

复习思考题

1. 楼板层和地坪层的构造组成分别是什么？各部分都起什么作用？
2. 楼板层设计应满足哪些要求？
3. 现浇钢筋混凝土楼板的类型、特点和适用范围分别是什么？
4. 预制钢筋混凝土楼板的类型、特点有哪些？
5. 为什么预制楼板不能出现三边支承情况？使用花篮梁有什么好处？
6. 装配整体式楼板有什么特点？
7. 压型钢板组合楼板由哪些部分组成？各起什么作用？
8. 阳台有哪些类型？阳台板的结构布置形式有哪些？
9. 雨篷的作用是什么？有哪些类型？

第9章 建 筑 装 饰

本章导读

本章基本要求：了解建筑装饰的作用及类型；掌握墙面、楼地面及顶棚的饰面构造方法和构造原理；熟练掌握墙面、楼地面及顶棚的饰面构造。

本章重点、难点：重点，抹灰类、石材贴面类墙面装修；整体地面、块材地面装修；悬吊式顶棚构造。难点，悬吊式顶棚构造。

建筑物在主体结构完成后，为满足人们的使用要求，对结构表面，内、外墙面，楼、地面，顶棚等部位进行一系列的加工处理，就是饰面装修。

9.1 概　　述

9.1.1　饰面装修的作用

建筑装修的基本功能，主要体现在以下三个方面：保护建筑结构承载系统，提高建筑结构的耐久性；改善和提高建筑围护系统的功能，满足建筑物的使用要求；美化建筑物的室内、外环境，提高建筑的艺术效果。

9.1.2　饰面装修的设计要求

（1）满足使用功能要求。墙、楼地面和顶棚饰面装修的基本功能，除了保护建筑结构、美化建筑物的室内外环境以外，最主要的就是改善和提高建筑围护系统的功能，满足建筑物的使用要求。

（2）符合建筑装修标准。按照国家的有关规定，建筑装修的等级可分为三级，划分的依据是建筑物的类型、建筑物等级以及建筑物的性质。建筑装修的等级确定之后，不同装修等级的建筑物应分别选用不同标准的装修材料和做法，不得超越建筑装修等级任意选用高档装修材料。

9.1.3　饰面装修的基层

凡附着或支托饰面层的结构构件或骨架，均视为饰面装修的基层。

1. 基层类型

装修的基层可分为实体基层和骨架基层两类。

（1）实体基层。实体基层也称为基体，建筑承载系统的构件多属于这种类型，如砌筑墙体、钢筋混凝土墙板、钢筋混凝土楼梯、地坪混凝土结构层等。

（2）骨架基层。骨架基层是采用木制材料、金属材料或玻璃材料等制成铺装装修层材料的受力骨架，可以附着在结构构件的表面，也可以独立设置。骨架基层虽然不属于建筑结构承载系统的组成部分，但仍需要有一定的强度和刚度要求。

2. 基层处理原则

（1）装修基层应具有足够的强度和刚度。

（2）装修基层表面必须平整。

（3）装修基层的处理应确保装修面层材料附着牢固。

9.1.4 建筑装饰构造的类型

建筑装饰构造的类型一般可分为两大类：第一类是通过覆盖物在建筑构件的表面起保护和美化作用的构造，称饰面构造（或称为覆盖式构造）；第二类是通过组装，构成各种制品或设备，兼有使用功能和装饰品作用的建筑装饰构造称为配件构造（或称装配式构造）。

1. 覆盖式构造

覆盖式构造的基本问题是处理饰面和结构构件表面两个面的连接构造方法。覆盖构造的分类根据材料的加工性能和饰面部位特点可分成三类：罩面类、贴面类和挂钩类。

2. 装配式构造

装配式构造根据材料的加工性能、装配式构造的配件成型方法分为三类：塑造与浇铸；加工与拼装；搁置与砌筑。

9.2 墙面饰面构造

墙面装饰是建筑装饰的重要内容，其主要作用是保护墙体，增强墙体的坚固性、耐久性、延长墙体的使用年限；改善墙体的热工性能；提高建筑的艺术效果。

墙面装饰工程包括建筑物外墙面和内墙面的饰面工程两大部分，应根据不同的使用和装饰要求选择不同的构造方法、材料和工艺。

墙面装饰按材料和施工方法的不同，主要分为抹灰类饰面、贴面类饰面、板材类饰面、罩面板饰面和裱糊类饰面等。

9.2.1 抹灰类饰面

抹灰类饰面是用各种加色或不加色的水泥砂浆、石灰砂浆、混合砂浆、石膏砂浆、水泥石渣浆等做成的各种饰面抹灰层。这种做法的优点是材料来源广泛，取材较容易，施工简单，造价较低，饰面与墙体黏结力强，并具有一定的厚度，对保护墙体、改善和弥补墙体材料在功能上的不足有明显的作用。

9.2.1.1 抹灰类饰面的构造层次

为保证抹灰平整、牢固，避免龟裂、脱落，抹灰应该分层进行，每层不宜太厚。墙面抹灰一般是由底层抹灰、中间抹灰和面层抹灰三部分组成，如图9.1所示。底

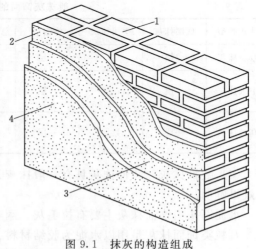

图 9.1 抹灰的构造组成
1—基层；2—底层（5～10mm）；3—中间层
（5～10mm）；4—面层（3～5mm）

175

层抹灰是紧靠墙体的一层,起黏结和初步找平作用。中间抹灰起进一步找平,减少由于材料干缩引起的龟裂缝。面层抹灰是最外面一层,主要起装饰作用。

外墙面抹灰面积较大,由于材料干缩和温度变化,容易产生裂缝,常在抹灰面层作分格,分块缝的宽度不宜太窄或太宽,缝宽一般以不小于 20mm 为宜。经常采用木引条、塑料引条、铝合金引条等形式的引线条(分格线)。外墙抹灰设缝的方式有凸线、凹线和嵌线三种。嵌线多用于需打磨的抹灰面,凹线是最常见的一种形式,嵌木条分格构造如图9.2所示。

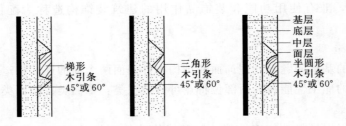

图 9.2 抹灰木引条构造

9.2.1.2 抹灰类饰面的类型

抹灰按照面层材料及做法可分为一般抹灰与装饰抹灰。

(1)一般抹灰。一般抹灰饰面是指采用石灰砂浆、混合砂浆、聚合物水泥砂浆、麻刀灰、纸筋灰等对建筑物的面层抹灰。一般抹灰可分为普通抹灰、中级抹灰和高级抹灰,见表 9.1。普通抹灰由一层底层、一层面层构成,一般厚度为 18mm,适用于简易住宅、大型临时设施、仓库等。中级抹灰由一层底层、一层中间层、一层面层构成,一般厚度为20mm,适用于一般住宅和公共建筑、工业建筑及高标准建筑物的附属工程等。高级抹灰由一层底层、数层中间层、一层面层构成,一般厚度为 25mm,适用于大型公共建筑、纪念性建筑及有特殊功能要求的高级建筑物。

表 9.1 一般抹灰饰面的类型及适用范围

抹灰类型	底层抹灰	中层抹灰	饰面层	总厚度/mm	适 用 范 围
普通抹灰	一层		一层	18	简易住宅、大型临时设施、仓库等
中级抹灰	一层	一层	一层	20	一般住宅和公共建筑、工业建筑及高标准建筑物的附属工程等
高级抹灰	一层	数层	一层	25	大型公共建筑、纪念性建筑及有特殊功能要求的高级建筑物

(2)装饰抹灰。装饰抹灰具有一般抹灰无法比拟的优点,它质感丰富、颜色多样、艺术效果鲜明。

水泥石灰类饰面抹灰主要有拉毛灰、洒毛灰、仿石抹灰、拉条灰和假面砖等。

石粒类饰面抹灰是用以水泥为胶结材料、石渣为骨料的水泥石渣浆抹于墙体的表面,然后用水洗、斧剁、水磨等工艺除去表面水泥皮,露出以石渣的颜色和质感为主的饰面做法。传统的石粒类墙体饰面做法有水刷石、干粘石、斩假石(又称剁斧石)等。

9.2.2 贴面类饰面

贴面类饰面指利用面砖、陶瓷锦砖、玻璃锦砖对墙面进行的装修处理。这类装修具有耐久性强、施工方便、质量高、装修效果好等特点。

9.2.2.1 面砖

面砖多数是以陶土或瓷土为原料，压制成型后经焙烧而成。由于面砖不仅可以用于墙面装饰也可用于地面，所以也被称为墙地砖。常见的面砖有釉面砖、无釉面砖、仿花岗岩瓷砖、劈离砖等。

面砖饰面构造做法是：先在基层上抹15mm厚1∶3的水泥砂浆作底灰，分两层抹平即可；黏结砂浆用1∶2.5水泥砂浆或1∶0.2∶2.5水泥石灰混合砂浆，其厚度不小于10mm；然后在其上贴面砖，并用1∶1白色水泥砂浆填缝，并清理面砖表面，如图9.3所示。

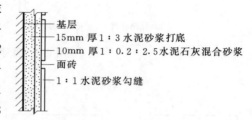

基层
15mm厚1∶3水泥砂浆打底
10mm厚1∶0.2∶2.5水泥石灰混合砂浆
面砖
1∶1水泥砂浆勾缝

图9.3 外墙面砖饰面构造

9.2.2.2 陶瓷锦砖

陶瓷锦砖也称马赛克，是高温烧结而成的小型块材，表面致密光滑、坚硬耐磨、耐酸耐碱。陶瓷锦砖可用于墙面装修，更多用于地面装修。

陶瓷锦砖饰面构造做法是：在清理好基层的基础上，用15mm厚1∶3的水泥砂浆打底；黏结层用3mm厚，配合比为纸筋∶石灰膏∶水泥＝1∶1∶8的水泥浆，或采用掺加水泥量的5%～10%的107胶或聚乙酸乙烯乳胶的水泥浆。

9.2.2.3 玻璃锦砖

玻璃锦砖又称"玻璃马赛克"，有时又叫"玻璃纸皮石"，是由各种颜色玻璃掺入其他原料经高温熔炼发泡后压制而成。

玻璃锦砖构造做法是：在清理好基层的基础上，用15mm厚1∶3的水泥砂浆做底层并刮糙，分层抹平，两遍即可，若为混凝土墙板基层，在抹水泥砂浆前，应先刷一道素水泥浆（掺水泥重的5%的107胶）；抹3～4mm厚1∶1水泥砂浆黏结层，在黏结层水泥砂浆凝固前，适时粘贴玻璃马赛克。粘贴玻璃马赛克时，在其麻面上抹一层1～2mm厚的白水泥浆，纸面朝外，把玻璃马赛克镶贴在黏结层上。为了使面层黏结牢固，应在白水泥素浆中掺水泥重量4%～5%的白胶及掺适量的与面层颜色相同的矿物颜料，然后用同种水泥色浆擦缝。玻璃马赛克饰面构造如图9.4所示。

9.2.2.4 贴面类饰面细部构造

贴面类饰面构造，除了应解决饰面板与墙体之间的固定技术外，还应处理好窗台、窗过梁底、门窗侧边、出檐、勒脚以及各种凹凸面的交接和拐角等处的细部构造，如图9.5所示。

9.2.3 板材类饰面

板材类饰面是指采用天然石材或预制人造石材饰面板对墙面进行的装修处理。

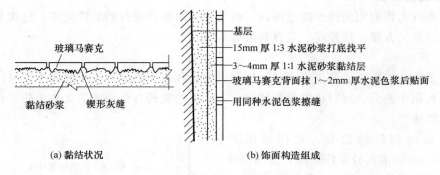

图 9.4 玻璃马赛克饰面构造

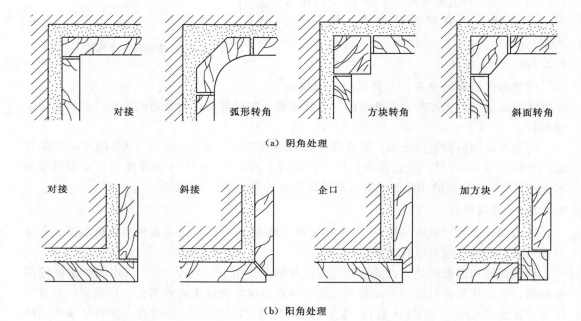

图 9.5 墙面阴、阳角构造处理方法

9.2.3.1 饰面板材料

（1）人造石饰面板。人造石饰面板是用天然大理石、花岗岩、石屑、石粉或碎石作为填充材料，以不饱和聚酯树脂为黏结剂（或用水泥为黏结剂），经搅拌成型、研磨、抛光等工序制成，主要有人造大理石（花岗岩）材饰面板、预制水磨石饰面板、预制斩假石饰面板、预制水刷石饰面板以及预制陶瓷砖饰面板。根据材料的厚度不同，人造石饰面板又分为厚型和薄型两种，厚度为 30～40mm 以下的称为板材，厚度在 40～130mm 的称为块材。

（2）天然石饰面板。建筑饰面用的天然石材，主要有大理石和花岗岩两大类，是由大块荒料经锯切、酸洗、抛光，最后按所需规格、形状切割加工而成的。

9.2.3.2 饰面板安装

大理石和花岗岩饰面板材分镜面、光面和细毛面，其构造方法一般有：钢筋网固定挂贴法（又称绑扎法），如图9.6所示；金属件锚固挂贴法，如图9.7所示；干挂法，如图9.8所示。

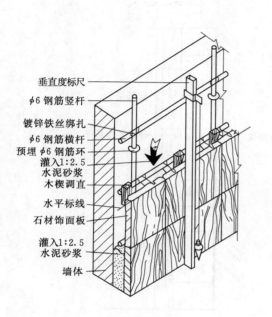

图9.6 绑扎法构造

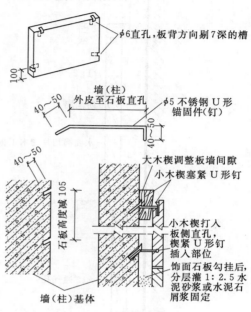

图9.7 U形钉锚固石材板构造

9.2.4 罩面板饰面

罩面板饰面是指用木板、木条、竹条、胶合板、纤维板、石膏板、石棉水泥板、玻璃和金属薄板等材料制成的各类板材，通过镶、钉、拼贴等构造方法构成的墙面装饰，多用于室内墙面和顶棚。室内墙面采用罩面板能起分隔空间的作用，装饰效果丰富，耐久性能好，施工安装简便。

罩面板按使用的材料不同分，主要有木质类饰面、金属类饰面、玻璃类饰面、塑料类饰面等。

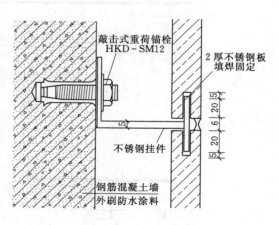

图9.8 干挂法构造

9.2.4.1 木质类饰面

竹、木及其制品可用于室内墙面，光洁坚硬的原木、胶合板、装饰板、硬质纤维板等可用作墙面护壁，护壁高度为1～1.8m，甚至与顶棚做平。其构造方法是：先在墙面上预埋防腐木桩，墙面抹底灰，用防潮砂浆抹面、刷热沥青或铺油毡防潮，然后钉双向木墙筋，一般为 400～600mm（视面板规格而定），木筋断面为（20～45）mm×（40～45）mm。当要求护壁离墙面一定距离时，可由木砖挑出。木护壁构造如图 9.9 所示。

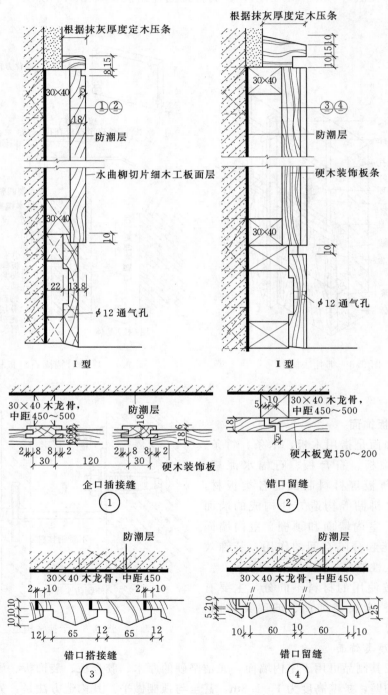

图 9.9　木护壁构造

踢脚板构造的处理主要有外凸式与内凹式两种方式。当护墙板与墙之间距离较大时，一般宜采用内凹式处理，踢脚板与地面之间宜平接，如图 9.10 所示。

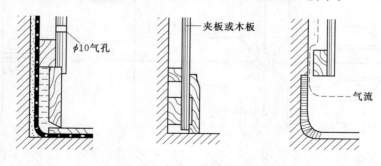

图 9.10 踢脚板构造

9.2.4.2 金属类饰面

金属饰面板是利用一些轻金属，如铝、铜、铝合金、不锈钢、钢材等，经加工制成各类压型薄板，或者在这些薄板上进行搪瓷、烤漆、喷漆、镀锌、电化覆盖塑料等处理后，用来做室内外墙面装饰的材料。工程中应用较多的有单层铝合金板、塑铝板、不锈钢板、镜面不锈钢板、钛金板、彩色搪瓷钢板、铜合金板等。铝合金墙板构造如图 9.11 所示。

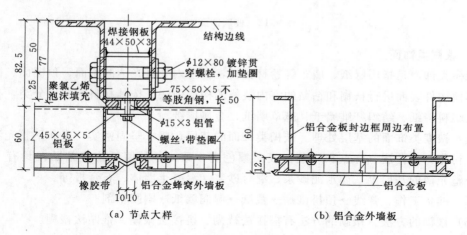

图 9.11 铝合金墙板构造

9.2.4.3 玻璃类饰面

玻璃饰面是采用各种平板玻璃、压花玻璃、磨砂玻璃、彩绘玻璃、蚀刻玻璃、镜面玻璃等作为墙体饰面。玻璃饰面具有光滑、易于清洁，装饰效果豪华美观的特点。

玻璃饰面基本构造是：在墙基层上设置防潮层，按玻璃面板尺寸立木筋，做成木框格，在木筋上钉一层胶合板或纤维板（油毡一层）等衬板，最后将玻璃固定在木边框上。

如图 9.12 所示，玻璃的固定方法主要有 4 种：①用嵌条压住玻璃，嵌条用螺栓固定在木筋上，嵌条可用硬木、塑料、金属（铝合金、不锈钢、铜）等材料；②在玻璃的交点处用嵌钉固定；③用环氧树脂把玻璃粘贴在衬板上；④在玻璃上钻孔，用不锈钢螺钉或铜钉直接将玻璃固定在木筋上。

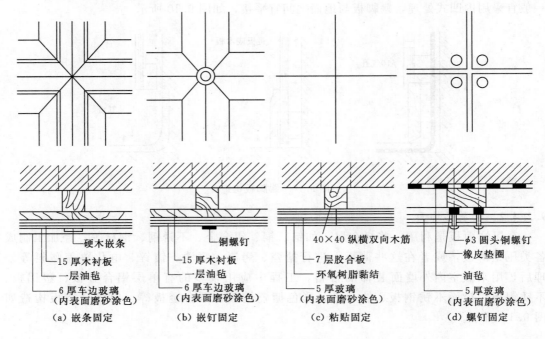

图 9.12 玻璃饰面构造

9.2.5 裱糊类饰面

裱糊类饰面是指用壁纸、墙布等卷材材料，在室内平整光洁的墙面、顶棚面、柱面和室内其他构件表面进行裱糊和粘贴的室内装修的构造做法。按其材料的特点分类，有纸质墙纸、塑料墙纸、纺织纤维墙纸、麻草墙纸、金属墙纸。

（1）裱糊类饰面的基层处理。裱糊类饰面的基层，要求坚固密实，表面平整光洁，无疏松、粉化，无孔洞、麻点和飞刺，表面颜色应一致。各种墙纸均应粘贴在具有一定强度、平整光洁的基层上，如水泥砂浆、混合砂浆、混凝土墙体、石膏板等。

（2）准备工作。弹线→预拼试贴→裁纸→湿润墙纸→刷胶粘剂。

（3）裱糊的方法。裱湖的方法有搭接法裱糊、拼接法裱糊、推贴法裱糊。

裱糊类饰面的构造如图 9.13 所示。

9.2.6 清水墙饰面

清水砖墙常用黏土砖来砌筑，黏土砖有青砖、红砖或过火砖。清水砖墙要求所选用的黏土砖要质地密实、表面晶化、砌体规整、棱角分明、色泽一致、抗冻性好、吸水率低。一般情况下，选用黏土砖、缸砖、城墙砖等较适宜。

清水砖墙的砌筑要求采用每皮砖丁顺相间（梅花丁）或一顺一丁的砌式，灰缝要整齐，及时清扫墙面。勾缝要求用水泥砂浆（或掺入颜料）勾缝，可先在墙面涂刷颜色或喷色以加强效果。灰缝形式有凹缝、斜缝、圆弧凹缝、平缝等（图 9.14）。其特点是朴素淡雅、耐久性好、不易变色、不易污染、不易褪色和风化。

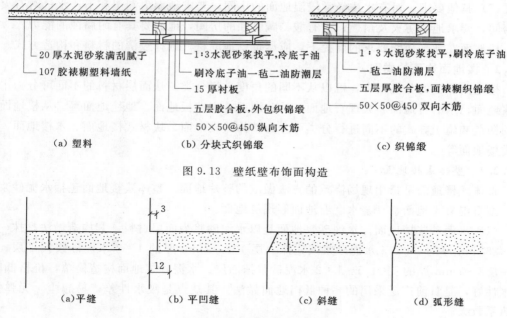

（a）塑料　　　　　（b）分块式织锦缎　　　　　（c）织锦缎

图 9.13　壁纸壁布饰面构造

（a）平缝　　　　（b）平凹缝　　　　（c）斜缝　　　　（d）弧形缝

图 9.14　清水砖墙的勾缝形式

9.2.7　涂刷类饰面

涂刷类饰面是利用各种涂料敷于基层表面而形成完整牢固的膜层，从而起到保护和装饰墙面的作用。涂料饰面涂层薄抗蚀能力差，外用乳液涂料使用年限一般为 4～10 年，但是由于涂料饰面施工简单，省工省料，工期短，效率高，自重轻，维修更新方便，故在饰面装修工程中得到较为广泛应用。

9.3　楼地面饰面构造

楼板层的面层和地坪层的面层一样，都直接承受上部荷载的作用，并将荷载传给其下面的结构层或垫层，所以统称为楼地面。各层地面的构造要求与做法基本相同，均由找平层和其上面的饰面材料两部分组成。

9.3.1　楼地面饰面的设计要求

楼地面饰面的设计要求如下。

（1）具有足够的坚固性。为提高地面的使用寿命和使用质量，要求楼地面必须具有一定的坚固性，使其在各种外力作用下不易被磨损和破坏，且面层要平整、光洁、耐磨、不起灰和易清洁。

（2）具有良好的热工性能。要求楼地面材料的导热系数要小，有较好的蓄热性，以便在冬季人接触时不致感到寒冷。

（3）具有一定的弹性。使人行走时感觉舒适，不致有过硬的感觉，而且有弹性的地面对减少噪声有利。

（4）具有一定的装饰性。使人在室内活动时感到舒适、协调。

（5）其他要求。对有水或经常浸湿地面的房间，要求地面耐潮湿和不透水；对有火源的房间，要求地面防火及耐燃；对有酸、碱腐蚀的房间，地面要具有耐腐蚀的能力。

楼地面在满足功能要求的前提下，应尽量就地取材，选择经济的材料和构造方式。

9.3.2 楼地面饰面的类型

楼地面饰面的分类很多，可以从不同的角度进行分类。从面层材料的不同可分为水泥砂浆地面、水磨石地面、大理石地面、地砖地面、木地板地面、地毯地面等。从楼地面饰面的构造和施工方式的不同进行分类可分为整体式楼地面、块材式楼地面、木楼地面、卷材类楼地面等。

9.3.2.1 整体式楼地面

整体式楼地面是指用现场浇筑的方法做成的整片地面。整体式楼地面包括水泥砂浆地面、细石混凝土地面、现浇水磨石地面等现浇地面。

（1）水泥砂浆楼地面。水泥砂浆地面是以水泥砂浆为面层材料，其构造做法是抹一层 15～25 mm 厚的 1：2.5 水泥砂浆或先抹一层 10～12mm 厚的 1：3 水泥砂浆找平层，再抹一层 5～7mm 厚的 1：1.5～1：2 水泥砂浆抹面层。水泥砂浆地面构造简单，价格低廉，耐水性好，是目前广泛采用的一种低档地面做法。其缺点是吸水性差，易起尘，无弹性，导热系数大。

（2）细石混凝土楼地面。其构造做法一般是在结构层上现浇 30～40mm 厚的 C20 细石混凝土，在初凝时用铁滚压浆，出浆后撒水泥粉，再用铁板抹光压实。与水泥砂浆地面相比，其整体性好，强度高，耐久，不易起尘。

（3）现浇水磨石楼地面。现浇水磨石楼地面具有坚固耐久、平整光滑、整体性好、厚度小自重轻、分块自由、耐污染、不起尘、易清洁、防水好、造价低等优点，但现场施工期长、劳动量大。

现浇水磨石地面的构造一般分为底层找平和面层两部分：先在基层上用 10～15mm 厚 1：3 水泥砂浆找平，当有预埋管道和受力构造要求时，应采用不小于 30mm 厚细石混凝土找平；为实现装饰图案，并防止面层开裂，在找平层上镶嵌分格条；用 1：1.5～1：3 的水泥石渣抹面，厚度随石子粒径大小而变化。现浇水磨石楼地面的构造做法如图 9.15 所示。

（4）涂布楼地面。涂布楼地面主要是由合成树脂代替水泥或部分水泥，加入填料、颜料等混合调制而成的材料，再加入涂布施工，硬化后形成整体无接缝的地面。涂布楼地面改善水泥地面在使用和装饰质量方面的某些不足，在水泥楼地面面层之上加做各种涂层饰面。它的突出特点是可保护地面，丰富装饰效果，无接缝，易于清洁，并具有自重轻、施工简便、工效高、更新方便、造价低等优点，因此应用较广泛。

9.3.2.2 块材式楼地面

块材式楼地面是采用预制的各种块材或加工的天然石板材铺贴而成的地面，常用的有块材陶瓷锦砖、瓷砖、缸砖、水泥砖以及预制水磨石板、大理石板、花岗岩板等。

这类装修地面属于中高档做法，应用十分广泛。它具有花色品种多样，可供拼图方案丰富；强度高、刚性大、经久耐用、易于保持清洁；施工速度快、湿作业量少等优点，但这类地面属刚性地面，不具有弹性、保温、消声等性能，又有造价偏高、工效偏低等缺点。块材式楼地面的构造层次如图 9.16 所示。

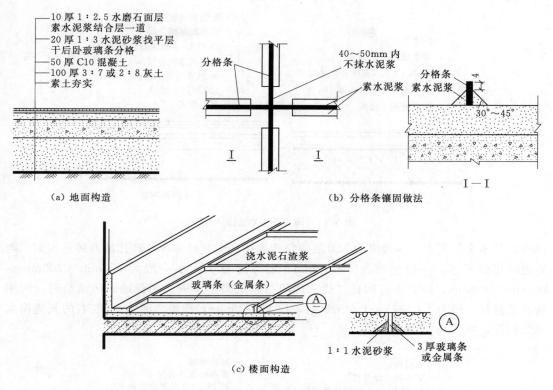

图 9.15 现浇水磨石楼地面构造

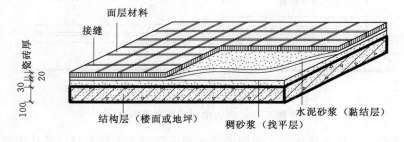

图 9.16 块材式楼地面的构造层次

（1）预制水磨石石板楼地面。预制水磨石面层是在结合层上铺设的。一般是在刚性平整的垫层或楼板基层上铺 30mm 厚 1：4 水泥砂浆，刷素水泥浆结合层；然后采用 12～20mm 厚 1：3 水泥砂浆铺砌，随刷随铺，铺好后用 1：1 水泥砂浆嵌缝。

（2）陶瓷锦砖楼地面。陶瓷锦砖（又称马赛克）是以优质瓷土烧制而成的小块瓷块。陶瓷锦砖楼地面的做法是先在基层上铺一层厚 15～20mm 的 1：3～1：4 水泥砂浆，将拼合好后的陶瓷锦砖纸板反铺在上面，然后用滚筒压平，使水泥砂浆挤入缝隙。待水泥砂浆硬化后，用水及草酸洗去牛皮纸，最后用白水泥浆嵌缝。陶瓷锦砖楼地面构造如图 9.17 所示。

（3）陶瓷地面砖楼地面。陶瓷地面砖是用瓷土加上添加剂经制模成型后烧结而成的，具有表面平整细致、耐压、耐酸碱；可擦洗、不脱色、不变形；色彩丰富，色调均匀，可

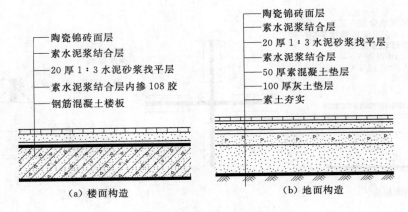

图 9.17　陶瓷锦砖楼地面构造

拼出各种图案等优点。一般可分为普通陶瓷地面砖、全瓷地面砖及玻化地面砖三大类。陶瓷地砖规格繁多，一般厚度为 8～10mm，正方形每块大小一般为 300mm×300mm～800mm×800mm，砖背面有凹槽，便于砖块与基层黏结牢固。陶瓷地面砖铺贴时，所用的胶结材料一般为 1∶3～1∶4 水泥砂浆，厚 15～20mm，砖块之间 3mm 左右的灰缝用水泥浆嵌缝，如图 9.18 所示。

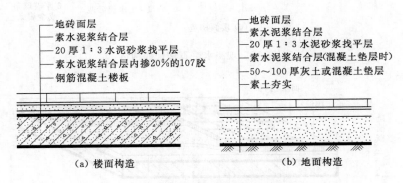

图 9.18　陶瓷地面砖楼地面构造

（4）花岗岩、大理石楼地面。花岗岩和大理石都属于天然石材，是从天然岩体中开采出来，经过加工成块材或板材，再经过精磨、细磨、抛光及打蜡等工序加工而成的各种不同质感的高级装饰材料。其构造做法如图 9.19 所示。

利用大理石和花岗岩的边角料做成碎拼大理石楼地面，色泽鲜艳和品种繁多的大理石碎块无规则地拼接起来点缀地面，别具一格。

大理石块材的接缝有干接缝和拉缝两种形式，如图 9.20 所示，干接缝宽 1～2mm，用水泥浆擦缝；拉缝又分为平缝和凹缝，平缝宽 15～30mm，用水磨石面层石渣浆灌缝，凹缝宽 10～15mm，凹进表面 3～4mm，水泥砂浆勾缝。碎拼大理石楼地面构造做法如图 9.21 所示。

9.3.2.3　木楼地面

木楼地面是指楼地面表面由木板铺钉或硬质木块胶合而成的地面。木楼地面具有良好的弹

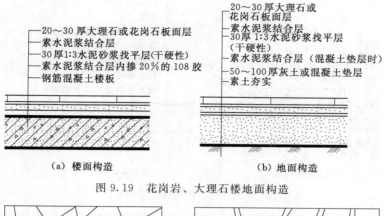

图 9.19 花岗岩、大理石楼地面构造

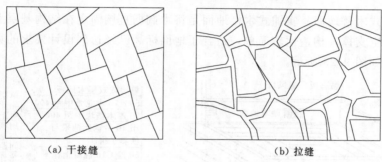

图 9.20 碎拼大理石的接缝形式

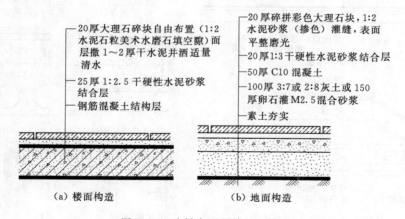

图 9.21 碎拼大理石楼地面构造

性，蓄热系数小和触摸感好，不起灰、易清洁，纹理优美清晰，能获得纯朴自然的美感，具有良好的装饰效果；但存在耐火性能差、潮湿环境下易腐蚀、产生裂缝和翘曲变形等缺点。

　　木楼地面常常用于有较高的清洁和弹性使用要求的场所，如高级的住宅、宾馆、剧院舞台、精密机床间等。

　　（1）粘贴式木楼地面。粘贴式木楼地面是在结构层（钢筋混凝土楼板或底层素混凝土）上做好找平层，再用黏结材料将各种木板直接粘贴而成，具有构造简单、占空间高度小、经济等优点。粘贴式木楼地面构造如图 9.22 所示。

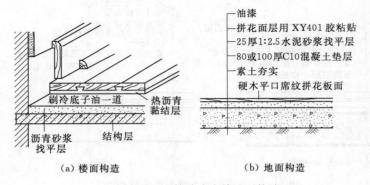

（a）楼面构造　　　　　　　（b）地面构造

图 9.22　粘贴式木楼地面构造

（2）实铺式木楼地面。实铺式木楼地面是将木搁栅直接固定在结构基层上，不再需要用地垄墙等架空支撑，构造比较简单，适合于地面标高已经达到设计要求的场合。实铺式木楼地面构造如图 9.23 所示。

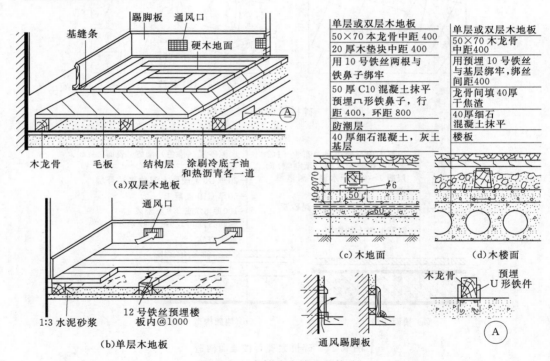

图 9.23　实铺式木楼地面构造

（3）架空式木楼地面。架空式木楼地面主要用于面层由于使用的要求距基底较大的场合，通过用地垄墙、砖墩或钢木支架的支撑，使木地面才能达到设计要求的标高。另外，在建筑的首层，为减少回填土方量，或者为便于管道设备的架设和维修，需要一定的敷设空间时，通常考虑采用架空式木地面。由于支撑木地面的搁栅架空搁置，使其能够保持干燥，防止腐烂损坏。

架空式木楼地面包括地垄墙（或砖墩）、木隔栅、垫木、剪刀撑、木地板几部分，如

图 9.24 所示。

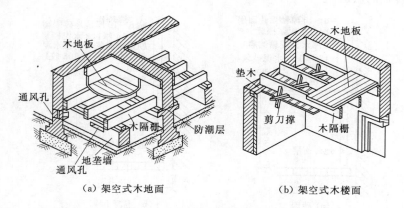

（a）架空式木地面　　　　　　　　（b）架空式木楼面

图 9.24　架空式木楼地面构造

9.3.2.4　卷材类楼地面

卷材类地面主要是粘贴各种卷材、半硬质块材的地面，常见的有塑料地板楼地面，橡胶地毡楼地面以及地毯楼地面等。

（1）塑料地板楼地面。塑料地板是以聚氯乙烯树脂为主要胶结材料，配以增塑剂、填充料等，经高速混合、塑化、辊压或层压成型而成。

（2）橡胶地毡楼地面。橡胶地毡是以橡胶粉为基料，掺入软化剂，在高温、高压下解聚后，加入着色补强剂，经混炼、塑化压延成卷的深棕色毡状地面装修材料。

（3）地毯楼地面。地毯是一种高级地面装饰材料，地毯楼地面具有吸声、隔声、弹性、保温性能好、脚感舒适等特点，地毯色彩图案丰富，本身就是工艺品，能给人以华丽、高雅的感觉。一般地毯具有较好的装饰和实用效果，而且施工、更换简单方便，适用于展览馆、疗养院、实验室、游泳馆、运动场地以及其他重要建筑空间的地面装饰。

地毯类型较多，常见的有化纤无纺织针刺地毯、黄洋麻纤维针刺地毯和纯羊毛无纺织地毯等。地毯楼地面的构造如图 9.25 所示。

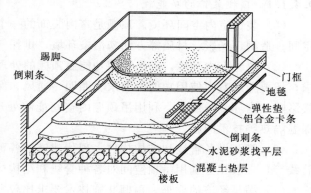

图 9.25　地毯楼地面构造

9.3.2.5　楼地面的细部构造

踢脚板是指楼地面与墙面交接处的构造处理，主要作用是遮盖楼地面与墙面的接缝，增加室内美观。踢脚板是楼地面和墙面相交处的一个重要构造节点，高度一般为 80～300mm，并与地面一起施工。踢脚板所用材料种类很多，与楼地面的材料基本相同。

踢脚板按材料和施工方式分为两种：粉刷类和铺贴类。

粉刷类踢脚板的做法与其楼地面做法相同，当采用与墙面相平的构造做法时，为了与上部墙面有区分，常做成凹缝、凸缝和平缝的形式，缝宽为 10mm 左右。如图 9.26 所示为铺贴类踢脚板的做法。

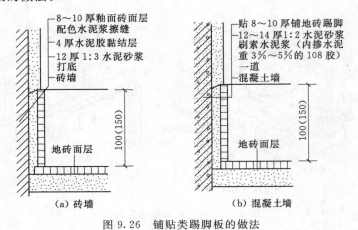

图 9.26 铺贴类踢脚板的做法

9.4 顶 棚 层 饰 面 构 造

顶棚是位于楼盖和屋盖下的装饰构造,又称天棚、天花板。在单层建筑物中,位于屋顶承重结构的下面,在多层或高层建筑物中位于上一层楼板的下面。顶棚的构造设计与选择应从建筑功能、建筑声学、建筑照明、建筑热工、设备安装、管线敷设、维护检修、防火安全以及建筑美感等多方面因素综合考虑。

9.4.1 顶棚装饰的功能和分类

9.4.1.1 顶棚装饰的功能

(1)装饰室内空间环境。顶棚是室内装饰的一个重要组成部分。顶棚装饰处理能够从空间、造型、光影、材质等方面来渲染环境,烘托气氛。

(2)改善室内环境,满足使用功能。顶棚的处理不仅要考虑室内的装饰艺术风格的要求,还要考虑室内使用功能的要求。照明、通风、保温、隔热、吸声、防火等技术性能直接影响室内环境与使用。利用吊顶棚内空间能够处理人工照明、空气调节、消防、通信、保温隔热等技术问题。

(3)隐蔽设备管线和结构构件。现代建筑的各种管线越来越多,如照明、空调、消防管线等,一般充分利用吊顶空间对各种管线和结构构件进行隐蔽处理。

(4)满足经济的要求。顶棚装饰技术要求比较复杂,难度较大,必须结合建筑内部的体型、装饰效果、经济条件、设备安装及安全问题等各方面来综合考虑。

9.4.1.2 顶棚装饰的分类

顶棚装饰根据不同的功能要求可采用不同的类型。顶棚的分类可以从不同的角度进行分类。

(1)按顶棚的外观分类,有平滑式顶棚、井格式顶棚、悬浮式顶棚、分层式顶棚等。

(2)按施工方法分类,有抹灰类顶棚、裱糊类顶棚、贴面类顶棚、装配式板材顶棚等。

（3）按顶棚面层与结构层的关系分类，有直接式顶棚、悬吊式顶棚。

（4）按顶棚的基本构造分类，有无筋类顶棚、有筋类顶棚。

（5）按顶棚构造层的显露状况分类，有开敞式顶棚、隐蔽式顶棚等。

（6）按顶棚受力不同分类，有上人顶棚、不上人顶棚。

9.4.2 直接式顶棚

直接式顶棚是在屋面板或楼板上直接抹灰，或固定搁栅，然后再喷浆或贴壁纸等达到装饰目的，包括直接抹灰顶棚、直接粘贴式顶棚、结构顶棚。

直接式顶棚具有构造简单，构造层厚度小，可以充分利用室内空间；材料用量少，施工方便，造价较低的优点。但这类顶棚不能提供隐藏管线、设备等的内部空间，小口径的管线应预埋在楼屋盖结构或构造层内，大口径的管道则无法隐蔽。因此，直接式顶棚适用于装饰要求不高的建筑及功能较为简单、空间尺度较小的场所，如办公楼、住宅等。

9.4.2.1 直接抹灰、喷刷、裱糊类顶棚

（1）直接抹灰类顶棚。在上部屋面板或楼板的底面上直接抹灰的顶棚，称为直接抹灰顶棚。直接抹灰顶棚主要有纸筋灰抹灰、石灰砂浆抹灰、水泥砂浆抹灰等。普通抹灰用于一般建筑或简易建筑，甩毛等特种抹灰用于声学要求较高的建筑。直接抹灰类顶棚的构造做法与抹灰类墙面装饰相同，如图 9.27（a）所示。

（2）喷刷类顶棚。喷刷类顶棚是在上部屋面或楼板的底面上直接用浆料喷刷而成的。常用的材料有石灰浆、大白浆、色粉浆、彩色水泥浆、可赛银等。对于楼板底较平整又没有特殊要求的房间，可在楼板底嵌缝后，直接喷刷浆料，如图 9.27（b）所示。

（3）裱糊类顶棚。有些要求较高、面积较小的房间顶棚面，也可采用直接贴壁纸、贴壁布及其他织物的饰面方法。这类顶棚主要用于装饰要求较高的建筑，如宾馆的客房、住宅的卧室等空间。裱糊类顶棚的具体做法与墙饰面的构造相同，如图 9.27（c）所示。

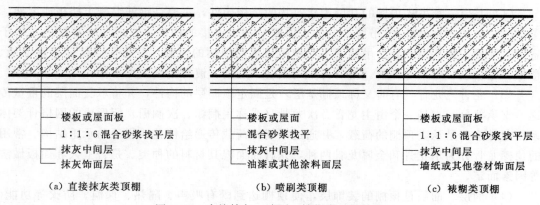

  （a）直接抹灰类顶棚   （b）喷刷类顶棚   （c）裱糊类顶棚

图 9.27 直接抹灰、喷刷、裱糊类顶棚构造

9.4.2.2 直接粘贴式顶棚

直接粘贴式顶棚是将装饰面板、面砖等材料直接粘贴在经过抹灰找平处理的顶板上。基层的处理要求和方法同直接抹灰、喷刷、裱糊类顶棚。在粘贴面砖和粘贴石膏板或石膏装饰线条时，宜增加中间层，以保证必要的平整度。粘贴面砖的做法参见墙面装修相应的构造。

9.4.2.3 结构式顶棚

屋盖或楼盖结构暴露在外,利用结构本身的韵律作装饰,不再另做顶棚,称为结构式顶棚(图9.28)。结构式顶棚的主要构件材料与构造一般都由建筑与结构设计确定。

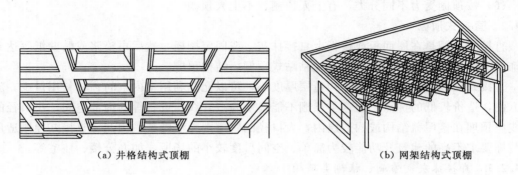

(a) 井格结构式顶棚　　　　　　　　　　　　(b) 网架结构式顶棚

图 9.28　结构式顶棚

9.4.3　悬吊式顶棚

悬吊式顶棚又称"吊顶",是指这种顶棚的装饰表面与屋面板、楼板等之间留有一定的距离,在这段空间中,还会结合布置各种管道和设备,如灯具、空调、灭火器、烟感器等。悬吊式顶棚的装饰效果较好,形式变化丰富,适用于中、高档次的建筑顶棚装饰。

在没有功能要求时,悬吊式顶棚内部空间的高度不宜过大,以节约材料和造价;若利用其作为敷设管线设备的技术空间或有隔热通风需要,则可根据情况适当加大,必要时可铺设检修走道以免踩坏面层,保障安全。饰面应根据设计留出相应灯具、空调等设备安装检修孔及送风口、回风口等位置。

9.4.3.1　悬吊式顶棚构造组成

(1)基层。悬吊式顶棚的基层为建筑物的结构构件,主要是钢筋混凝土楼板或屋架。

(2)吊筋(悬吊件)。吊筋是悬吊式顶棚与基层连接的构件,一般埋在基层内,属于悬吊式顶棚,是支撑部分。吊筋的主要作用是承受顶棚的荷载,并将荷载传递给屋面板、楼板、屋顶梁、屋架等部位。吊筋可采用钢筋、型钢、镀锌铅丝或方木等。

(3)龙骨。龙骨(有时又称顶棚基层)是固定顶棚层的构件,并将承受面层的重量传递给支承部分。它是一个由主龙骨、次龙骨(或称主搁栅、次搁栅)所形成的网格骨架体系。龙骨主要是承受顶棚的荷载,并通过吊筋将荷载传递给楼盖或屋顶的承重结构。常用的顶棚龙骨分为木龙骨和金属龙骨两种,龙骨断面视其材料的种类、是否上人和面板做法等因素而定。

(4)面层。面层是顶棚的装饰层,使顶棚达到既有吸声、隔热、保温、防火等功能,又具有美化环境的效果。面层最常用的是板材类,包括纸面石膏板、石膏吸声板、矿棉吸声板、珍珠岩吸声板、钙塑泡沫吸声板、金属穿孔吸声板、石棉水泥穿孔吸声板、金属面吸声板、贴塑吸声板等。

9.4.3.2　悬吊式顶棚构造

悬吊式顶棚构造如图9.29和图9.30所示。

(1)吊筋与吊点的设置。吊筋与楼屋盖连接的节点称为吊点,吊点应均匀布置,其间

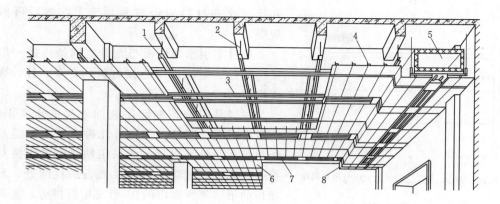

图 9.29 吊顶悬挂于楼板下构造

1—主龙骨；2—吊筋；3—次龙骨；4—间距龙骨；5—风道；6—吊顶面层；7—灯具；8—出风口

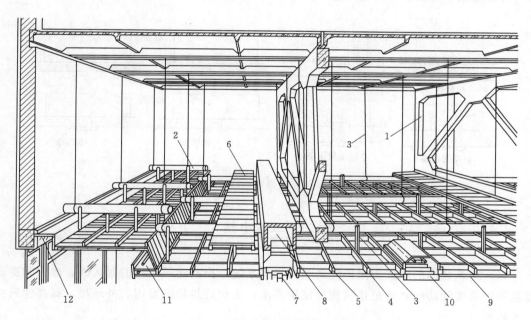

图 9.30 吊顶悬挂于屋面下构造

1—屋架；2—主龙骨；3—吊筋；4—次龙骨；5—间距龙骨；6—检修走道；
7—出风口；8—风道；9—吊顶面层；10—灯具；11—灯槽；12—窗帘盒

距一般为 900～1200mm，并且主龙骨端部距第一个吊点不超过 300mm，如图 9.31 所示。

（2）龙骨的连接。吊筋与结构的连接一般有以下几种构造方式：吊筋直接插入预制板的板缝，并用 C20 细石混凝土灌缝；将吊筋绕于钢筋混凝土梁板底预埋件焊接的半圆环上；吊筋与预埋钢筋焊接处理；通过连接件（钢筋、角钢）两端焊接，使吊筋与结构连接。

吊筋与龙骨的连接主要包括主龙骨与吊筋的连接，主龙骨与次龙骨、小龙骨的连接。

（3）面层与基层的连接。抹灰类顶棚的抹灰层必须附着在木板条、钢丝网等材料上，

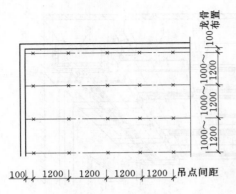

图 9.31 吊筋布置示意图

并且将这些材料固定在龙骨架上，然后再做抹灰层。

板材类顶棚饰面板与龙骨之间的连接一般需要连接件、紧固件等连接材料，有卡、挂、搁等连接方式。

拼缝是影响顶棚面层装饰效果的重要因素，一般有对缝、凹缝、盖缝等几种方式。对缝是指板与板在龙骨处对接，多采用粘或钉的方法对面板进行固定；凹缝是在两块面板的拼缝处，利用面板的形状等所做出的 V 形或矩形拼缝；盖缝是板材间的拼缝，是利用龙骨的宽度或专门的压条将拼缝盖起来。饰面板的拼缝构造如图 9.32 所示。

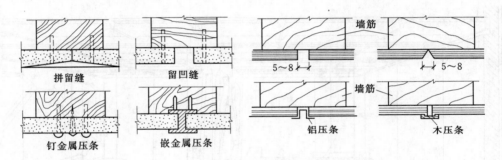

图 9.32 饰面板的拼缝构造

本章小结

（1）建筑装饰的功能为保护建筑结构承载系统，提高建筑结构的耐久性；改善和提高建筑围护系统的功能，满足建筑物的使用要求；美化建筑物的室内、外环境，提高建筑的艺术效果。

（2）墙体内外表面的装修统称为墙体饰面做法。墙体饰面的做法主要有抹灰类、贴面类、板材类、罩面类以及裱糊类等。

（3）楼地面的名称是以其面层材料的名称来命名的，分为整体式楼地面、块材式楼地面、木楼地面、卷材类楼地面等。

（4）顶棚是位于楼盖和屋盖下的装饰构造。在屋面板或楼板上直接抹灰或铺贴面材的顶棚成为直接式顶棚，一般用于层高不高的房间。将通过不同的构造方法将装饰面层材料悬挂于楼板或屋面下部的顶棚称为悬挂式吊顶，简称吊顶，多用于层高较高的建筑物中，可以起到美化空间环境的作用。

（5）悬挂式吊顶由吊筋、龙骨和面层材料组成的，均为不燃或难燃体材料。小面积使用木质材料，必须先经过防火处理。

复习思考题

1. 建筑装饰的作用是什么？
2. 楼地面装饰的作用是什么？有哪些类型？
3. 现浇水磨石地面为什么要设分格条？
4. 块材式楼地面有何构造特点？
5. 架空式木地面与实铺式木地面在构造上有何区别？
6. 踢脚板有何作用？试画出几种常用踢脚板构造图。
7. 墙面抹灰通常由哪几层组成？它们各自的作用是什么？
8. 试画出大理石墙面"贴挂法"做法。
9. 顶棚装饰有哪些功能？
10. 什么是直接式顶棚？直接式顶棚有哪些？
11. 什么是悬吊式顶棚？简述悬吊式顶棚的基本组成部分及其作用。

第10章　楼梯及其他垂直交通设施

本章导读

本章基本要求：了解电梯及自动扶梯的设计及构造；熟悉室外台阶及坡道的设计及构造；理解楼梯的设计要求、组成和构造方法；掌握楼梯各部分尺度确定；熟练掌握钢筋混凝土楼梯的构造和楼梯的设计。

本章重点、难点：重点，钢筋混凝土楼梯的构造特点、要求及细部构造；楼梯的设计计算；室外台阶与坡道的构造。难点，楼梯的设计计算。

在建筑物中，为解决各楼层之间的垂直联系问题，一般常采用的设施有楼梯、电梯、自动扶梯、爬梯、台阶和坡道等。楼梯既是建筑中各楼层间的垂直交通，也是进行安全疏散的主要构件。电梯、自动扶梯多用于层数较多或有特种需要的建筑物中，而且即使设有电梯或自动扶梯的建筑物，也必须同时设置楼梯，以便在紧急情况时使用。爬梯一般用于检修。

在建筑物出入口处，因室内外地面的高差而设置的踏步，称为室外台阶。为方便车辆、轮椅通行，也可用斜坡来解决室内外地面的高差，称为室外坡道。

10.1　概　　述

10.1.1　楼梯的组成

楼梯一般由楼梯梯段、楼梯平台及栏杆扶手三部分组成，如图10.1所示。

10.1.1.1　楼梯梯段

楼梯梯段是两个平台之间由若干个连续踏步组成的倾斜构件。踏步又分为踏面（行走时踏脚的水平部分）和踢面（形成踏步高差的垂直部分）。为了使人们上下楼梯时不致过度疲劳和适应人行的习惯，一般规定一个楼梯段的踏步数最多不超过18级，最少不少于3级。相邻楼梯段和平台所围成的上下连通的空间称为楼梯井。

10.1.1.2　楼梯平台

楼梯平台是指两楼梯段之间的水平构件，主要用作方向转换和楼层连接，同时也可供人们在连续上下楼时稍做休息，缓解疲劳。楼梯平台按其所处位置，分为中间平台和楼层平台。与楼层

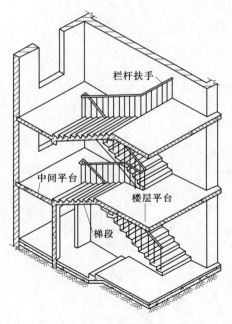

图10.1　楼梯的组成

地面标高平齐的平台称为楼层平台（正平台），主要用来分配从楼梯到达各楼层的人流。位于上下楼层之间的平台称为中间平台（半平台），供人们行走时调节体力和改变行进方向。

10.1.1.3　栏杆扶手

栏杆是设在楼梯梯段边缘和平台临空边的安全围护构件。要求必须坚固牢靠，并保证有足够的安全高度。

扶手一般附设于栏杆顶部，供倚扶用。扶手也可附设于墙上，称为靠墙扶手。

10.1.2　楼梯的形式

楼梯按平面形式可以分为直跑式、双跑式、折角式、弧形和螺旋式等多种形式。楼梯形式的选择要考虑其所处的位置、楼梯间的平面形状及尺寸、层高与层数、通行人数的多少及安全疏散等因素。

当楼梯的平面为矩形且层高较大时，可以做成双跑楼梯（对折楼梯），平行双跑楼梯是最常用的楼梯形式之一。直跑楼梯又可分为单跑和多跑几种。如果相邻梯段之间成角度布置，就形成折角式楼梯，折角楼梯又分为单方向的折角和双分折角。当楼梯的平面接近正方形且层高较大的公共建筑，适合做成三跑楼梯（三折楼梯）；有时，综合考虑到建筑物内部的装饰效果，还常常做成螺旋楼梯或圆弧形楼梯。楼梯的平面形式如图 10.2 所示。

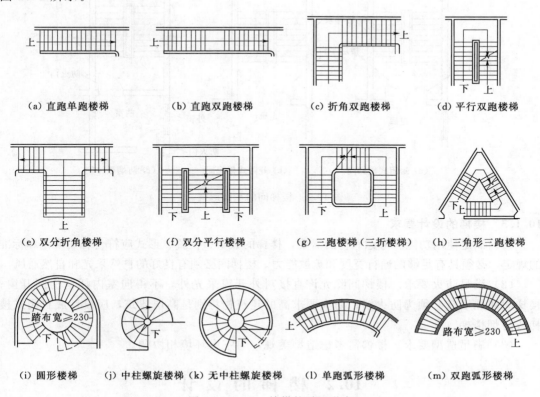

（a）直跑单跑楼梯　　（b）直跑双跑楼梯　　（c）折角双跑楼梯　　（d）平行双跑楼梯

（e）双分折角楼梯　　（f）双分平行楼梯　　（g）三跑楼梯（三折楼梯）　　（h）三角形三跑楼梯

（i）圆形楼梯　（j）中柱螺旋楼梯（k）无中柱螺旋楼梯　（l）单跑弧形楼梯　　（m）双跑弧形楼梯

图 10.2（一）　楼梯的平面形式

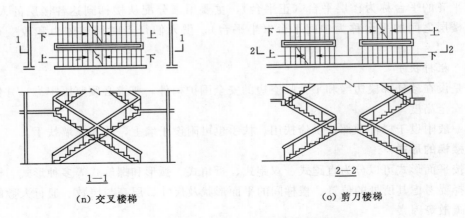

（n）交叉楼梯　　　　　　　　　　　　（o）剪刀楼梯

图 10.2（二）　楼梯的平面形式

　　楼梯间按防火要求不同，分为封闭式楼梯间、开敞式楼梯间、防烟楼梯间等，如图 10.3 所示。

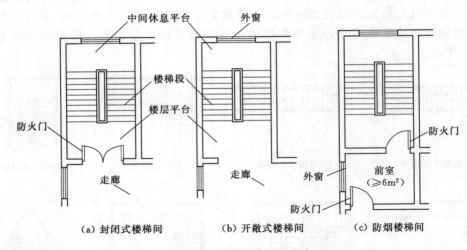

（a）封闭式楼梯间　　　（b）开敞式楼梯间　　　（c）防烟楼梯间

图 10.3　楼梯间的平面形式

10.1.3　楼梯的设计要求

　　（1）满足使用功能。考虑通行的需要，楼梯的数量、位置、形式应符合有关规范和标准的规定，必须具有足够的通行宽度和疏散能力。楼梯间必须有良好的自然采光和自然通风。

　　（2）满足防火要求。楼梯间除允许直接对外开窗采光外，不得向室内任何房间开窗；楼梯间四周墙壁必须为防火墙；防火要求高的建筑物特别是高层建筑，应设计成封闭式楼梯或防烟楼梯。

　　（3）满足造型要求。楼梯需考虑造型美观，与室内环境相协调。

10.2　楼 梯 的 设 计

　　楼梯设计必须符合有关规范的要求和规定，例如，《民用建筑设计统一标准》

（GB 50352—2019）、《建筑设计防火规范》（GB 50016—2014）（2018 年版）等。在进行设计前必须熟悉规范的要求。

10.2.1 楼梯的主要尺寸

10.2.1.1 楼梯的坡度和踏步尺寸

（1）楼梯的坡度。楼梯的坡度即梯段的斜率。一般用斜面与水平面的夹角表示，也可用斜面在垂直面上的投影高与在水平面上的投影宽之比来表示。楼梯的坡度大小应适中，坡度过大，行走易疲劳；坡度过小，行走舒适，但楼梯占用的面积增加，不经济。因此，应当兼顾使用性和经济性的要求，根据具体情况合理进行选择。楼梯的坡度范围一般为 23°～45°，最适宜的坡度为 30°左右。当坡度小于 10°时，可将楼梯改为坡道。当坡度大于 45°时，则采用爬梯。楼梯、爬梯、坡道等的坡度范围如图 10.4 所示。

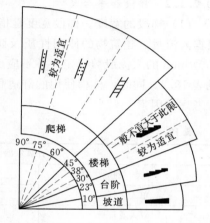

图 10.4　坡道、楼梯、爬梯的坡度范围

（2）踏步的尺寸。用角度表示楼梯的坡度虽然准确、形象，但不便在实际工程中操作，因此我们经常用踏步的尺寸来表述楼梯的坡度。踏步由踏面和踢面组成，一般以 h 表示踏步高，b 表示踏步宽，如图 10.5（a）所示。踏步尺寸与人的步距有关，可以利用经验公式式（10.1）计算：

$$b+2h=s=600\sim620\text{mm} \quad 或 \quad b+h=450\text{mm} \tag{10.1}$$

式中　b——踏步宽度（踏面），mm；

　　　h——踏步高度（踢面），mm；

　　　s——水平跨步距离，mm；少年儿童在 560mm 左右，成人平均在 600mm 左右。

踏面宽度与成年男子的平均脚长相适应，以保证行走时的安全及舒适度。一般不宜小于 260mm，以 300mm 左右为宜。有时为了使人们上下楼梯时更加舒适，在不改变梯段长度的情况下，可将踏步的前缘挑出，形成突缘，或将踢面向外倾斜如图 10.5（b）、图 10.5（c）所示，使踏面宽度增大。突缘挑出长度一般为 20～40mm。踏步高度一般不宜高于 175mm，以 150mm 左右为宜，且各级高度均应相同。楼梯踏步的最小宽度、最大高度的限制值及常用适宜踏步尺寸见表 10.1。

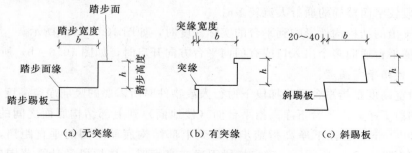

（a）无突缘　　　　　（b）有突缘　　　　　（c）斜踢板

图 10.5　踏步形式和尺寸

表 10.1　　　　　　　　　　　　**楼梯踏步最小宽度和最大高度**　　　　　　　单位：mm

楼梯类别	住宅	幼儿园	学校、办公楼	医院、疗养院	剧院、会堂
最大高度 h	175(150～175)	150(120～150)	170(140～160)	160(120～150)	160(120～150)
最小宽度 b	260(260～300)	260(260～300)	260(280～340)	280(300～350)	280(300～350)

10.2.1.2　梯段和平台尺寸

（1）梯段的宽度。梯段宽度是指扶手中心线至楼梯间墙面的水平距离。梯段的宽度应根据人流量、建筑物的使用性质及防火要求等因素确定，按每股人流宽度为 $550+(0\sim150)$ mm 的人流股数确定，并不应少于两股人流，公共建筑人流众多的场所应取上限值，见表 10.2。同时，楼梯使用的舒适程度及楼梯在整个空间中尺度、比例合适与否也是经常考虑的因素。

表 10.2　　　　　　　　　　　　**楼　梯　梯　段　宽　度**　　　　　　　　单位：mm

计算依据：每股人流宽度为 $550+(0\sim150)$		
类　别	梯段宽度	备　注
单人通行	＞900	满足单人携物通过，或两侧有墙
双人通行	1100～1400	
三人通行	1650～2100	

梯段宽度应采用基本模数的整数倍数，必要时可采用 1/2 模数的整数倍数。

（2）楼梯的长度。梯段长度是指梯段始末两踏步前缘线之间的水平距离。梯段的长度取决于该段的踏步数及其每一步的踏面宽，在平面上用线来反映高差，因此一条线是一步。由于梯段与平台之间也存在一步的高差，因此如果某梯段有 n 步的话，该梯段的长度为 $b(n-1)$。

（3）梯井的宽度。梯井宽度是指上下两梯段内侧之间缝隙的水平距离。楼梯井的尺寸根据楼梯施工时支模板的需要和满足楼梯间的空间尺寸来确定，其尺寸一般为 $60\sim200$mm。公共建筑梯井的净宽不应小于 150mm，有儿童经常使用的楼梯，当楼梯井净宽大于 200mm 时，必须采取安全措施，防止儿童坠落。

（4）平台的宽度。为确保通过楼梯段的人流和货物也能顺利地在楼梯平台上通行，楼梯平台的净宽不应小于梯段宽度。另外，在下列情况下应适当加大平台深度，以防碰撞：

1）梯段较窄而楼梯的通行人流较多时。

2）有突出的结构构件影响到平台的实际深度时，如图 10.6（a）所示。

3）楼梯平台通向多个出入口或有门向平台方向开启时，如图 10.6（b）所示。

10.2.1.3　楼梯净空高度

楼梯净空高度是指平台下或梯段下通行人或物件时所需要的竖向净空高度，包括平台下净高和梯段下净高。平台下净高指平台面（楼地面）到上部结构底面之间的垂直距离，应不小于 2000mm；梯段下净高指踏步前缘到上部结构底面之间的垂直距离，应不小于 2200mm，如图 10.7（a）所示。确定梯段下净空高度时，楼梯段的计算范围应从楼梯段

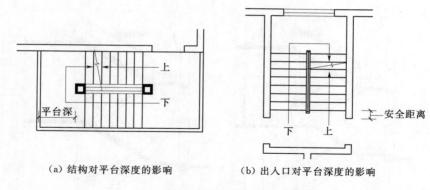

(a) 结构对平台深度的影响　　　(b) 出入口对平台深度的影响

图 10.6　平台深度需加大的情况

最前或最后踏步前缘分别往外 300mm 算起，如图 10.7 (b) 所示。

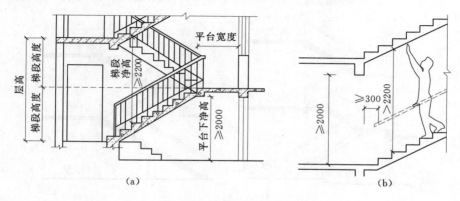

(a)　　　　　　　　　　　　　　(b)

图 10.7　楼梯净空高度控制

楼梯下部净高的控制不但关系到行走安全，而且涉及楼梯下部空间的利用及通行的可能性，它是楼梯设计中的重点也是难点。

当楼梯底层中间平台下做通道时，净高应不小于 2000mm。为使平台下净高满足要求，可以用以下几种处理方法。

（1）底层长短跑。增加底层楼梯第一个梯段的踏步数量，使底层楼梯的两个梯段形成长短跑，以此抬高底层休息平台的标高，如图 10.8 (a) 所示。

（2）降低平台下地坪标高。充分利用室内外高差，将部分室外台阶移至室内。为防止雨水流入室内，应使室内最低点的标高高出室外地面标高不小于 100mm，如图 10.8 (b) 所示。

（3）底层长短跑并局部降低地坪。综合以上两种方式，在采取长短跑梯段的同时，又降低底层中间平台下地坪标高，如图 10.8 (c) 所示。这种处理方法可兼有前两种方式的优点，在实际工程中较常用。

（4）底层采用直跑楼梯。当底层层高较低（不大于 3000mm）时，可将底层由双跑改为直跑，直接从室外上二层，二层以上恢复双跑。设计时需注意入口处雨篷底面标高的位置，以保证净空高度，如图 10.8 (d) 所示。

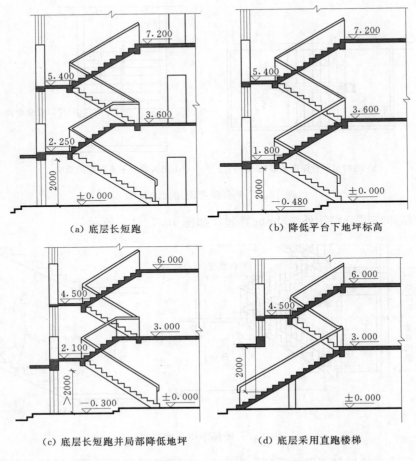

（a）底层长短跑　　　　　　　（b）降低平台下地坪标高

（c）底层长短跑并局部降低地坪　　　（d）底层采用直跑楼梯

图 10.8　底层休息平台下设出入口时的处理方式

10.2.1.4　栏杆扶手的高度

扶手高度是指从踏步前缘至扶手顶面的垂直距离。扶手的高度与楼梯坡度、楼梯的使用要求有关，一般室内楼梯扶手的高度为 900mm；室外楼梯扶手高度（特别是消防楼梯）应不小于 1100mm。在托幼建筑中，需要在 600mm 左右高度再增设一道扶手，以适应儿童的身高，如图 10.9 所示。另外，与楼梯有关的水平栏杆应不低于 1050mm。当楼梯段的宽度大于 1650mm 时，应增设靠墙扶手；楼梯段宽度超过 2200mm 时，还应增设中间扶手，如图 10.10 所示。

10.2.2　楼梯的表达方式

楼梯主要是依靠楼梯平面和与其对应的剖面来表达的。

10.2.2.1　楼梯平面的表达

楼梯平面因其所处楼层的不同而有不同的表达。但有两点特别重要，首先，应当明确所谓平面图其实质上是水平的剖面图，剖切位置默认为是站在该层平面上时人眼的高度，因此在楼梯的平面图中可能出现折断线。其次，无论是底层、中间层还是顶层楼梯平面图，都必须用箭头标明上下行的方向，注明上行或下行，而且必须从楼层平台（正平台）

开始标注。

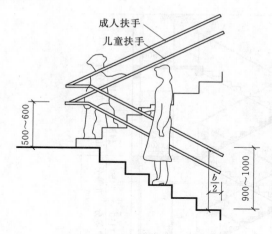

图 10.9　栏杆扶手高度

图 10.10　靠墙及中间扶手实例

　　下面以双跑楼梯为例来说明其平面的表示方法。底层楼梯平面中一般只有上行梯段。顶层平面（不上屋顶的楼梯）由于其剖切位置在栏杆之上，因此图中没有折断线，所以会出现两段完整的梯段和平台。中间层平面既要画出被切断的上行梯段，还要画出该层下行的梯段，其中有部分下行梯段被上行梯段遮住（投影重合），以 45°折断线为分界。双跑楼梯的平面表达如图 10.11 所示。

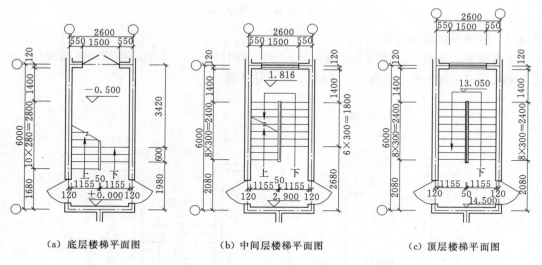

（a）底层楼梯平面图　　　　　（b）中间层楼梯平面图　　　　　（c）顶层楼梯平面图

图 10.11　双跑楼梯的平面表示法

10.2.2.2　楼梯剖面的表达

　　楼梯剖面应能完整、清晰地表达出房屋的层数、梯段数、步级数、楼梯类型及其结构形式。剖面图中应标注楼梯垂直方向的各种尺寸，例如楼梯平台下净空高度、栏杆扶手高度等。剖面图还必须符合结构、构造的要求，例如，平台梁的位置、圈梁的设置及门窗洞口的合理选择等。最后还应考虑剖面与平面相互对应及投影规律等。楼梯剖面表达如图

10.12 所示。

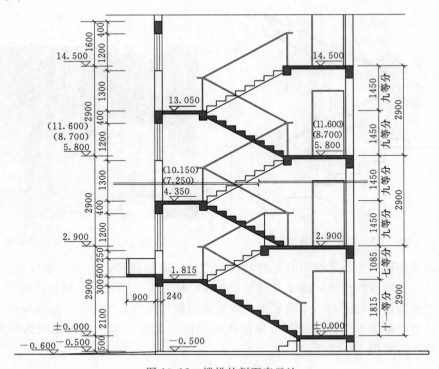

图 10.12　楼梯的剖面表示法

10.2.3　楼梯设计实例讨论

　　某多层住宅为封闭式楼梯，层高为 2.80m，室内外高差 0.60m，楼梯间底部设有出入口，建筑局部平面如图 10.13（a）所示。试设计此楼梯。

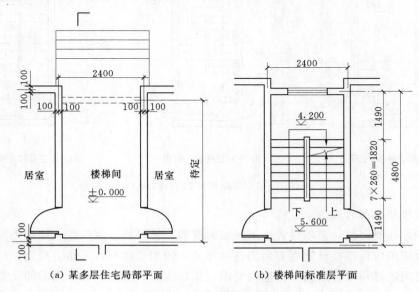

（a）某多层住宅局部平面　　　（b）楼梯间标准层平面

图 10.13　楼梯间平面设计

10.2.3.1　楼梯基本尺寸讨论

（1）楼梯梯段宽度。设采用平行双跑楼梯，根据给定条件，楼梯间净宽度为

$$2400-2\times100=2200(\mathrm{mm})$$

$$2200\div2=1100(\mathrm{mm})$$

按楼梯设计规定，梯段宽度 1100mm 正好符合下限的要求，因此楼梯间开间的尺寸可以接受，但上下行梯段结构投影之间不留有空隙。

（2）确定踏步尺寸及踏步级数。作为平行双跑楼梯，为了减少构件规格，常采用等长跑梯段。

则每跑为 $2800\div2=1400(\mathrm{mm})$。

按每跑 8 步试算，踢面高 $h=1400\div8=175(\mathrm{mm})$，可以接受。

设踏面宽 $b=260\mathrm{mm}$，符合 $b+2h=600\sim620\mathrm{mm}$ 的规定。

（注意：双跑楼梯中每层步数最好取偶数，如 3.0m 层高取 18 步，步高为 166.6mm，总高误差小于 5mm，可在施工中调整。公共建筑如 3.0m 层高取 20 步，步高为 150.0mm）

（3）楼梯梯段长度。根据梯段的长度为 $b(n-1)$，则梯段长度为

$$260\times(8-1)=1820(\mathrm{mm})$$

（4）楼梯间进深尺寸。根据有关规定，多层民用住宅的楼梯间如取 2400mm 开间的话，其楼梯平台深度应不少于 1300mm，按此规定的梯段宽度计算，楼梯间进深的净尺寸为

$$1820+2\times1300+2\times100=4620(\mathrm{mm})$$

综合建筑模数、结构厚度及考虑节省公共部分面积，取楼梯间进深的轴线尺寸为 4800mm。零碎的小尺寸可考虑放在一个平台上去消化，如图 10.13（b）所示。

10.2.3.2　楼梯剖面设计

按照等跑楼梯，底层休息平台上表面的标高为 1.40m，假定平台梁（包括平台板）的高度为 300mm，则底层休息平台下平台梁底标高为 1.10m，楼梯休息平台下做通道，这个高度显然不能满足要求。考虑采用以下方法。

（1）将平台下的地面标高降至 -0.45m，此时平台下净高为 $1100+450=1550(\mathrm{mm})$，这个高度仍达不到要求。

（2）采用底层长短跑方法。由上可知：$b=260\mathrm{mm}$，$h=175\mathrm{mm}$。则第一个梯段应增加的踏步数量为 $(2000-1550)\div175\approx3$ 级，取 3 级。

此时，平台净高为 $1550+175\times3=2075$ $(\mathrm{mm})>2000\mathrm{mm}$，满足要求，如图 10.14 所示。

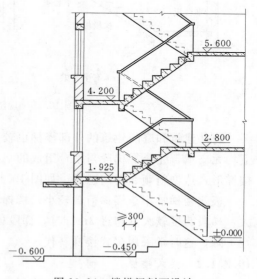

图 10.14　楼梯间剖面设计

205

10.3　钢筋混凝土楼梯构造

　　楼梯按材料分为木质、钢筋混凝土、金属及混合式楼梯。由于钢筋混凝土楼梯的耐久性、耐火性能比其他材料好，具有较高的结构刚度和强度，并且在施工、造型和造价等方面也有较多优势，因此在大量性的民用建筑中被广泛采用。

　　钢筋混凝土楼梯按施工方法不同，主要有现浇整体式和预制装配式两类。

10.3.1　现浇整体式钢筋混凝土楼梯

　　现浇钢筋混凝土楼梯是在施工现场支模、绑扎钢筋和浇筑混凝土，将楼梯段、楼梯平台等整体浇筑在一起的楼梯。其整体性能好、刚度大，有利于抗震，施工不需要大型起重设备；但模板耗费量大，施工工序多，施工周期长，受季节温度影响大。因此多用于抗震设防要求高、楼梯形式复杂和尺寸变化多的楼梯形式。

　　现浇钢筋混凝土楼梯按梯段的结构形式不同，可分为板式楼梯和梁板式楼梯两种。

10.3.1.1　板式楼梯

　　板式楼梯由梯段板、平台梁、平台板组成，梯段板是一块带锯齿形踏步的整板，斜搁在楼梯的平台梁上，梯段板承受着梯段的全部荷载，然后通过平台梁将荷载传给墙体或柱子，平台梁之间的距离就是梯段板的跨度，如图 10.15（a）所示。若平台梁影响其下部空间高度或认为不美观，也可取消梯段板一端或两端的平台梁，将梯段板与平台板现浇成一块整体折板，折线形的板直接支承于墙体或柱子上，但会增加梯段板的计算跨度，增加板厚，如图 10.15（b）所示。

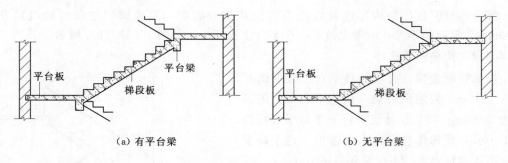

　　　　（a）有平台梁　　　　　　　　　　　　　　（b）无平台梁

图 10.15　现浇钢筋混凝土板式楼梯

　　公共建筑和庭园建筑的外部楼梯也较多采用悬臂板式楼梯。其特点是梯段板和平台板下均无支承，完全靠梯段与平台组成的空间板式结构与上下层楼板结构共同来受力。这种楼梯形式造型新颖、空间感好，如图 10.16 所示。

　　板式楼梯常用于楼梯荷载较小，楼梯段跨度不大的住宅、办公等建筑。当楼梯荷载较大，梯段跨度较大（超过 3m）时，梯段板厚度也将增加，钢材和混凝土用量增加，经济性下降，这时常采用梁式楼梯替代。

10.3.1.2　梁式楼梯

　　梁式楼梯的梯段由踏步板和梯段斜梁（简称梯梁）组成。梯段的荷载由踏步板传递给梯梁，梯段梁再将荷载传给平台梁，最后通过平台梁将所有荷载传给墙体或柱子。梁板式楼梯在结构布置上有双梁布置和单梁布置之分。

图 10.16　现浇钢筋混凝土悬臂板式楼梯

（1）双梁布置。双梁式梯段是梯段斜梁分别布置在梯段踏步的两端，这时踏步板的跨度便是梯段的宽度。梯梁与踏步板的相对位置有两种：梯梁在踏步板下面，踏步外露，称为明步楼梯，如图 10.17（a）所示；有时为了让梯段底面平整，避免洗刷楼梯时污水沿踏步端头下淌，弄脏楼梯，常将梯梁反向上面，形成反梁，踏步包在两梯梁的里面，称为暗步楼梯，如图 10.17（b）所示。

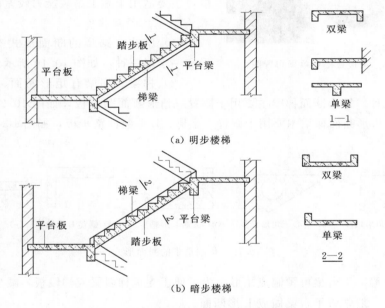

（a）明步楼梯

（b）暗步楼梯

图 10.17　现浇钢筋混凝土梁板式楼梯

　　（2）单梁布置。单梁式梯段是每个梯段由一根梯梁支承踏步。单梁式梯梁布置有两种方式：一种是将梯梁布置在踏步板的一端，将踏步板另一端悬挑，这种形式的楼梯结构受力较复杂，但外形独特、轻巧，一般适用于通行量小、梯段尺度与荷载都不大的楼梯；另一种是将梯梁布置在踏步板的中部，让踏步板从梁的两侧悬挑，如图 10.18 所示。也有靠墙的单梁式梯段，在踏步板的一端设梯梁，另一端搁置在墙内，省去一根梯梁，可减少用料和模板，但施工不便。

10.3.2　预制装配式钢筋混凝土楼梯

　　预制装配式钢筋混凝土楼梯是指将梯段、平台等构件单独预制，现场装配而成的楼梯。这种形式的楼梯可节约模板，简化操作程序，提高工业化施工水平，较大幅度地缩短

图 10.18　梁板式楼梯单梁布置图

工期；但其整体性、抗震性、灵活性等不及现浇钢筋混凝土楼梯，并且施工时需要配套起重设备，投资较多。根据其生产、运输、吊装和建筑体系的不同，一般可分为小型构件装配式楼梯、中型构件装配式楼梯和大型构件装配式楼梯。

10.3.2.1　小型构件装配式楼梯

小型构件装配式楼梯是以踏步板作为基本构件，将梯段、平台分割成若干部分，分别预制成小型构件装配而成。由于构件尺寸小、重量轻，因此制作、运输和安装简便，造价较低，但构件数量多，所以施工工序多，施工速度较慢，主要适用于施工吊装能力较差的情况。

1. 基本预制构件

（1）踏步。踏步的断面形式有三角形、L形和一字形三种，如图 10.19 所示。

（2）梯梁。梯梁有矩形断面、L形断面和锯齿形断面三种。矩形断面梯梁主要用于搁置三角形断面踏步板，如图 10.20（a）所示；L形断面和锯齿形断面梯梁主要用于搁置一字形、L形断面踏步板，如图 10.20（b）、（c）所示。

（a）实心三角形踏步　（b）空心三角形踏步　（c）正置L形踏步　（d）倒置L形踏步　（e）一字形踏步

图 10.19　预制踏步的断面形式

（3）平台梁。平台梁可预制成矩形，为了便于支承梯斜梁或梯段板，减少平台梁占用的结构空间，一般常将平台梁做成L形断面。

（4）平台板。平台板宜采用预制钢筋混凝土空心板或槽形板。

2. 支承方式

预制踏步的支承方式主要有梁承式、墙承式和悬挑式三种。

（1）梁承式楼梯。预制踏步支承在梯梁上，形成梁式梯段，梯梁支承在平台梁上，平台梁搁置在两侧墙体上，如图 10.20 所示。

（2）墙承式楼梯。预制踏步的两端支承在墙上，不需要设梯梁和平台梁，荷载直接传递给两侧的墙体。墙承式楼梯踏步多采用L形或一字形踏步板。这种楼梯主要适用于直行单跑楼梯或中间有电梯的三折楼梯，若采用双跑楼梯，则需要在楼梯间中部砌墙，用以支承踏步。这样极易造成楼梯间空间狭窄，视线受阻，给人流通行和家具设备搬运带来不便。为改善这种状况，可在墙上适当位置开设观察孔，如图 10.21 所示。

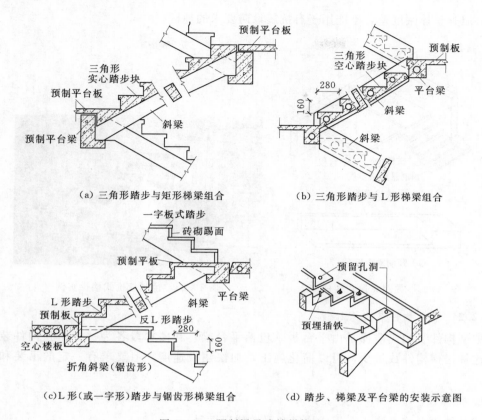

（a）三角形踏步与矩形梯梁组合　　　（b）三角形踏步与 L 形梯梁组合

（c）L 形（或一字形）踏步与锯齿形梯梁组合　　　（d）踏步、梯梁及平台梁的安装示意图

图 10.20　预制梁承式楼梯构造

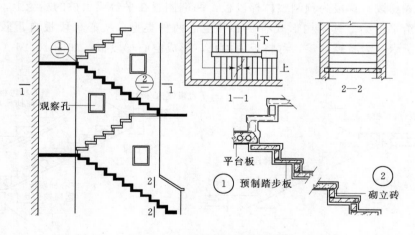

图 10.21　预制墙承式楼梯构造

（3）悬挑式楼梯。踏步板的一端固定在墙上，另一端悬挑，利用悬挑的踏步板承受梯段全部荷载，并直接传递给墙体，如图 10.22 所示。预制踏步板挑出部分多为 L 形断面，压入墙体部分为矩形断面。从结构安全性方面考虑，嵌入墙内长度不小于一砖。

悬挑式楼梯（图 10.23）不设梯梁和平台梁，因此，构造简单，施工方便，空间轻巧空透，但其整体刚度差，不能用于有抗震设防要求的地区。

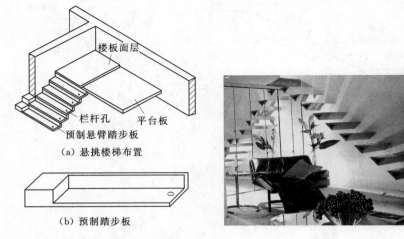

图 10.22　预制悬挑式楼梯构造　　　　图 10.23　预制悬挑式楼梯实例

10.3.2.2　中型构件装配式楼梯

中型构件装配式楼梯是由平台板（包括平台梁）和楼梯段各为一个单独构件装配而成。这种楼梯构件数量少，可以简化施工，加快建设速度，但要求有一定的吊装和运输能力。

1. 楼梯段

按其结构形式不同，有板式梯段和梁式梯段两种。

（1）板式梯段。梯段为预制整体梯段板，两端搁置在平台梁出挑的翼缘上，将梯段荷载直接传递给平台梁。其结构形式有实心和空心两种类型。实心梯段板自重较大，如图 10.24 （a）所示。为减轻自重，可将板内抽孔，形成空心梯段板，如图 10.24 （b）所示。

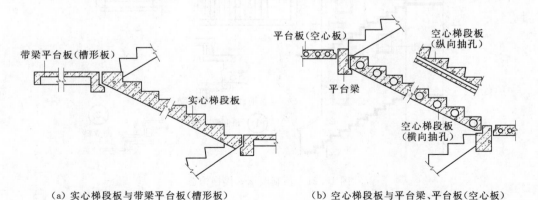

（a）实心梯段板与带梁平台板（槽形板）　　　　（b）空心梯段板与平台梁、平台板（空心板）

图 10.24　预制板式梯段与平台

（2）梁式梯段。梁式梯段是将踏步板和梯梁预制成一个构件，可减轻踏步的重量，节约材料。梁式梯段构造如图 10.25 所示。

2. 平台板

中型装配式楼梯通常将平台梁和平台板预制成一个构件，形成带梁的平台板，如图10.24（a）、图10.25所示。为减轻自重，这种平台板一般采用槽形板，与梯段连接处的板肋做成L形梁，以便连接。当生产、吊装能力不足时，也可将平台板和平台梁分开预制，如图10.24（b）所示，平台梁采用L形断面，平台板采用普通预制空心楼板。

10.3.2.3 大型构件装配式楼梯

大型构件装配式楼梯是把整个梯段和平台板预制成一个构件。这种楼梯的构件数量少，装配化程度高，施工速度快，但需要大型运输、起重设备，主要用于大型装配式建筑中，如图10.26所示。

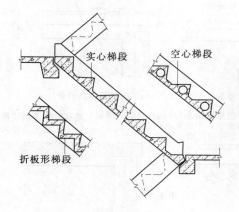

图 10.25　预制梁式梯段与平台　　　　　图 10.26　大型构件装配式楼梯

10.4　楼梯的细部构造

10.4.1　踏步构造

10.4.1.1　踏步面层

楼梯踏步面层应耐磨、防滑，便于行走并易于清洁。踏步面层的材料，视装修要求而定，一般与门厅或走道的楼地面材料一致，常用的有水泥砂浆、水磨石、大理石和防滑地砖等，如图10.27所示。有特殊要求或较高级的公共建筑中还用木质面层或铺设地毯做面层。

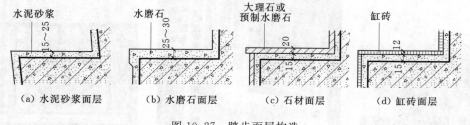

（a）水泥砂浆面层　　（b）水磨石面层　　（c）石材面层　　（d）缸砖面层

图 10.27　踏步面层构造

10.4.1.2　踏步防滑构造

在通行人流量大或踏步表面光滑的楼梯，为防止行人使用楼梯时滑倒，踏步表面应采取防滑和耐磨处理。防滑处理的方法通常有三种：在距踏步面层前缘 40~50mm 处设置略高于踏面的防滑条（防滑条凸出踏步面不能太高，一般在 3mm 以内），防滑条的材料主要有金刚砂、马赛克、金属材料等，如图 10.28（a）~（d）所示；用带有槽口的金属材料包住踏口，做成防滑包口，这样既防滑又起保护作用，如图 10.28（e）所示；在距踏步面层前缘 40mm 处设 2~3 道防滑凹槽，这种处理施工简单，但不易清扫，防滑效果也较差，如图 10.28（f）所示。对于标准较高的建筑，可铺地毯、防滑塑料或橡胶贴面，这种处理，走起来有一定的弹性，行走舒适。

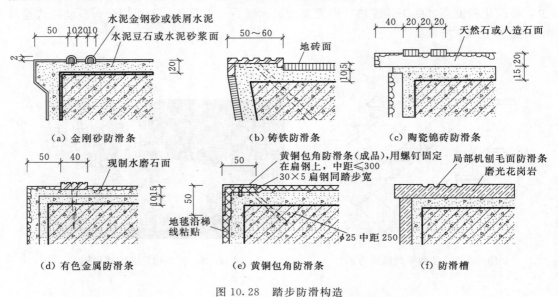

图 10.28　踏步防滑构造

10.4.2　栏杆、栏板构造

10.4.2.1　栏杆

栏杆多用圆钢、方钢、扁钢等金属材料焊接或铆接成各种图案，既起防护作用，又起装饰作用，栏杆实例如图 10.29 所示。托儿所、幼儿园、中小学及儿童专用活动场所等建筑的楼梯，为防止儿童穿过栏杆空隙发生危险，栏杆垂直杆件间的净距不应大于 110mm，且不宜设水平横杆栏杆，以防止儿童攀登。

图 10.29　栏杆实例

栏杆与楼梯段应有可靠的连接，连接方式有焊接、锚接和螺栓连接三种。焊接是将栏杆的立杆与梯段、平台中预埋的钢板或套管焊接在一起，如图 10.30（a）所示；锚接是在梯段或平台上预留孔洞，将栏杆端部做成开脚或倒刺插入孔洞内，用水泥砂浆或细石混凝土填实，如图 10.30（b）所示；螺柱连接是利用螺栓将栏杆固定在踏步上，如图 10.30（c）所示，这种连接方式宜在折板式踏步中采用。

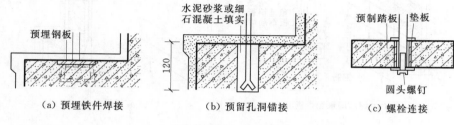

图 10.30　栏杆与梯段的连接

10.4.2.2　栏板

栏板通常采用现浇或预制的钢筋混凝土板、钢丝网水泥板或砖砌栏板制作，也可采用装饰性较好的有机玻璃、钢化玻璃等作栏板。栏板节约钢材，无锈蚀问题，比较安全。栏板实例如图 10.31 所示。

（a）复合材料栏板　　　　　　　　　　　　　（b）玻璃栏板

图 10.31　栏板实例

钢丝网水泥栏板是在钢筋骨架的侧面先铺钢丝网，后抹水泥砂浆而成，如图 10.32（a）所示。砖砌栏板常做立砖砌筑（是用砖侧砌成 1/4 砖厚），为增强其整体性和稳定性，通常在栏板中加设钢筋网，并与现浇的钢筋混凝土扶手连成整体，如图 10.32（b）所示。

10.4.2.3　混合式

混合式是将栏杆与栏板组合而成的一种栏杆形式。栏杆竖杆为主要抗侧力构件，栏板为防护和美观装饰构件。栏杆竖杆多用金属材料制作，栏板部分可采用砖、钢筋混凝土、钢丝水泥板等材料，也可采用木板、有机玻璃、金属板等轻质美观的材料。混合式栏杆实例如图 10.33 所示。

10.4.3　扶手构造

扶手位于栏杆顶部，供人们上下楼梯时倚扶之用。扶手的断面应以便于手握为宜，表

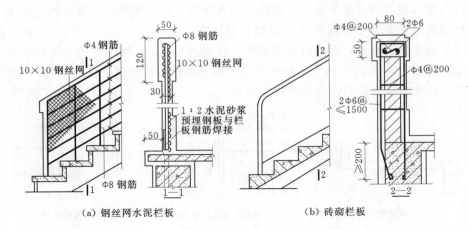

图 10.32　栏板构造

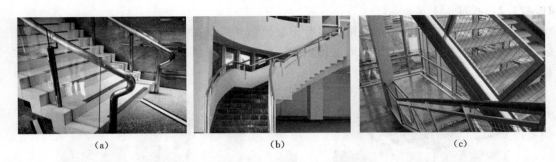

图 10.33　混合式栏杆实例

面必须光滑、圆顺,顶面宽度一般不宜大于 90mm,并要注意断面的美观。栏板顶部的扶手可用水泥砂浆或水磨石抹面而成,也可用大理石、水磨石板、木材贴面而成。透空栏杆的扶手一般采用硬木、塑料和金属材料制作,其中硬木和金属扶手应用较为普遍。扶手的形式如图 10.34 所示。

（a）石材栏板金属扶手
（b）玻璃栏板金属扶手
（c）金属栏杆木扶手

图 10.34　扶手的形式

10.4.3.1　扶手的连接构造

（1）扶手与栏杆的连接。扶手与栏杆的连接方法视扶手和栏杆的材料而定。硬木扶手

与金属栏杆的连接，通常是在金属栏杆的顶端先焊接一根通长扁钢，然后用木螺栓将扁钢与扶手连接在一起，如图 10.35（a）所示。塑料扶手与金属栏杆的连接方法和硬木扶手类似，如图 10.35（b）所示。金属扶手与金属栏杆的连接多采用焊接的方式，如图 10.35（c）所示。栏板上的水磨石、石材扶手多采用水泥砂浆黏结，如图 10.35（d）、图 10.35（e）所示。

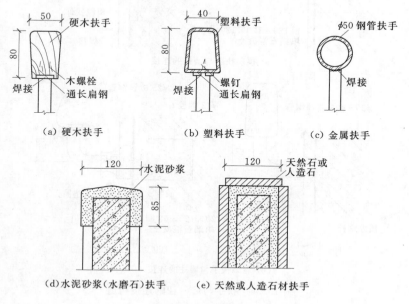

图 10.35　扶手与栏杆的连接构造

（2）扶手与墙、柱的连接。靠墙扶手及楼梯顶层的水平栏杆扶手应与墙、柱连接。若为砖墙，可以在砖墙上预留孔洞，将扶手和栏杆插入洞内并嵌固。若为钢筋混凝土墙或柱，可采用预埋铁件焊接。扶手与墙、柱的连接构造如图 10.36 所示。

10.4.3.2　栏杆扶手的转弯处理

在平行双跑楼梯的平台转折处，当上行楼梯和下行楼梯的第一个踏步口设在一条线上，如果平台栏杆紧靠踏步口设置，则栏杆扶手的顶部高度会出现高差。处理这种高差的办法通常有以下几种。

（1）鹤颈扶手。在栏杆扶手的顶部高度突然变化处，将扶手做成一个较大的弯曲线，使上下相连，即所谓鹤颈扶手，如图 10.37（a）所示。这种处理方法费工费料，使用不便，应尽量避免。

（2）栏杆扶手伸入平台半个踏步。上下扶手在转折处同时向平台延伸半个踏步宽的位置，在这一位置上下行梯段的扶手顶面标高刚好相同，扶手连接较为顺畅，如图 10.37（b）所示。这种处理方法，扶手连接简单，省工省料，但减小了平台的有效宽度，给人流通行和家具设备搬运带来不便。

（3）上下行梯段错开一步。将下行楼梯的第一级踏步退缩一步，如图 10.37（c）所示，这样扶手的连接比较简单、方便，但却增加了楼梯的长度。

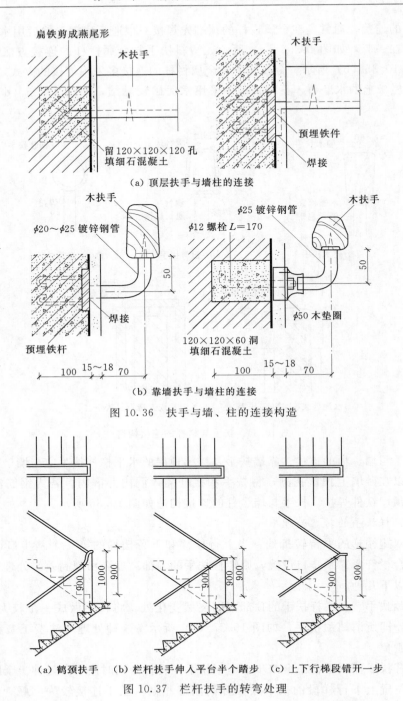

（a）顶层扶手与墙柱的连接

（b）靠墙扶手与墙柱的连接

图 10.36　扶手与墙、柱的连接构造

（a）鹤颈扶手　　（b）栏杆扶手伸入平台半个踏步　　（c）上下行梯段错开一步

图 10.37　栏杆扶手的转弯处理

10.5　室外台阶与坡道构造

室外台阶与室外坡道是在建筑物出入口处连接室内外不同标高地面的构件。一般多采用台阶，当有车辆出入或高差较小时，可采用坡道形式。室外台阶与坡道对建筑立面还有装饰作用，因此在设计时既要考虑实用，又要注意美观。

10.5.1 室外台阶

室外台阶由踏步和平台组成。其形式有单面踏步式［图 10.38（a）］，三面踏步式［图 10.38（b）］等。室外台阶坡度较楼梯平缓，每级踏步高为 100～150mm，踏面宽为 300～400mm。当人流密集场所的台阶高度超过 700mm 且侧面临空时，应采取防护措施，如图 10.38（c）所示。

（a）单面踏步式　　　　　（b）三面踏步式　　　　　（c）有护栏设施的台阶

图 10.38　室外台阶的形式

平台设置在出入口与踏步之间，起缓冲过渡作用。平台深度不应小于 1000mm，平台宽度应大于所连通的门洞口宽度，至少每边宽出 500mm。为防止雨水积聚或溢入室内，平台面宜比室内地面低 20～60mm，并向外找坡 1%～3%，以利于排水。

室外台阶由面层、结构层和基层构成。面层应坚固、耐磨、防滑、易于清扫，一般采用防滑、耐久的材料，如水泥砂浆、水磨石、防滑缸砖、天然石材或人造石材等。结构层承受作用在台阶上的荷载，应采用抗冻、抗水性能好且质地坚实的材料，按材料不同有混凝土台阶、石台阶、钢筋混凝土台阶等类型，如图 10.39 所示。其中条石台阶不需另做面层；当地基较差或踏步数较多时可采用钢筋混凝土台阶，钢筋混凝土台阶构造同楼梯。基层可采用灰土（北方干燥地区）、碎石等。

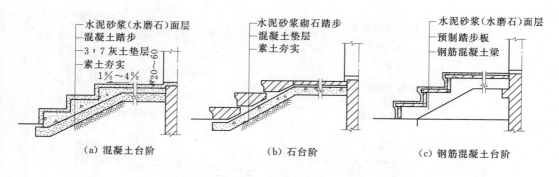

（a）混凝土台阶　　　　　（b）石台阶　　　　　（c）钢筋混凝土台阶

图 10.39　室外台阶的构造

为防止台阶与建筑物因沉降差别而出现裂缝，台阶应与建筑物主体之间设置沉降缝，如图 10.40（a）所示，并应在施工时间上滞后主体建筑。在严寒地区，若台阶下面的地基为冻胀土，为保证台阶稳定，减轻冻土影响，也可采用换土法，自冰冻线以下至所需标高换上保水性差的砂垫层，或采用钢筋混凝土架空台阶，如图 10.40（b）所示。

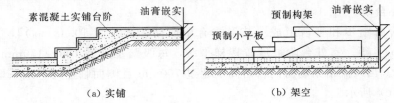

（a）实铺　　　　　　　　　　　　　　（b）架空

图 10.40　台阶变形处理

10.5.2　室外坡道

室外坡道多为单面坡形式。有些大型公共建筑，考虑车辆能在出入口处通行，常采用室外台阶与坡道相结合的形式；在有残疾人轮椅通行的建筑中，还应考虑增设无障碍坡道，如图 10.41 所示。

图 10.41　室外坡道的形式

坡道坡度与使用要求、面层材料及构造做法有关，一般为 1∶12～1∶6。供残疾人通行的坡道的坡度不应大于 1∶12，同时每段坡道的最大高度为 750mm，最大水平投影长度为 9000mm，坡道的宽度不应小于 900mm，其中若为室外残疾人坡道，其宽度不应小于 1500mm。

室外坡道与室外台阶的构造类似，要求采用耐久、表面耐磨和抗冻性好的材料。坡道材料常见的有混凝土或石材等，如图 10.42（a）、图 10.42（b）所示。面层以水泥砂浆居多，对经常处于潮湿、坡度较陡或采用水磨石作面层的坡道，在其表面必须做防滑处理，如图 10.42（c）、图 10.42（d）所示。基层也应注意防止不均匀沉降和冻胀土的影响，如图 10.42（a）、图 10.42（b）所示。

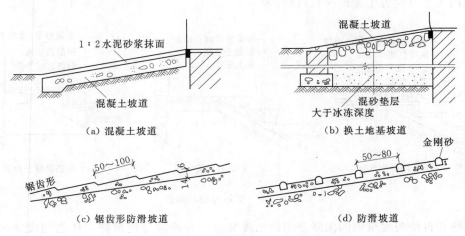

（a）混凝土坡道　　　　　　　　　　　　（b）换土地基坡道

（c）锯齿形防滑坡道　　　　　　　　　　（d）防滑坡道

图 10.42　室外坡道的构造

10.6　电梯与自动扶梯

在多层、高层和具有特殊功能要求的建筑物中，为了上下运行的方便、快速和实际需要，常设有电梯和自动扶梯。电梯和自动扶梯的安装及调试一般由生产厂家或专业公司负责。土建专业应按照厂家的要求预留安装空间和设备的基础设施。

10.6.1　电梯

10.6.1.1　电梯的类型

1. 按使用性质分类

电梯按使用性质分为乘客电梯、医用电梯、载货电梯、小型杂物电梯等，如图10.43所示。客梯除普通乘客电梯外，还有供残疾人专用的无障碍电梯、观光电梯等，如图10.44所示。

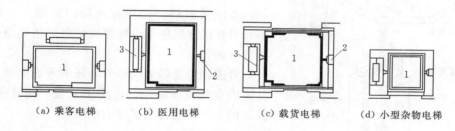

　　(a) 乘客电梯　　　(b) 医用电梯　　　(c) 载货电梯　　　(d) 小型杂物电梯

图10.43　电梯的类型及井道平面
1—电梯箱；2—导轨及撑架；3—平衡重

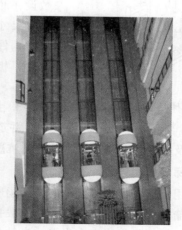

　　　(a) 无障碍电梯　　　　　　(b) 观光电梯

图10.44　电梯实例

2. 按电梯行驶速度分类

(1) 高速电梯。其速度大于2.0m/s。消防电梯常用高速电梯。

（2）中速电梯。其速度在 1.0～2.0m/s 以内，较常用。

（3）低速电梯。其速度在 1.0m/s 以内。运送食物电梯常用低速。

10.6.1.2 电梯的组成

电梯由电梯井道、电梯机房、井道地坑及组成电梯的有关部件组成。

1. 电梯井道

电梯井道是电梯运行的通道，其内设有电梯轿厢、电梯出入口以及导轨、平衡重和缓冲器等，如图 10.45 所示。

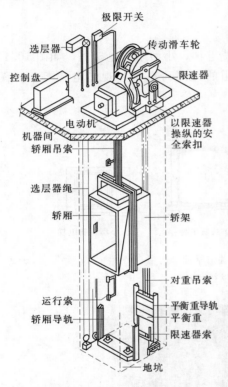

图 10.45 电梯井道内部示意图

电梯井道是多、高层建筑穿通各层的垂直通道，火灾事故中火焰及烟雾容易从中蔓延，因此井道的围护构件较多采用钢筋混凝土墙。高层建筑的电梯井道内，超过两部电梯时应用墙隔开。观光电梯可采用玻璃幕墙。

为了减轻机器运行时对建筑物产生的震动和噪声，也应采取适当的隔振及隔声措施。一般情况下，只在机房机座下设置弹性垫层来达到隔振和隔声的目的。

井道除设排烟通风口外，还要考虑电梯运行中井道内空气流动的问题。为了安装、检修和缓冲，井道的上下必须留有必要的空间。

2. 电梯机房

电梯机房一般设置在电梯井道的顶部，也有少数设在底层井道旁边。机房的平面尺寸需根据机械设备尺寸的安排及管理、维修等需要来决定。机房围护构件的防火要求应与井道一致。为便于安装和修理，机房的楼板应按机械设备要求的部位预留孔洞。

3. 井道地坑

井道地坑是轿厢下降时所需的缓冲器的安装空间。井道地坑壁及底板均需考虑防水处理，坑壁还应设置爬梯和检修灯槽。

10.6.2 自动扶梯

自动扶梯适用于有大量人流上下的公共场所，如车站、码头、航空港、商场等，是建筑物层间连续运输效率最高的载客设备。一般自动扶梯均可正、逆方向运行，停机时可当作临时楼梯使用，但不得作为安全出口。自动扶梯坡度一般采用 30°，其位置应设在大厅的突出明显位置。

自动扶梯的布置形式有单台布置、双台排列及交叉排列等，如图 10.46 所示。双台并列时往往采取一上一下的方式，外观豪华，但安装面积大。交叉排列时乘客流动升降两方向均为连续，升降客流不发生混乱，且安装面积小。

（a）单台布置　　　　　　　（b）双台布置　　　　　　　（c）交叉布置

图 10.46　自动扶梯的布置形式

　　自动扶梯的机械装置悬在楼板下面，楼层下做装饰外壳处理，底层则做地坑，地坑也应做防水处理。在其机房上部自动扶梯口处应做活动地板，以利检修。自动扶梯的构成如图 10.47 所示。

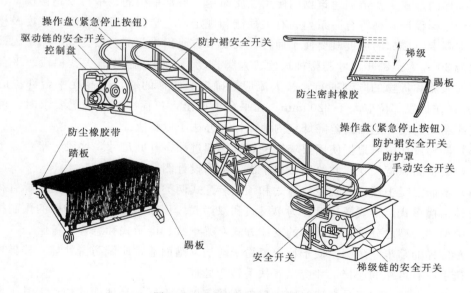

图 10.47　自动扶梯构成示意图

　　在大型交通建筑中，也可采用自动人行道，这也是一种可连续输送乘客的设备。自动人行道安全可靠，运输效率高，一般采用水平式，特殊需要时最大倾斜角可为 12°。自动人行道通常设置在室内，可单台、双台、多台并联或交叉布置，如图 10.48 所示。

(a) 单台布置   (b) 双台布置

图 10.48 自动人行道实例

 ## 本章小结

（1）楼梯是解决建筑中楼层之间垂直交通的联系构件，应满足交通和疏散要求，还应符合结构、施工、防火、经济和美观等方面的要求。楼梯由梯段、平台、栏杆扶手三部分组成。楼梯的形式主要依据建筑物的使用性质而定，最常采用的是平行双跑楼梯。

（2）楼梯设计必须符合一系列的有关规范和规定，应掌握梯段的宽度、坡度及楼梯有关的净空高度。楼梯的坡度既要便于通行，又要节省面积，范围一般为 23°～45°，最适宜的坡度为 30°左右。踏步尺寸与楼梯坡度、人脚长度、人的步距等有关。梯段、平台的宽度应保证人流和货物的顺利通行，按人流股数确定。楼梯的通行净高在平台部位应大于2000mm；在梯段部位应大于 2200mm。在平台下设出入口而净高不满足要求时，可采用长短跑或利用室内外地面高差降低室内地面标高办法予以解决。

（3）楼梯设计中应根据使用要求解决好楼梯间进深、开间尺寸，梯段、平台宽度及梯井尺寸，踏步高、宽尺寸，并绘制楼梯平面、剖面设计图。

（4）钢筋混凝土楼梯有现浇整体式和预制装配式两类。现浇钢筋混凝土楼梯有板式和梁式两种结构形式；梁式楼梯又分为单梁式和双梁式。预制钢筋混凝土楼梯的预制构件有小型、中型和大型之分。预制踏步的支撑方式有梁承式、墙承式和悬臂式等。

（5）楼梯的踏步应耐磨，便于行走，易于清洁。踏面通常应做防滑处理。楼梯栏杆与踏步、扶手应有可靠的连接，并应做好扶手转弯处理。

（6）室外台阶与坡道是在建筑物入口处连接室内外不同标高地面的构件。其平面布置形式有单面踏步、三面踏步、踏步与坡道结合等多种形式。台阶与坡道应坚固耐磨，具有较好的耐久性、抗冻性和抗水性，构造方式依其所采用的材料而异。

（7）电梯是大型建筑和多、高层建筑的主要垂直交通联系设备，由电梯井道、电梯机房、井道地炕和其他附件组成。电梯有客梯、货梯、医用电梯、消防电梯等几种。自动扶梯和自动人行道是建筑物层间连续运输效率最高的载客设备，主要用于人流大的大型公共建筑之中，应掌握其排列方式、适用坡度及使用宽度。

复习思考题

1. 楼梯由哪几部分组成？各组成部分起何作用？
2. 常见的楼梯类型有哪些？如何选用？
3. 民用建筑中，楼梯的坡度和踏步尺寸如何确定？
4. 在不改变梯段长度的情况下如何加宽踏面？
5. 楼梯梯段和平台的宽度如何确定？
6. 楼梯的净空高度有哪些规定？当底层平台下做出入口时，为增加净高，常采取哪些措施？
7. 楼梯的栏杆扶手高度如何确定？
8. 栏杆扶手在平行双跑楼梯的平台转弯处如何处理？
9. 钢筋混凝土楼梯常见的结构形式有哪几种？各有何特点？
10. 现浇钢筋混凝土楼梯的结构形式有哪几种？各有何特点？
11. 楼梯踏面面层的防滑措施有哪些？
12. 如何解决台阶和建筑主体沉降不一致的情况？

阶段设计练习 2：楼梯构造设计

1. 目的要求

通过本次设计掌握：楼梯布置的基本原则；楼梯的组成及承重结构布置方案；楼梯的细部连接构造方式；楼梯的装修特点及基本方式。

2. 设计条件

（1）某住宅楼为 6 层砖混结构，开间 2700mm，进深 5100mm，层高 2.8m，室内外高差 600mm。

（2）楼梯间墙厚为 240mm，定位轴线居中设置。

（3）楼梯间底层休息平台下设置对外出入的门洞，门洞口净高要求大于 2000mm。洞口顶部设过梁及雨篷，雨篷挑出 1000mm。门洞内的地坪标高应大于室外地坪 500mm（出入口处可设坡道）。

（4）楼梯形式采用现浇钢筋混凝土楼梯（板式或梁式）。楼板与平台板厚 100mm，平台梁断面尺寸 200mm×300mm（包括板厚在内）。楼地面做法学生自定。

（5）楼梯间外墙设窗。

（6）楼梯栏杆采用镂空式。

3. 设计内容及深度

本设计需完成以下内容。

（1）楼梯间底层、二层、标准层及顶层平面图，比例为 1：30～1：50。

1）绘出楼梯间墙、门窗、踏步、平台及栏杆扶手等。底层平面图还应绘出室外台阶或坡道、部分散水的投影等。

2）开间方向标注两道尺寸线：轴线尺寸；梯段宽、梯井宽和墙内缘至轴线尺寸。

3）进深方向标注两道尺寸线：轴线尺寸；梯段长度、平台深度和墙内缘至轴线尺寸。梯段长度的标注形式为：（踏步数量－1）×踏步宽度＝梯段长度。

4）内部标注楼层和中间平台标高、室内外地面标高，标注楼梯上下行指示线，并注明该层楼梯的踏步数和踏步尺寸。

5）二层平面画出雨篷轮廓线及尺寸；底层平面图标注剖切符号。

6）注写图名、比例。

（2）楼梯间剖面图（屋顶可断开不画），比例为 1：30～1：50。

1）绘出梯段、平台、栏杆扶手，室内外地面、室外台阶或坡道、雨篷以及剖切到或投影所见的门窗、楼梯间墙等，剖切到的部分用材料图例表示。

2）水平方向标注两道尺寸线：轴线尺寸；梯段长度、平台宽度和墙内缘至轴线尺寸。

3）垂直方向标注三道尺寸：建筑总高度；层高尺寸；各梯段的高度（踏步高×该梯段踏步数＝梯段高度）。

4）标注各楼层标高、各平台标高、室内外标高。

5）标注楼地面装修做法。

6）注写图名、比例。

4. 图纸要求

（1）采用 A2 图幅，用 AutoCAD 软件计算机制图或手工绘制。

（2）图面要求字迹工整、图样布局均匀，线型粗细及材料图例等应符合施工图要求及建筑制图国家标准。

5. 设计方法和步骤

（1）根据楼梯间的开间、进深、层高计算每层楼梯踏步高和宽，楼梯长度和宽度，以及平台宽度。

注意：双跑楼梯每层步数最好取偶数，如 3.0m 层高取 20 步，踏步高为 150.0mm。

（2）根据上述尺寸画出楼梯底层、二层、标准层及顶层平面图的草图。

（3）确定楼梯结构和构造方案。

1）梯段形式：板式或梁式（矩形梯梁或锯齿形梯梁）、明步或暗步。

2）平台梁形式：等断面或变断面。

3）平台板的布置方式：平行于平台梁或垂直于平台梁。

（4）画出楼梯剖面并按要求标注尺寸。根据计算的踏步级数和踏步的高度，首先画出全部踏步的剖面轮廓线，然后按所选定的结构形式画出梯梁高或板式梯段的板厚，确定与平台梁的连接方式（明步与暗步），画出平台梁，其后布置两边的平台板，最后画出两端的墙体及门窗。

（5）根据剖面图调整好的尺寸，画出楼梯底层、二层、标准层及顶层平面图，并按上述要求标注尺寸。

（6）进一步完善剖面图。

第11章 屋 顶

本章导读

本章基本要求：了解屋顶的设计要求及类型；了解坡屋顶的构造；掌握屋面柔性防水构造，刚性防水构造；熟练掌握平屋顶的屋顶排水组织设计。

本章重点、难点：重点，平屋顶的屋顶排水组织设计及选用合理的防水构造做法。难点，平屋顶排水设计方法，包括屋顶坡度表达、坡度值大小、坡度形成方式、屋顶排水方式等。

11.1 概 述

11.1.1 屋顶的作用与要求

屋顶是建筑物最上部的外围护结构，一方面起到抵御自然界的风霜雨雪、太阳辐射、气温变化和其他外界不利因素的作用；另一方面又是建筑物顶部的承重结构，它可以承受并且传递其上的各种荷载，如雪荷载、积灰荷载以及上人屋面的设备及人本身的自重等。同时屋顶也是建筑物外观造型的重要组成部分。因此，在设计上不仅要考虑其强度、刚度、稳定性，还要在构造设计上解决好屋顶的防水、隔热和保温等问题。

11.1.2 屋顶的类型

屋顶主要由屋面、支撑结构、各种形式的顶棚及保温、隔热、隔声和防火等功能所需的各种层次和设施所组成。屋顶的形式与建筑物的使用功能、屋面材料、结构类型及建筑造型等有关。屋顶常按其外形或者屋面防水材料进行分类。

11.1.2.1 按外形进行分类

屋顶按外形一般可以分为平屋顶、坡屋顶和曲面屋顶。

（1）平屋顶。平屋顶指排水坡度小于10％的屋顶，常用坡度为2％～3％。平屋顶的优点是构造简单，节约材料，便于利用屋顶。

（2）坡屋顶。坡屋顶通常指屋面坡度大于10％的屋顶。坡屋顶是我国传统的建筑屋顶形式。它具有造型丰富，就地取材等特点，至今仍在一些地区被大量的应用。坡屋顶的常见形式有单坡屋顶、双坡屋顶、硬山顶、悬山顶、歇山顶、庑殿屋顶、圆形屋顶、多角攒尖屋顶等形式。

（3）曲面屋顶。随着科学技术和新材料、新技术的发展，出现了许多新型的屋顶结构形式，如壳体、网架、悬索等，使得建筑物的造型更加丰富。这类结构能充分地发挥材料的力学性能，节约材料，但往往施工较为复杂、造价高，常用于大跨度的公共建筑。

如图11.1所示为各类不同形式的屋顶。

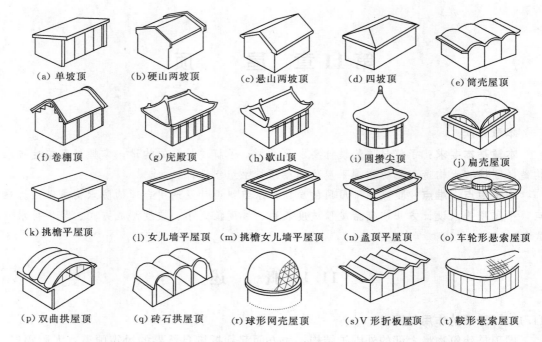

（a）单坡顶　　（b）硬山两坡顶　　（c）悬山两坡顶　　（d）四坡顶　　（e）筒壳屋顶

（f）卷棚顶　　（g）庑殿顶　　（h）歇山顶　　（i）圆攒尖顶　　（j）扁壳屋顶

（k）挑檐平屋顶　（l）女儿墙平屋顶　（m）挑檐女儿墙平屋顶　（n）盂顶平屋顶　（o）车轮形悬索屋顶

（p）双曲拱屋顶　　（q）砖石拱屋顶　　（r）球形网壳屋顶　　（s）V 形折板屋顶　　（t）鞍形悬索屋顶

图 11.1　各类屋顶形式

11.1.2.2　按防水材料分类

屋顶按防水材料可以分为柔性防水屋顶、刚性防水屋顶和其他防水屋顶。

（1）柔性防水屋顶。柔性防水屋顶是用沥青油毡、橡胶卷材、合成高分子卷材等做成的防水层屋面，这类屋面有一定的柔韧性。

（2）刚性防水屋顶。刚性防水屋顶是用细石混凝土、素水泥浆等刚性材料做成的防水层屋面，构造简单，施工方便，造价低廉，这类屋面柔韧性较差，屋面容易产生裂缝从而引起漏水现象。

（3）其他防水屋顶。用小青瓦、黏土瓦等做的防水层屋面，即瓦屋面；用石棉水泥波瓦、铝合金波形瓦等做防水层的屋面，即波形瓦屋面；用防水涂料涂抹屋面作为防水层的屋面，即涂膜防水屋面等。

11.1.3　屋顶的坡度

11.1.3.1　影响屋顶坡度大小的因素

屋顶的坡度大小是由多种因素决定的，它与屋面采用的防水材料、当地降雨量的大小、屋顶的结构形式、建筑造型要求以及经济因素等有关。

（1）防水材料。防水材料的性能好坏及其尺寸大小直接影响屋顶坡度。防水材料的防水性能越好，屋顶的坡度就越小。而如果防水材料的尺寸比较小，就会导致屋顶接缝较多，漏水的可能性就越大。此时屋顶的坡度应该设置大一些，以便迅速排出雨水，减少渗漏的机会。不同防水材料的屋面适宜的坡度范围，如图 11.2 所示。

（2）地区降雨量。在降雨量大的地区要求建筑物屋顶坡度大一些，以使屋面上积聚的雨水能够迅速排出屋面；降雨量小的地区，由于常年降雨比较少，雨水在短时间内积聚的可能性不大，在这类地区屋顶的坡度可以平缓些。

（3）建筑造型。使用功能决定建筑的外形，结构形式的不同也体现在建筑的造型上，不同的建筑结构造型，可决定建筑屋顶形成的不同坡度甚至反坡等。

11.1.3.2　屋顶坡度的表示方法

屋面坡度大小的表示方法有角度法、斜率法和百分比法。角度法是以倾斜屋面与水平面所成的夹角表示，在实际工程中较少采用。斜率法是以屋顶斜面的垂直投影高度 H 与其水平投影长度 L 的比值来表示，即：$H:L$，如 $1:2$、$1:10$、$1:50$ 等，多用于坡屋顶。较小的坡度通常用百分比法，即以屋顶倾斜面的垂直投影高度与其水平投影长度的百分比值来表示，如 $i=1\%$、$i=5\%$ 等，主要用于平屋顶坡度的表达。

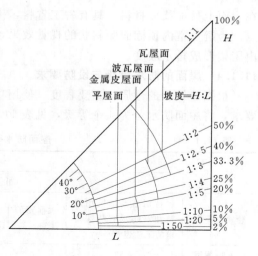

图 11.2　不同防水材料的屋面适宜的坡度范围

11.1.3.3　屋顶坡度的形成方法

在选择屋顶坡度的形成方法时，应考虑建筑构造做法合理，满足房屋室内外空间的视觉要求，不过大地增加屋面荷载，结构上经济合理，施工方便等。屋顶坡度的形成有材料找坡和结构找坡两种方式，如图 11.3 所示。

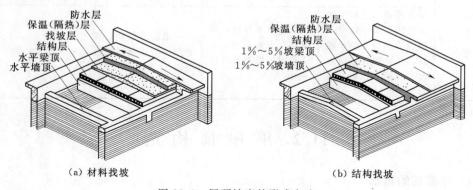

（a）材料找坡　　　　　　　　　　（b）结构找坡

图 11.3　屋顶坡度的形成方法

（1）材料找坡。材料找坡是指屋面板水平设置，然后在其上用轻质材料垫出坡度，又称为垫置坡度，主要用于坡度比较小的屋顶。常用的找坡材料有水泥焦渣、石灰炉渣等。有保温层的屋面，保温材料可兼作找坡材料。这种做法在室内可获得水平顶棚面，视觉效果好。但是，找坡材料增加了屋面荷载，且多费材料和人工，当房屋跨度较大时尤为明显，因此，材料找坡的方法适用于坡度不超过 5% 的平屋顶。

（2）结构找坡。结构找坡是指将屋面板倾斜搁置在下部的墙体或屋顶梁及屋架上的一种做法，又称为搁置找坡，主要用于坡屋顶和对室内美观要求不高或设有吊顶的平屋顶。在平屋顶结构找坡做法中，将屋顶结构板倾斜设置，利用结构本身起坡至所需坡度，而不在屋面上另加找坡材料。具有省工省料，构造简单，节省材料和人工，减轻屋顶自重的优点。为避免室内顶棚面倾斜状的视觉效果，可通过设置吊顶解决。坡屋顶也是结构找坡，由屋架形成排水坡度。

11.1.4 屋面的防水等级与设防要求

根据建筑物的性质、重要程度、使用功能、防水层耐用年限、防水层选用材料和设防要求，将屋面防水分为 4 个等级，见表 11.1。

表 11.1　　　　　　　　　　屋面防水等级和设防要求

项　目	屋　面　防　水　等　级			
	Ⅰ	Ⅱ	Ⅲ	Ⅳ
建筑物类别	特别重要的民用建筑和对防水有特殊要求的工业建筑	重要的工业与民用建筑、高层建筑	一般的工业与民用建筑	非永久性建筑
防水层耐用年限	25 年	15 年	10 年	5 年
防水层选用材料	宜选用合成高分子防水卷材、高聚物改性沥青防水卷材、合成高分子防水涂料、细石防水混凝土等材料	宜选用高聚物改性沥青防水卷材、合成高分子防水涂料、高聚物改性沥青防水涂料、细石防水混凝土、平瓦等材料	应选用三毡四油沥青防水卷材、高聚物改性沥青防水卷材、合成高分子防水卷材、高聚物改性沥青防水涂料、沥青基防水涂料、刚性防水层、平瓦、油毡瓦等材料	可选用二毡三油沥青防水卷材、高聚物改性沥青防水涂料、沥青基防水涂料、波形瓦等材料
设防要求	三道或三道以上防水设防，其中应有一道合成高分子防水卷材，且只能有一道厚度不小于 2mm 的合成高分子防水涂膜	二道防水设防，其中应有一道卷材。也可采用压型钢板进行一道设防	一道防水设防，或者两种防水材料复合使用	一道防水设防

11.2　平屋顶构造

11.2.1 平屋顶的排水

11.2.1.1 排水坡度大小

对于平屋顶的坡度，仅从排水的角度来考虑的话，则坡度越大排水越好；但从经济、结构以及施工等角度综合考虑，又必须对坡度有所限制。综合考虑各方面因素，工程上最常用的平屋顶的坡度为 2%～3%。

11.2.1.2 屋顶排水方式

平屋顶的屋面排水坡度较小，要迅速的排出屋面上的积水，必须对屋面排水系统进行恰当的设计。屋顶的排水方式可分为无组织排水和有组织排水两大类。

1. 无组织排水

无组织排水，又称自由落水，是利用挑出外檐的构造方式，使屋面的雨水经檐口自由落下至室外地面的一种排水方式，如图 11.4 所示。这种屋面排水方式构造简单、经济，排水顺畅，但落水时在檐口处形成水帘，雨水会落地四溅，污染墙壁。无组织排水一般适用于低层及雨水较少的地区，在积灰严重、腐蚀性介质较多的工业厂房中也经常采用。

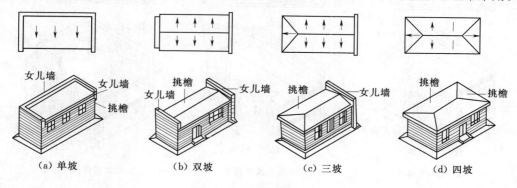

（a）单坡　　　　　　（b）双坡　　　　　　（c）三坡　　　　　　（d）四坡

图 11.4　无组织排水形式

2. 有组织排水

当建筑物的高度较高，年降雨量较大或较为重要的建筑物，应采用有组织排水的方式。表 11.2 为有组织排水方式的采用依据。有组织排水可避免屋檐下落雨水溅湿和污染墙面，危害墙基，但构造比较复杂，造价相对较高。

有组织排水一般是将屋面划分为若干排水区，通过一定的排水坡度把屋面的雨水有组织地排到檐口，再经过落水管排到散水、明沟等处，最后排入城市管网中的地下排水系统。

表 11.2　采用有组织排水的依据

项　　目	有组织排水	无组织排水
年降雨量/mm	>900	≤900
屋面至地面 H/m	>10	<8
屋面至屋面 H_1/m	>4	<3

有组织排水又可以分为内排水和外排水两种。外排水是指将雨水管装在建筑物外墙外侧的一种排水方案。其优点构造简单，造价较低，渗漏的隐患较少且维修方便，大量性建造的民用建筑一般多采用外排水。外排水视檐口做法不同可分为挑檐沟外排水和女儿墙外排水，如图 11.5 所示。

有些建筑不宜在外墙设落水管，如多跨房屋的中间跨，高层建筑及严寒地区的建筑物，建筑立面的效果要求高的建筑物。这时，可采用有组织的内排水，即将雨水从屋面汇集到内天沟，再经雨水口和室内雨水管排入下水系统，如图 11.6 所示。

11.2.1.3　屋顶排水组织设计

当采用有组织排水时，应对屋顶进行排水组织的设计。排水组织设计的原则是屋面排水线路简捷，檐沟或天沟流水通畅，雨水口负荷适当且布置均匀。其设计内容主要有以下几点。

（1）确定排水坡面数量。一般情况下，平屋顶屋面宽度小于 12m 时，可采用单坡排水；其宽度大于 12m 时，宜采用双坡排水。但临街建筑的临街面不宜设置落水管时，也可采用单坡排水。

（2）合理划分汇水区。汇水区域划分应尽可能规整，面积大小应相当，以保证每个雨水管的排水面积负荷相当。屋面适当划分排水区，设置排水沟组织排水，一般按每个雨水口排除 $150 \sim 200 \text{m}^2$ 屋面（水平投影）雨水划分屋面排水区。

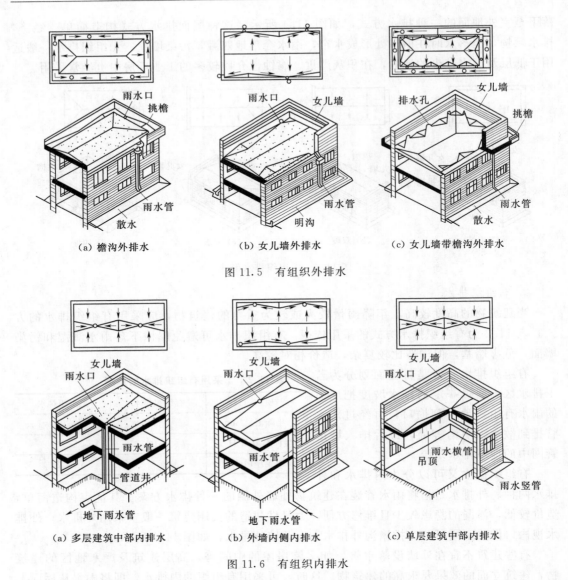

（a）檐沟外排水　　　　　（b）女儿墙外排水　　　　（c）女儿墙带檐沟外排水

图 11.5　有组织外排水

（a）多层建筑中部内排水　　（b）外墙内侧内排水　　（c）单层建筑中部内排水

图 11.6　有组织内排水

（3）确定天沟断面尺寸和天沟纵坡的坡度。天沟是指屋面的排水沟，位于外檐边的又称檐沟。天沟的功能是汇集和迅速排除屋面雨水，沟底沿长度方向应设纵向排水坡。坡度一般取值为 0.5%～1%。

天沟的净断面尺寸应根据降雨量和汇水面积的大小来确定。一般民用建筑的天沟净宽不应小于 200mm，天沟上口至分水线的距离不应小于 120mm。

（4）雨水管的规格及间距。雨水管按材料的不同有铸铁管、塑料管、镀锌铁皮管、陶土管等。考虑其耐久性、荷重及装饰效果，现广泛采用 PVC 等塑料管。其管径有 50mm、75mm、100mm、125mm、150mm、200mm 等几种规格。一般民用建筑常用 75～100mm 管径，面积较小的露台或阳台可选用 50mm 管径。雨水管设置位置应合理，水落管的位置应在实墙面处，要便于排水，又不影响使用。一般情况下雨水口间距取值为 18～24m，如图 11.7 所示。

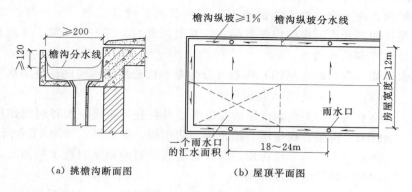

（a）挑檐沟断面图　　　　（b）屋顶平面图

图 11.7　屋面有组织排水图

11.2.2　柔性防水屋面

柔性防水（卷材防水）是指利用防水卷材与黏结剂结合在一起形成连续致密的构造层以达到防水的目的。防水层具有良好的韧性和可变性，能适应温度、振动和微小变形等因素的影响，整体性好，不易渗漏，适用于防水等级为Ⅰ～Ⅳ级屋面防水。但施工操作较为复杂，技术要求较高。

11.2.2.1　防水材料

柔性防水屋面按其使用的卷材材料可分为沥青卷材防水屋面、高聚物改性沥青类卷材防水屋面、高分子类卷材防水屋面。

（1）沥青类防水卷材。沥青类防水卷材是用原纸、纤维织物等为胎体浸渍沥青而成的卷材，如传统的石油沥青油毡。其具有造价低、防水性能较好的优点，但需要热施工，易污染环境，又因材料低温脆裂、高温软化流淌的特点，导致其使用寿命缩短和防水质量下降，近年来在实际工程中已较少采用。

（2）高聚物改性沥青类防水卷材。高聚物改性沥青类防水卷材是以合成高分子聚合物改性沥青为涂盖层，纤维织物或纤维毡为胎体的卷材防水材料。其具有高温不流淌，低温不脆裂，抗拉强度高的特点，能够较好的适应基层开裂及伸缩变形的要求。目前国内使用较广泛的品种有改性沥青类防水卷材（SBS）、塑性体改性沥青防水卷材（APP）和改性沥青聚乙烯胎防水卷材（PEE）。

（3）合成高分子类防水卷材。合成高分子类防水卷材是以各种合成橡胶、合成树脂或二者的混合物为主要原料，加入适量化学助剂和填充料加工制成的卷材。其具有拉伸强度高，断裂伸长率大，抗撕裂强度高，耐热性能好，低温柔性大，耐老化及可以冷施工等优点，属于高档防水卷材。目前国内使用的品种有三元乙丙橡胶防水卷材、聚氯乙烯防水卷材、氯化聚乙烯防水卷材、氯丁橡胶防水卷材等。

（4）卷材黏结剂。沥青类卷材的黏结剂主要有冷底子油和沥青胶等。冷底子油是将沥青稀释溶解在煤油、轻柴油或汽油中制成，涂刷在水泥砂浆或混凝土层面做底用。沥青胶是以石油沥青为基体的矿物胶粘剂，为了提高沥青的耐热性，降低沥青层的低温脆性，在沥青材料中加入填料进行改性而制成的液体。

高聚物改性沥青防水卷材和合成高分子防水卷材的黏结剂主要为各种与卷材配套使用的溶剂型黏结剂。用于改性沥青类的有 RA - 86 型氯丁胶黏结剂、SBS 改性沥青黏结剂等；高分子卷材如三元乙丙橡胶用聚氨酯底胶基层处理剂、CX - 404 氯丁橡胶黏结剂等。

11. 2. 2. 2　柔性防水屋面构造

柔性防水屋面（卷材防水屋面）构造可分为基本构造层次和辅助构造层次两部分。

保护层
防水层
结合层
找平层
结构层

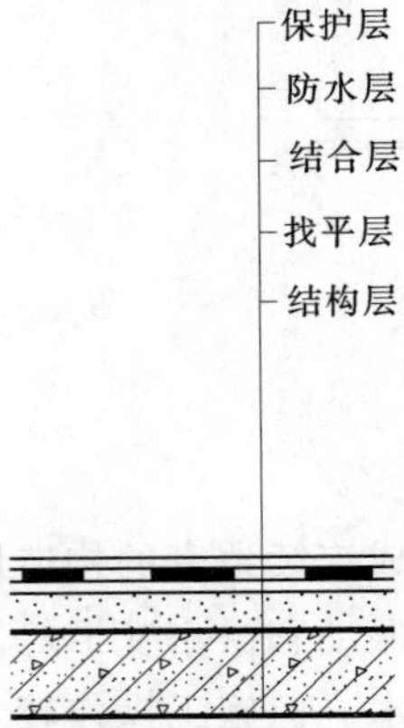

图 11.8　柔性防水屋面
构造组成

1. 基本构造层次

柔性防水屋面是由多层材料叠合而成，按各层的作用分别为结构层、找平层、结合层、防水层、保护层，如图 11.8 所示。

（1）结构层。常为现浇或预制的钢筋混凝土屋面板，要求具有足够的强度和刚度。

（2）找平层。卷材防水层要求铺贴在坚固而平整的基层上，以防止卷材凹陷或断裂。因此，必须在结构层或找坡层上设置坚固平整的基层，称其为找平层。找平层一般为20～30mm 厚的 1：3 水泥砂浆，厚度根据结构层情况和防水层材料的要求而定。

（3）结合层。结合层是使卷材防水层与基层牢固胶结而涂刷的基层处理剂。沥青类卷材常用冷底子油做结合层；改性沥青卷材常用改性沥青黏结剂；高分子卷材常用配套处理剂。

（4）防水层。防水层是由胶结材料与卷材黏合而成，卷材连续搭接，形成屋面防水的主要部分。卷材一般平行于屋脊铺设，从檐口到屋脊层层向上粘贴，上下搭接不小于 70mm，左右搭接不小于 100mm。

（5）保护层。设置保护层的目的是保护防水层，使卷材不致因日照和气候等的作用迅速老化。保护层的构造做法应根据防水层所用材料和屋面的利用情况而定。

不上人屋面的保护层根据防水层所用材料而定，当屋面为改性沥青卷材防水层时，一般在防水层上撒粒径为 3～5mm 的小石子（俗称绿豆石）作为保护层；当屋面为合成高分子卷材（如三元乙丙橡胶）防水层时，通常是在卷材面上涂刷水溶型或溶剂型浅色保护着色剂。

上人屋面的保护层有着双重作用：既保护防水层又兼作地面面层，因而要求保护层平整耐磨。其构造做法通常可采用水泥砂浆或沥青砂浆铺贴大阶砖、缸砖、混凝土块等块材；也可现浇 40mm 厚 C20 细石混凝土，现浇细石混凝土保护层的细部构造做法见刚性防水屋面。

2. 辅助构造层次

辅助构造层是为满足房屋使用功能而设置的构造层，如找坡层、保温（隔热）层、隔蒸汽层等。

（1）找坡层。找坡层是材料找坡屋面为形成所需排水坡度而设，常用 1：6 或 1：8 水泥炉渣或石灰炉渣按设计要求找坡，最薄处不小于 40mm，也可用保温（隔热）材料铺设，但成本较高。

（2）保温（隔热）层。保温层是为防止冬季或夏季气候使建筑顶楼室内过冷或过热而设，常用水泥珍珠岩、水泥蛭石、泡沫混凝土等多孔材料，其厚度应按热工要求计算确定。

（3）隔蒸汽层。隔蒸汽层是为防止潮气侵入保温（隔热）层内影响保温（隔热）效果而设。隔汽层较高标准做法是一毡二油（即沥青、油毡、沥青）；较低标准做法是刷热沥青二道。

柔性防水屋面构造设计如图 11.9 所示。

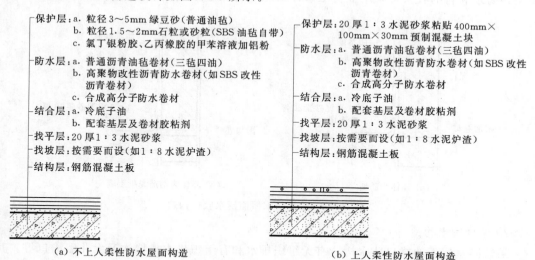

┌─保护层：a. 粒径 3～5mm 绿豆砂（普通油毡）
│   b. 粒径 1.5～2mm 石粒或砂粒(SBS 油毡自带)
│   c. 氯丁银粉胶、乙丙橡胶的甲苯溶液加铝粉
├─防水层：a. 普通沥青油毡卷材(三毡四油)
│   b. 高聚物改性沥青防水卷材（如 SBS 改性沥青卷材）
│   c. 合成高分子防水卷材
├─结合层：a. 冷底子油
│   b. 配套基层及卷材胶粘剂
├─找平层：20 厚 1：3 水泥砂浆
├─找坡层：按需要而设（如 1：8 水泥炉渣）
└─结构层：钢筋混凝土板

┌─保护层：20 厚 1：3 水泥砂浆粘贴 400mm×100mm×30mm 预制混凝土块
├─防水层：a. 普通沥青油毡卷材(三毡四油)
│   b. 高聚物改性沥青防水卷材（如 SBS 改性沥青卷材）
│   c. 合成高分子防水卷材
├─结合层：a. 冷底子油
│   b. 配套基层及卷材胶粘剂
├─找平层：20 厚 1：3 水泥砂浆
├─找坡层：按需要而设（如 1：8 水泥炉渣）
└─结构层：钢筋混凝土板

(a) 不上人柔性防水屋面构造　　　　　　(b) 上人柔性防水屋面构造

图 11.9　柔性防水屋面构造

11.2.2.3　柔性防水屋面细部构造

为保证柔性防水屋面的防水性能，对可能造成的防水薄弱环节采取加强措施，主要包括屋面上的泛水、檐口、雨水口等处的细部构造。

1. 泛水构造

泛水是指屋面与垂直面相交处的防水处理。如女儿墙与屋面、烟囱与屋面、高低屋面之间的墙与屋面、变形缝、检修孔、立管等部位，均需做泛水处理，防止交接缝出现漏水。

泛水的构造要点与做法如图 11.10 所示。

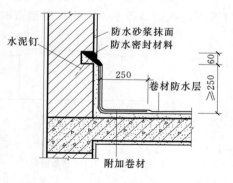

图 11.10　柔性防水屋面泛水构造

（1）将屋面的卷材继续铺至垂直墙面上，其高度应不小于 250mm。

（2）屋面与垂直墙面的结合部位，应先用水泥砂浆或细石混凝土抹成圆弧（$R=50\sim100\text{mm}$）或 45°斜面，以防止在粘贴卷材时因直角转弯而折断或不能铺实，然后再刷冷底子油铺贴卷材。

（3）为了增强泛水处的防水能力，应将泛水处的卷材与屋面卷材连续铺贴，并在该结合部位加铺一层油毡。

（4）油毡卷材粘贴在泛水墙面的收口处，极易脱口渗水，故应做好泛水上口收头固定。

泛水在垂直面的收头应根据泛水高度和泛水墙体材料确定收头密封形式。对于砖砌女儿墙，防水卷材收头可直接铺压在女儿墙压顶下，压顶应做防水处理；也可在垂直墙体上留出通长凹槽，将卷材收头压入凹槽内，用防水压条钉压后再用密封材料嵌填封严，外抹水泥砂浆保护，凹槽上部的墙体亦应做防水处理，如图 11.11 （a） 所示。对于钢筋混凝土墙，防水卷材的收头可采用金属压条钉压，并用密封材料封固，如图 11.11 （b） 所示。

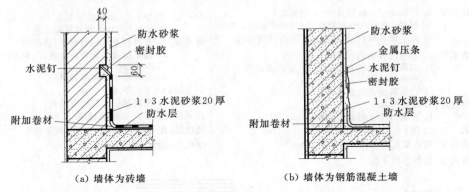

（a）墙体为砖墙 　　　　　　　　　　（b）墙体为钢筋混凝土墙

图 11.11　柔性防水屋面泛水收口构造

2. 檐口防水构造

柔性防水屋面的檐口防水构造有无组织排水和有组织排水挑檐沟及女儿墙檐口等。其防水构造的要点是做好卷材的收头，避免雨水渗入。

（1）无组织排水挑檐口防水构造。无组织排水挑檐口的收头处通常将防水卷材用水泥钉等固定在檐口板上，上面再用油膏嵌固，如图 11.12 所示。

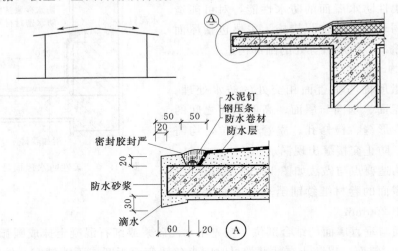

图 11.12　无组织排水檐口防水构造

（2）有组织排水挑檐口防水构造。有组织挑檐沟排水是将汇水檐沟设置于挑檐上，檐沟板可采用钢筋混凝土制作。挑檐沟构造的要点是：檐沟加铺 1～2 层附加卷材；沟内转角部位的找平层应做成 45°斜面或圆弧形；为了防止檐沟壁面上的卷材下滑，应做好收头处理，如图 11.13 所示。

（3）有组织排水女儿墙檐口防水构造。有组织排水女儿墙檐沟根据檐口构造不同可设在女儿墙内侧（图 11.14）或出挑在女儿墙外侧（图 11.15），在女儿墙的预留孔洞中安装

234

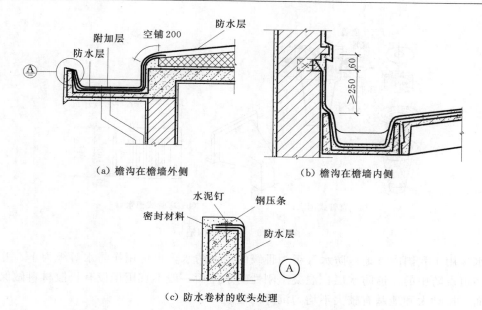

（a）檐沟在檐墙外侧　　　（b）檐沟在檐墙内侧

（c）防水卷材的收头处理

图 11.13　有组织排水挑檐口防水构造

水落口构件，使屋面雨水穿过女儿墙排至水落口或天沟。为防止水落口与屋面交接处发生渗漏，需将屋面卷材铺入水落口内 50mm，水落口上还应安装铁箅，以防杂物落入造成堵塞。

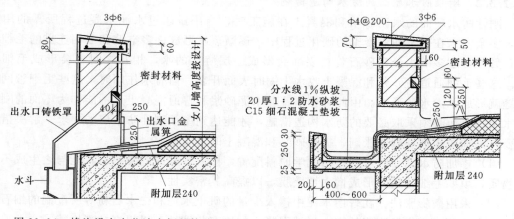

图 11.14　檐沟设在女儿墙内侧的构造　　　图 11.15　檐沟设在女儿墙外侧的构造

3. 雨水口构造

雨水口是将屋面雨水排到雨水管的连通构件，应排水通畅，不易渗漏和堵塞。雨水口通常是定型产品，分为直管式和弯管式两类，如图 11.16 所示。直管式适用于中间天沟、挑檐沟和女儿墙内排水的水平雨水口；弯管式则适用于女儿墙的垂直雨水口。

11.2.3　刚性防水屋面

刚性防水屋面是指用防水砂浆抹面或用钢筋混凝土做防水层的屋面。由于防水砂浆和防水混凝土的抗拉强度低，故称为刚性防水屋面。刚性防水屋面具有构造简单、施工方便、造价较低的优点；缺点是易开裂，对气温变化和屋面基层变形的适应性较差，所以刚

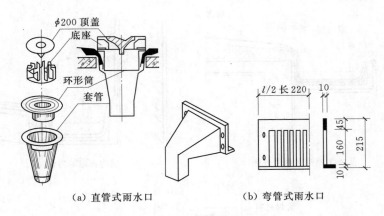

(a) 直管式雨水口　　　　　　　(b) 弯管式雨水口

图 11.16　雨水口构造

性防水多用于我国南方地区防水等级为Ⅲ级的屋面防水，也可用作防水等级为Ⅰ、Ⅱ级的屋面多道设防中的一道防水层。混凝土刚性防水屋面一般不宜用于设有松散材料做保温层的屋面、振动大和地基有较大不均匀沉降的建筑。

11.2.3.1　构造层次

刚性防水屋面的构造层一般有：防水层、找平层、隔离层（浮筑层）、结构层等。刚性防水屋面应尽量采用结构找坡。

11.2.3.2　刚性防水屋面的防水构造措施

刚性防水屋面的水泥砂浆和混凝土在施工时，当用量超过水泥水凝过程所需的用水量，多余的水在砂浆和混凝土的硬化过程中，逐渐蒸发形成许多空隙和互相连贯的毛细管网；另外，过多的水分在砂石骨料表面会形成一层游离的水，相互之间也会形成毛细通道。这些毛细通道使砂浆和混凝土收水干缩时表面开裂。当有水作用时，这些毛细管网和裂缝就形成了渗水的通道。由此可见，普通水泥砂浆和普通混凝土是不能作为屋面的刚性防水层的，而必须采取必要的防水构造措施，才能达到屋面刚性防水层的要求。解决措施主要有添加防水剂和微膨胀剂、提高砂浆和混凝土的密实性等。

（1）掺加防水剂。防水剂是由化学原料配置，掺入砂浆或混凝土后，能与之生成不溶性物质，填塞毛细孔道，形成憎水性壁膜，以提高其密实性。

（2）采用微膨胀法。在普通水泥中掺入少量的矾土水泥和二水石粉等所配制的细石混凝土，在结硬时产生微膨胀效应，抵消混凝土的原有收缩性，以提高抗裂性能。

（3）提高自身密实性。为了提高砂浆和混凝土的密实性，还应该注意控制水灰比，并加强浇筑时的振捣和浇水养护，从而提高面层密实性和避免表面的龟裂。

11.2.3.3　防止防水层变形开裂的措施

刚性防水屋面最严重的问题是防水层在施工完成后出现裂缝和漏水。产生裂缝最常见的原因是：气温变化和太阳辐射引起的屋面热胀冷缩变形；屋顶结构板受力后产生的挠曲变形；地基不均匀沉陷而导致的变形；屋顶结构板徐变以及材料收缩而产生的变形。

为适应以上各种情况，防止防水层开裂，可以采取以下几种构造措施。

1. 防水层配筋

刚性防水层采用不低于 C20 的细石混凝土整体现场浇筑，其厚度一般为 35～45mm，为了提高防水层的抗裂和适应变形的能力，应在其中配置 Φ4～Φ6@100～200 的双向钢筋网片。由于裂缝易在面层出现，钢筋网片宜置于中层偏上，使上面有 10mm 保护层即可，如图 11.17 所示。

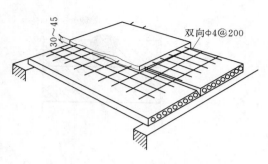

图 11.17 细石混凝土配筋防水屋面

2. 设置分仓缝

用来找坡和找平的轻质混凝土和水泥砂浆都是刚性材料，在变形应力的作用下，如果不经处理，不可避免地都会出现裂缝，尤其是会出现在变形的敏感部位，这样容易造成粘贴在上面的防水卷材的破裂。所以应在屋面板的支座处、板缝间和屋面檐口附近这些变形敏感的部位，预先对用刚性材料所做的构造层次作人为的分割，即预留分仓缝。

（1）分仓缝的设置。设置分仓缝的位置、面积划分的大小以适应结构的变化及防止温度、湿度变化引起的裂缝为准。一般应在屋面板的支承端、方向不一致的预制板接缝处、屋面的转折处、防水层与突出屋面结构的交接处、屋脊处等设置分仓缝。

分仓缝服务的面积宜控制在 $15～25m^2$，间距宜控制在 3～5m，且不宜大于 6m。刚性防水屋面的结构层宜在现浇整体混凝土板，在预制屋面板上，分仓缝应设置在支座轴线处和支承屋面板的墙和大梁的上部。当建筑物的进深在 10m 以内时，可在屋脊处设置一道纵向分仓缝；当建筑物的进深大于 10m 时，需在屋面某一板缝处再设一道纵向分仓缝，如图 11.18 所示。

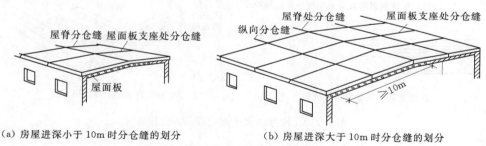

（a）房屋进深小于 10m 时分仓缝的划分　　　　（b）房屋进深大于 10m 时分仓缝的划分

图 11.18 刚性防水屋面分仓缝的划分

（2）分仓缝的构造。分仓缝的宽度宜为 20～30mm 左右，为了满足防水和适应变形的要求，分仓缝应用沥青麻丝等弹性材料塞缝，并用厚度为 20～30mm 的防水油膏填嵌缝口，或粘贴油毡防水条。防水层内配置的钢筋在分仓缝处应断开，如图 11.19 所示。

3. 设置隔离层

为了减少屋顶结构层变形对刚性防水层的不利影响，宜在防水层与结构层之间设置隔离层（也叫浮筑层）。因结构层在荷载作用下会产生挠曲变形，在温度变化时会产生胀缩变形；而结构层一般比防水层厚，其刚度相应比防水层大，当结构层产生变形时，紧贴着结构层的防水层必然会被拉裂。所以，在它们之间做一层隔离层可减少或限制这些不利影响。隔离层可采用纸筋灰、强度等级较低的砂浆或薄砂层上干铺一层油毡等做法，如图 11.20 所示。

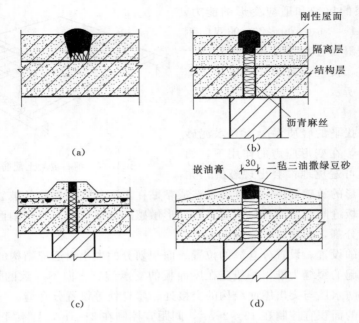

（a）　　　　　　　　　　　　（b）

（c）　　　　　　　　　　　　（d）

图 11.19　刚性防水屋面分仓缝构造

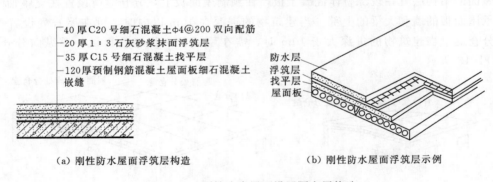

（a）刚性防水屋面浮筑层构造　　　　　　（b）刚性防水屋面浮筑层示例

图 11.20　刚性防水屋面设置隔离层构造

11.2.3.4　刚性防水屋面细部构造

与柔性防水屋面一样，刚性防水屋面也需要做好泛水、檐口等细部的节点构造。

1. 泛水构造

刚性防水屋面的泛水高度一般不小于 250mm，泛水应嵌入立墙上的凹槽内并用压条及水泥钉固定。女儿墙与刚性防水层间留分格缝，分格缝内用油膏嵌缝，缝外用附加卷材铺贴至泛水所需高度并做好压缝收头处理，以免雨水渗进缝内，如图 11.21 所示。

2. 檐口构造

刚性防水屋面常用的檐口形式有自由落水挑檐口、挑檐沟外排水檐口、女儿墙外排水檐口等。

对于自由落水檐口，当挑檐较短时，可将钢筋混凝土防水层直接悬挑出去形成挑檐口，如图 11.22（a）所示。当挑檐较长时，为了保证悬挑结构的安全，应采用与屋盖圈

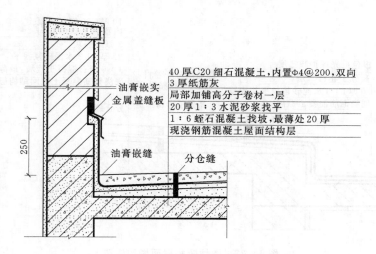

图 11.21 刚性防水屋面泛水构造

梁连为一体的悬臂板形成挑檐。在挑檐板与屋面板上做找平层和隔离层后浇筑混凝土防水层，檐口处注意做好滴水，如图 11.22 （b）所示。

当挑檐口采用有组织排水方式时，常将檐沟板与屋面圈梁连成整体，沟内设纵向排水坡，防水层挑入沟内并做滴水，如图 11.22 （c）所示。

当采用女儿墙外排水时，常利用倾斜的屋面板与女儿墙间的夹角做成三角形断面天沟，其泛水做法与前述做法相同，如图 11.22 （d）所示。

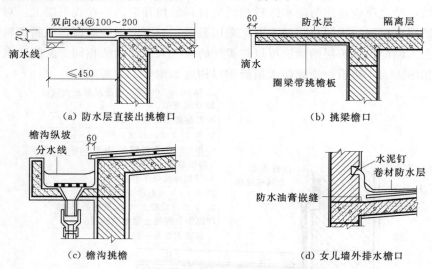

图 11.22 刚性防水屋面檐口构造

刚性防水屋面檐沟处的构造做法如图 11.23 所示。

11.2.4 涂膜防水屋面

涂膜防水屋面是将防水材料涂刷在屋面基层上，利用涂料干燥或固化以后生成不溶性的物质堵塞混凝土表面的微孔，或者生成不透水的薄膜覆盖在基层的表面，来达到防水的

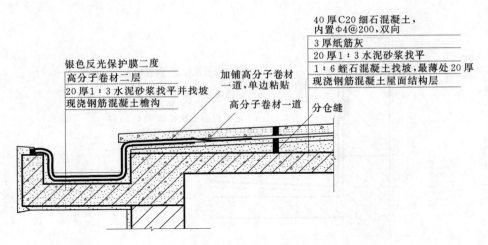

40 厚 C20 细石混凝土,
内置 Φ4@200,双向
3 厚纸筋灰
20 厚 1：3 水泥砂浆找平
1：6 蛭石混凝土找坡,最薄处 20 厚
现浇钢筋混凝土屋面结构层

银色反光保护膜二度
高分子卷材二层
20 厚 1：3 水泥砂浆找平并找坡
现浇钢筋混凝土檐沟

加铺高分子卷材
一道,单边粘贴

高分子卷材一道　分仓缝

图 11.23　刚性防水屋面檐沟构造

目的。其特点是防水、抗渗、黏结力强、延伸率大、弹性好、耐腐蚀、耐老化、不燃烧、无毒、冷作业施工方便,在建筑防水工程中得到广泛应用。

涂膜防水屋面适用于防水等级为Ⅰ~Ⅳ级的屋面防水。这种屋面通常适用于不设保温层的预制屋面板结构,如单层工业厂房的屋面,但在有较大振动的建筑物或寒冷地区则不宜使用。

涂膜防水屋面的构造层次与柔性防水屋面相同,由结构层、找坡层、找平层、结合层、防水层和保护层组成。找平层通常为 20mm 厚 1：3 水泥砂浆。为保证防水层与基层的可靠黏结,结合层应选用与防水涂料相同的材料经稀释后满刷在找平层上。对于不上人屋面,保护层可根据防水层材料的不同,采用云母、蛭石或细砂撒面、银粉涂料涂刷等工艺;对于上人屋面,保护层的做法可以和柔性防水上人屋面做法相同。涂膜防水屋面泛水构造做法如图 11.24 所示。涂膜防水屋面檐口构造如图 11.25 所示。

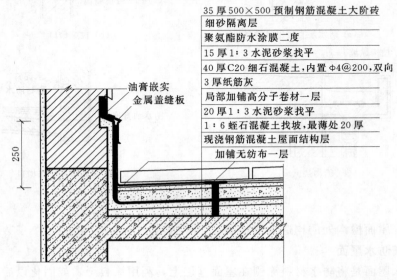

35 厚 500×500 预制钢筋混凝土大阶砖
细砂隔离层
聚氨酯防水涂膜二度
15 厚 1：3 水泥砂浆找平
40 厚 C20 细石混凝土,内置 Φ4@200,双向
3 厚纸筋灰
局部加铺高分子卷材一层
20 厚 1：3 水泥砂浆找平
1：6 蛭石混凝土找坡,最薄处 20 厚
现浇钢筋混凝土屋面结构层
加铺无纺布一层

油膏嵌实
金属盖缝板

250

图 11.24　涂膜防水屋面泛水构造

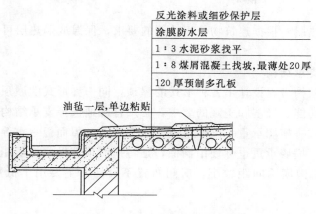

图 11.25　涂膜防水屋面檐口构造

11.3　坡屋顶构造

坡屋顶屋盖系统的构成比较复杂，可采用的材料和构件形式也很多，可以分为传统的坡屋顶和现代建筑坡屋顶两种形式。传统坡屋顶基本采用的是构造防水的方法，即靠屋面瓦片的构造形式及挂瓦的构造工艺来实现防水；而现代建筑的坡屋顶则是采用材料防水和构造方式相结合的多种防水工艺。

11.3.1　坡屋顶的组成

坡屋顶由屋面构件、支承构件和顶棚等主要部分组成。在寒冷地区还可增设保温层、隔热层等，如图 11.26 所示。

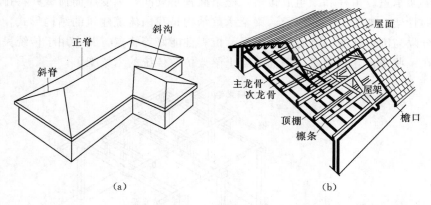

图 11.26　坡屋顶的组成

（1）承重结构。承重结构主要承受屋面荷载并将其传递到墙或柱子上，一般由椽子、檩条、屋架或大梁组成。

（2）屋面。屋面是坡屋顶的覆盖层，直接承受风、雨、雪和太阳辐射等作用，一般由屋面材料和基层如屋面板、挂瓦条等组成。

（3）顶棚。顶棚是屋顶下面的覆盖层，可使室内上部平整，起装饰和反射光线等的作用。

（4）保温或隔热层。根据建筑物使用功能的要求，保温或隔热层可设置在屋面层或顶棚层上。

11.3.2 坡屋顶的支承结构

不同的材料和结构可以设计出各种形式的屋顶，同一种形式的屋顶也可采用不同的结构形式。为了满足功能、经济和美观的要求，必须合理地选择支承结构。我国主要采用的坡屋顶承重结构形式有横墙承重、梁架承重、屋架承重、屋面板承重等方式。

（1）横墙承重。横墙承重也称硬山搁檩，是将横墙顶部做成坡形用以支承檩条，如图11.27 所示。这种结构横墙间距较小，房间布置不灵活，主要用于低层住宅、宿舍等建筑中。

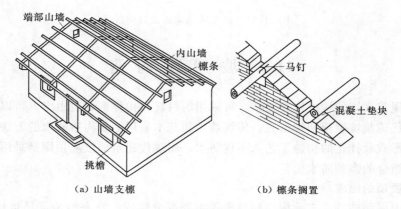

（a）山墙支檩　　　　　　　（b）檩条搁置

图 11.27　横墙承重的屋顶

（2）梁架承重。由柱和梁组成排架，檩条搁置于梁间，承受屋面荷载并将排架联系成一个完整的骨架，如图 11.28 所示。梁架承重结构是我国传统建筑的结构形式，墙体不承重，只起分隔与围护作用，具有整体性强、抗震性能好等特点。其多用于传统民居和寺庙建筑中，在一些仿古建筑中常以钢筋混凝土梁架仿效传统的木梁架。

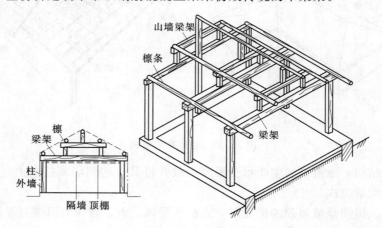

图 11.28　梁架承重的屋顶

（3）屋架承重。屋架承重是将屋架搁置在建筑物的外纵墙上或柱子上，再在屋架上搁置檩条来承受屋面荷载的一种结构方式，如图 11.29 所示。这种承重方式可以形成较大的内部空间，多用于要求较大空间的建筑，如食堂、车间等。

通常情况下，中小跨度的屋架用木、钢木、钢或钢筋混凝土制作。形式有三角形、梯形、弧形等。三角形屋架构造简单，跨度不大于 12m 的建筑可采用全木屋架；跨度不大于 18m 的建筑可采用钢木混合屋架；跨度更大时则宜采用钢筋混凝土或钢屋架，如图 11.30 所示。

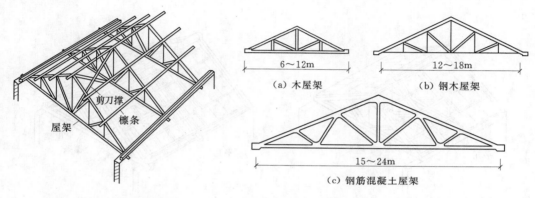

图 11.29　屋架承重结构

（a）木屋架　　　　　　（b）钢木屋架

（c）钢筋混凝土屋架

图 11.30　屋架常用类型

（4）屋面板承重。屋面板承重是将钢筋混凝土或其他材料制作的大型屋面板直接放在承重山墙或屋架上，如图 11.31 所示。在现代坡屋顶的建筑物中，如果主体结构是混合结构或钢筋混凝土结构，屋盖多数采用预制或现浇钢筋混凝土屋面板，特别是现浇钢筋混凝土屋面板对建筑的整体性、防渗漏、抗震和耐久性都有明显的优势。

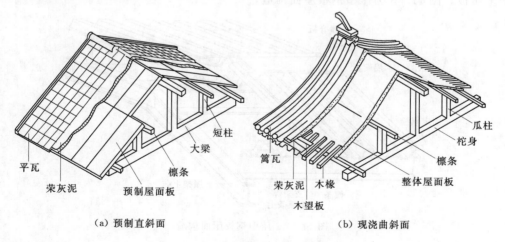

（a）预制直斜面　　　　　　　　（b）现浇曲斜面

图 11.31　屋面板承重

11.3.3　坡屋顶的屋面构造

坡屋顶屋面防水层一般利用各种瓦材，如小青瓦、黏土平瓦、水泥瓦、油毡瓦等作为屋面防水材料，近年来还有不少采用金属瓦屋面、彩色压型钢板屋面等。

坡屋顶由于坡度较大，坡屋顶上面一般除施工及维修外，极少上人，因此，坡屋顶的屋面板主要起围护作用。其构造主要有以下两种形式：一是采用不透水或是具有自防水功能的成品构件，直接安装在屋面结构的支承构件上面形成屋面；另一做法是先铺设各类板材以形成屋面基层后，再在其上面做防水及隔热、保温等相关构造层次。

11.3.3.1 不需基层的构造

不需基层的构造做法是在屋架上弦或椽条上钉挂瓦条后直接挂瓦，故又称为冷摊瓦屋面，是利用瓦片自身良好的防水性能和坡屋顶较大的坡度来达到防水的目的，如图 11.32 所示。

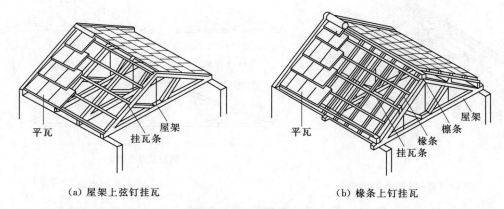

（a）屋架上弦钉挂瓦　　　　　　　　　（b）椽条上钉挂瓦

图 11.32　冷摊瓦屋面

不需基层直接铺设在坡屋顶上的屋面材料还有各类波形瓦（如镀锌铁皮波形瓦、铝合金波形瓦、玻璃钢波形瓦、压型薄钢板波形瓦等），小型钢筋混凝土异型屋面板，压制成型的金属板。图 11.33 为压型钢板屋面构造。

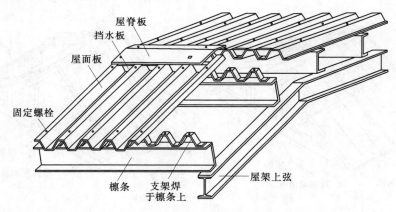

图 11.33　压型钢板屋面构造

压型钢板由于自重轻，强度高，防水性能好，而且施工安装方便，色彩绚丽，质感、外形现代新颖，因而被广泛应用于平直坡屋顶。

11.3.3.2 预设屋面基层构造

先在坡屋面的结构支承构件上面铺设各类板材，完成建筑物顶部空间的封闭，对大量装配式的屋面支承构件，如屋架、斜梁等，所用基层屋面板有天然木板、人造叠合板、加气混凝土板、大型钢筋混凝土屋面板等。另外，也可以用现浇整体式的施工方法将屋面板和其他屋面支承构件一起浇筑为一体化的钢筋混凝土屋面。而后再进行相关的防水、热工方面的处理。

（1）木屋面板平瓦屋面。木屋面板平瓦屋面即在檩条上铺钉木屋面板，板上铺防水卷材一层，上钉顺水条（又称压毡条），再钉挂瓦条挂瓦。瓦由檐口铺向屋脊，脊瓦应搭盖在两片瓦上，常用水泥石灰砂浆填实嵌浆，以防止雨雪飘入，如图 11.34 所示。

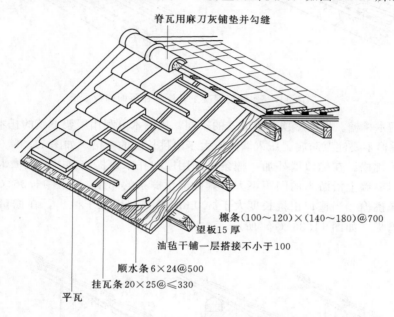

图 11.34　木屋面板平瓦屋面构造

（2）钢筋混凝土基层平瓦屋面。钢筋混凝土基层平瓦屋面是在钢筋混凝土屋面板找平层上铺防水卷材、保温层，再做水泥砂浆卧瓦层，最薄处为 20mm，内配 $\Phi 4 \sim \Phi 6$ @ 500mm×500mm 钢筋网，再铺瓦，如图 11.35 所示。

11.3.4　坡屋顶的细部构造

11.3.4.1　檐口构造

坡屋顶的檐口一般分挑檐和包檐两种。挑檐是将檐口挑出在墙外，做成露檐头或封檐头形式。包檐是将檐口与檐墙齐平或用女儿墙将檐口封住。

1. 挑檐

根据挑檐出挑的大小有砖挑檐、屋面板挑檐、挑檐木挑檐、挑檩挑檐、挑椽挑檐等多种做法。

（1）砖挑檐。若檐口出挑小，在檐墙顶部将砖每二皮挑出 1/4 砖长叠砌，挑出总长度不超过墙厚的一半。第一排瓦头应伸在檐墙之外，如图 11.36（a）所示。

（2）屋面板挑檐。利用屋面板出挑，由于屋面板强度较小，其出挑长度不宜大于300mm，如图 11.36（b）所示。

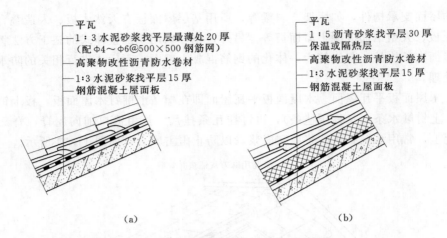

图 11.35　钢筋混凝土基层平瓦屋面构造

（3）挑檐木挑檐。根据屋顶承重方式的不同，挑檐木可利用屋架下弦的托木出挑或自横墙中挑出，挑檐木要注意防腐，压入墙内要大于出挑长度的 2 倍，如图 11.36（c）所示。

（4）挑檩挑檐。在檐口墙外加一檩条，利用屋架托木或横墙砌入的挑檐木作为檐檩的支托，檐檩与檐墙上沿游木的间距不大于其他部位檩条的间距，如图 11.36（d）所示。

（5）挑椽挑檐。当檐口出挑长度大于 300mm 时，利用椽子挑出，在檐口处可将椽子外露或钉封檐板，如图 11.36（e）所示。

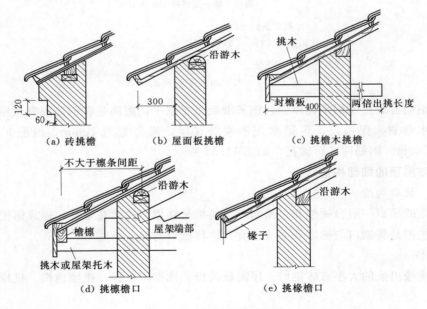

图 11.36　坡屋顶挑檐构造

2. 包檐

包檐是檐口外墙高出屋面或与屋面相平而将檐口包住的构造做法。为了解决好排水问题，常在檐墙内侧与屋面相交处设排水沟，如图 11.37 所示。

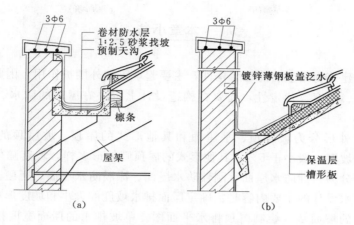

图 11.37 包檐排水沟构造

11.3.4.2 山墙构造

坡屋顶的山墙有悬山、硬山两种形式。

(1)悬山。当坡屋面为悬山屋面时，一般用檩条挑出山墙，用木封檐板（也称博风板）将檩条封住。沿山墙挑檐边的一行瓦用水泥砂浆做出山墙披水线，将瓦封固，如图 11.38（a）所示。

(2)硬山。山墙与屋面砌平或高出屋面的形式称为硬山。山墙砌至屋面高度，将瓦片盖过山墙，用 1∶2 水泥砂浆抹瓦出线，如图 11.38（b）所示。当山墙高出屋面时，山墙与屋面相交处抹水泥石灰麻刀砂浆、小青瓦或钉镀锌薄铁皮泛水，如图 11.38（c）所示。

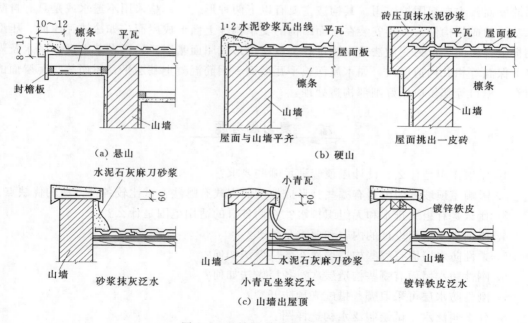

图 11.38 坡屋顶山墙泛水构造

本章小结

（1）屋顶是建筑物最上层的覆盖构件，主要起承重和外围护作用。因此，在设计上不仅要考虑其强度、刚度、稳定性，还要在构造设计上解决好屋顶的防水、隔热和保温等问题。

（2）屋顶按外形分为坡屋顶、平屋顶和其他形式的屋顶。坡屋顶的坡度一般大于10％，平屋顶的坡度一般小于5％。其他形式的屋顶则外形多样，坡度随外形变化。屋顶按屋面防水材料分为柔性防水屋面、刚性防水屋面、涂膜防水屋面、瓦屋面4类。

（3）屋顶排水设计的主要内容是：确定屋面排水坡度的大小和坡度形成的方法；选择排水方式和屋顶的坡面数；绘制屋顶排水平面图。单坡排水的屋面宽度控制在 12～15m以内。每根雨水管可排除约 200m² 的屋面雨水，其间距一般控制在 18～24m 以内。矩形天沟净宽不小于 200mm，天沟纵坡最高处离天沟上口的距离不小于 120mm，天沟纵向坡度取 0.5％～1％。

（4）柔性防水屋面防水层下面须做找平层，上面应做保护层。作为柔性防水屋面的细部构造是防水的薄弱部位，包括泛水、檐口、雨水口等。

（5）刚性防水屋面主要适用于我国南方地区。为了防止混凝土开裂，应在防水层中加钢筋网片，设置分隔缝，在防水层与结构层之间加铺隔离层。刚性防水屋面的细部构造是防水的薄弱部位，包括泛水、檐口、雨水口等。

（6）涂膜防水屋面的构造要点类同于柔性防水屋面。

（7）坡屋顶的承重结构形式有横墙承重、梁架承重、屋架承重、屋面板承重等。坡屋顶的屋面板主要起围护作用。其构造主要有以下两种形式：一是采用不透水或是具有自防水功能的成品构件，直接安装在屋面结构的支承构件上面形成屋面，如冷摊瓦屋面、压型钢板组合屋面等；另一做法是先铺设各类板材以形成屋面基层后，再在其上面做防水及隔热、保温等相关构造层次，如木屋面板平瓦屋面、钢筋混凝土基层平瓦屋面等。瓦屋面的屋脊、檐口等部位应做好细部构造处理。

复习思考题

1．屋顶作用是什么？设计屋顶应满足哪些要求？

2．影响屋顶坡度的因素有哪些？形成坡度的方式有哪些？试比较各种方法的优缺点。

3．什么是有组织排水和无组织排水？它们各自的适用范围是什么？

4．屋顶排水组织设计的内容和要求是什么？

5．柔性防水屋面有哪些构造层次？各层做法如何？

6．刚性防水屋面有哪些构造层次？各层做法如何？

7．刚性防水层可采取哪些措施来预防开裂？

8．什么叫泛水？试绘制泛水构造详图。

9．坡屋顶的承重结构有哪几种？分别在什么情况下采用？

10. 坡屋顶在檐口、山墙处有哪些构造形式？如何进行防水及泛水处理？

阶段设计练习 3：屋顶构造设计

1. 目的要求

通过本次设计掌握：屋顶的排水方式和要求、坡度的形成方式；屋面防水的种类、构造层次和细部构造做法；屋面排水设计的方法和步骤。

2. 设计条件

(1) 图 11.39 为某小学教学楼平面图和剖面图。该教学楼为 4 层，教学区层高为 3.60m，办公区层高为 3.30m，教学区与办公区的交界处做错层处理。所有墙体厚度均为 240mm，定位轴线与墙体中线相重合。

(2) 结构类型：砖混结构。

(3) 屋顶类型：平屋顶。

(4) 屋顶排水方式：有组织排水，檐口形式由学生自定。

(5) 屋面防水方案：柔性防水或刚性防水。

(6) 屋顶有保温或隔热要求。

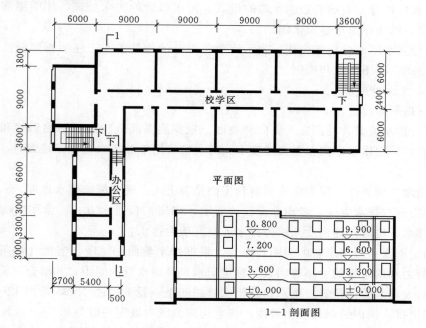

图 11.39 某小学教学楼平面图和剖面图

3. 设计内容及深度

按建筑制图标准的规定，绘制该小学教学楼屋顶平面图和屋顶节点详图。

(1) 屋顶平面图，比例为 1∶200。

1) 画出各坡面交线、檐沟或女儿墙和天沟、雨水口和屋面上人孔等，刚性防水屋面还应画出纵横分格缝。

2）标注屋面和檐沟或天沟内的排水方向和坡度值，标注屋面上人孔等突出屋面部分的有关尺寸，标注屋面标高（结构上表面标高）。

3）标注各转角处的定位轴线和编号。

4）外部标注两道尺寸（即轴线尺寸和雨水口到邻近轴线的距离或雨水口的间距）。

5）标注详图索引符号，注写图名和比例。

（2）屋顶节点详图，比例为 1∶10 或 1∶20。

1）檐口构造。采用檐沟外排水时，表示清楚檐沟板的形式、屋顶各层构造、檐沟处的防水处理，以及檐沟板与圈梁、墙、屋面板之间的相互关系，标注檐沟尺寸，注明檐沟饰面层的做法和防水层的收头构造做法；采用女儿墙外排水或内排水时，表示清楚女儿墙压顶构造、泛水构造、屋顶各层构造和天沟形式等，注明女儿墙压顶和泛水的构造做法，标注女儿墙的高度、泛水高度等尺寸；采用檐沟女儿墙外排水时要求同前。

用多层构造引出线注明屋顶各层做法，标注屋面排水方向和坡度值，标注详图符号和比例，剖切到的部分用材料图例表示。

2）泛水构造。画出高低屋面之间的立墙与低屋面交接处的泛水构造，表示清楚泛水构造和屋顶各层构造，注明泛水构造做法，标注有关尺寸，标注详图符号和比例。

3）雨水口构造。表示清楚雨水口的形式、雨水口处的防水处理，注明细部做法，标注有关尺寸，标注详图符号和比例。

4）刚性防水屋面分格缝构造。表示清楚各部分的构造关系，注明细部做法，标注细部尺寸、标高、详图符号和比例。

4. 设计方法和步骤

（1）屋顶平面设计。

1）划分排水坡面，确定排水方向和坡度。根据屋面高低、屋顶平面形状和尺寸，划分排水坡面，确定排水方向。屋面宽度不大时，常采用单坡排水，宽度较大时，宜采用双坡排水。

根据当地气候条件、屋面防水材料和屋面是否上人，确定屋面排水坡度。

2）确定檐口排水方式。考虑立面设计要求，确定檐口排水方式。常用檐沟外排水和女儿墙外排水，也可用檐沟女儿墙外排水或女儿墙内排水。

3）确定雨水口及雨水管的间距和位置。根据排水坡面的宽度、当地气候条件、排水沟的集水能力和雨水管的大小等因素，确定雨水口及雨水管的间距，并结合立面设计要求确定雨水口及雨水管的位置。雨水口及雨水管的间距一股不超过 24m，常用 12～18m。

4）确定排水沟内的纵向排水坡度。排水沟内的纵向坡度一般为 0.5%～1%。

5）确定屋面防水方案。根据屋面防水要求、当地气候条件等因素，确定屋面防水方案，并选择防水材料。若为刚性防水屋面，还应设置分格缝（又称分仓缝），并根据屋面宽度和结构布置确定分格缝的间距和位置，横向和纵向分格缝的间距一般不超过 6m。

6）确定屋面上人孔等突出屋面部分的位置和尺寸。

（2）屋顶细部构造。

1）檐口构造。

　　a. 檐沟外排水。考虑排水要求、结构要求、施工条件和立面美观等因素，确定檐沟板的断面形式和尺寸，以及支承方式。檐沟净宽一般不小于 200mm，分水线处的檐沟深度不宜小于 100mm。应做好檐沟处的防水，注意防水层的收头处理。根据当地气候条件和建筑物的使用要求，考虑保温构造或隔热构造。确定屋面防水、保温或隔热、找坡等构造做法。

　　b. 女儿墙外排水或内排水。包括女儿墙泛水构造、女儿墙压顶构造以及屋面构造等，还应根据泛水要求和立面设计要求，确定女儿墙的高度。

　　c. 檐沟女儿墙外排水。确定槽沟的形式、尺寸、支承方式及防水构造，确定女儿墙处的泛水构造、女儿墙压顶做法和排水口的高度，确定屋面做法。

　　2）泛水构造。确定泛水的构造做法和泛水高度，做好防水层的收头处理，确定屋面做法。

　　3）雨水口构造。根据屋面排水方式，选择雨水口的形式。檐沟外排水、檐沟女儿墙外排水和女儿墙内排水的雨水口是直管，设于沟底；女儿墙外排水的雨水口是弯管，设于女儿墙的根部；选择雨水口、雨水斗和雨水管的材料，确定安装方法；做好雨水口处的防水，注意雨水口周边的防水层收头处理；确定屋面做法。

　　4）分格缝构造。确定分格缝的宽度，确定纵向和横向分格缝的防水构造做法。

　　5. 图纸要求

　　（1）采用 A2 图幅，用 AutoCAD 软件计算机制图或手工绘制。

　　（2）图面要求字迹工整、图样布局均匀，线型粗细及材料图例等应符合施工图要求及建筑制图国家标准。

第 12 章 门 和 窗

本章导读

本章基本要求：了解门窗的类型、特点及适用范围；了解特殊门窗的类型；了解门窗遮阳方式；掌握铝合金门窗及塑钢门窗的构造，熟练掌握门窗的开启方式。

本章重点、难点：重点，门窗的开启方式，钢门窗、铝合金门窗与塑钢门窗连接构造。难点，门窗与主体间的连接构造。

12.1 概 述

12.1.1 门窗的功能

门窗属于房屋建筑中的围护及分隔构件，门窗面积占整个建筑面积的 1/4 左右，门窗造价占建筑总造价的 15％ 左右。它们在不同情况下，有分隔、采光、通风、保温、隔声、防水及防火不同的要求。门的主要功能是供交通出入及分隔、联系建筑空间，带玻璃或亮子的门也可起通风、采光的作用；窗的主要功能是采光、通风及观望。另外，门窗的形状、比例尺度、排列组合以及材料，对建筑物的外观及室内装修造型影响也很大。

12.1.2 门窗的尺度要求

12.1.2.1 门的尺度要求

门的尺度一般是指门的高宽尺寸。门的具体尺寸应综合考虑以下几方面因素。

（1）使用和交通安全方面要求。门的尺度应考虑人体的尺度和人流量，搬运家具、设备所需高度尺寸等要求，以及有无其他特殊需要。例如门厅前的大门往往由于美观及造型需要，常常考虑加高、加宽门的尺度。

（2）符合门洞口尺寸系列。门洞口尺寸应遵守国家标准《建筑门窗洞口尺寸系列》（GB/T 5824—2008）。门洞口宽和高的标志尺寸规定为：600mm、700mm、800mm、900mm、1000mm、1200mm、1400mm、1500mm、1800mm 等。其中部分宽度不符合 3M 规定，而是根据门的实际需要确定。

对于外门，在不影响使用的前提下，应符合节能原则，特别是住宅的门不能随意扩大尺寸。一般房间，门的洞口宽度最小为 900mm，厨房、厕所等辅助房间，门洞的宽度最小为 700mm。门洞口高度除卫生间、厕所可为 1800mm 以外，均不应小于 2000mm。门洞口高度大于 2400mm 时，应设计上亮窗。门洞较窄时可开一扇，1200～1800mm 的门洞应开双扇，大于 2000mm 的门洞则应开三扇或多扇。

民用建筑中常用平开门的尺度范围可参考表 12.1。

表 12.1　　　　　　　　　　民用建筑平开门尺度参考表　　　　　　　　单位：mm

宽 高	700	800	900	1200	1500	1800	2400	3000	3300
2100									
2400									
2700									
3000									

12.1.2.2　窗的尺度要求

（1）采光和通风要求。按照建筑物的照度标准，建筑门窗应当选择适当的形式以及面积。

从形式上看，长方形窗构造简单，在采光数值和采光均匀性方面最佳，所以最常用。但其采光效果还与宽、高的比例有关。按照国家相应的规范要求，一般居住建筑的起居室、卧室的窗地比不小于 1/7，学校为 1/5，医院手术室为 1/3～1/2，辅助房间为 1/12。

在通风方面，自然通风是保证室内空气质量的重要因素。在进行建筑设计时，必须注意选择有利于通风的窗户形式和合理的门窗位置，以获得空气对流。

（2）安全方面要求。相关规范规定了不同性质的建筑物以及不同高度的建筑物，其开窗的高度不同。

（3）节能要求。在《严寒和寒冷地区居住建筑节能设计标准》（JGJ 26—2018）中，明确规定了寒冷地区及其以北地区各朝向窗墙面积比。该标准规定，按地区不同，北向、东西向以及南向的窗墙面积比，应分别控制在 20%、30%、35%左右。窗墙面积比是窗户洞口面积与房间的立面单元面积（及建筑层高与开间定位轴线围成的面积）之比。

（4）符合窗洞口尺寸系列。为了使窗的设计与建筑设计、工业化和商业化生产，以及施工安装相协调，国家颁布了《建筑门窗洞口尺寸系列》（GB/T 5824—2008）。窗洞口的高度和宽度（指标志尺寸）规定为 3M 的倍数。但考虑到某些建筑，如住宅建筑的层高不大，以 3M 进位作为窗洞高度，尺寸变化过大，所以增加 1400mm、1600mm 作为窗洞高的辅助参数。

（5）结构要求。窗的高宽尺寸受到层高及承重体系以及窗过梁高度的制约。

（6）美观要求。窗是建筑物造型的重要组成部分，窗的尺寸和比例关系对建筑立面影响极大。

可开窗扇的尺寸，从强度、刚度、构造、耐久和开关方便考虑，不宜过大。平开窗扇的宽度一般在 400～600mm 左右，高度一般在 800～1500mm 左右。当窗较大时，为减少可开窗扇的尺寸，可在窗的上部或下部设亮窗，北方地区的亮窗多为固定的，南方为了扩大通风面积，窗的上亮子多做成可开关的。亮子的高度一般采取 300～600mm 左右。固定扇不需装合页，宽度可达 900mm 左右。推拉窗扇宽度亦可达 900mm 左右，高度不大于 1500mm，过大时开关不灵活。

12.1.3　常见的门窗材料

常见门窗可用木、金属、塑料等材料制成。

木门窗加工制作方便，价格较低，用于室内较多。但木材耗量大，防火性能差，许多木材遇水都会发生翘曲变形以至影响使用。

金属门窗主要包括钢门窗以及铝合金门窗。钢门窗因节能效果和整体刚度都较差已不再推广使用。铝合金门窗由不同断面型号的铝合金型材、配套零件及密封件加工制成，其自重小、刚度大、抵抗变形能力强，并且框料经过氧化着色处理，无需再涂漆和进行表面维修。目前，国内铝合金门窗的加工和使用已比较普遍，各地铝合金门窗加工厂都有系列标准产品供选择，需特殊制作时，一般也只需提供立面图和使用要求，委托加工即可。

塑料门窗是以聚氯乙烯、改性聚氯乙烯或其他树脂为主要原料，轻质碳酸钙为填料，添加适量助剂和改性剂，经挤压、机制成各种空腹截面后拼装而成的。普通塑料门窗的抗弯曲变形能力较差，因此制作门窗框时一般需要在型材内腔加入钢或铝等加强材料，故称塑钢门窗，如图 12.1 所示。塑料门窗的材料耐腐蚀性能好，使用寿命长，且无需油漆着色及维护保养。塑料本身的导热系数十分接近于木材，但由于是由中空异型材拼装而成的，因此，保温隔热性能大为提高，而且制作时一般采用双级密封，故其气密性、水密性

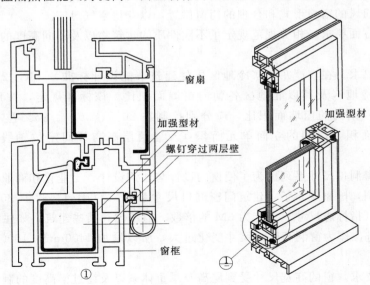

图 12.1　塑钢门窗断面示例

和隔声性能也都很好。加上工程塑料良好的耐候性、阻燃性和电绝缘性，使得塑料门窗成为受到推崇使用的产品类型。

12.1.4 我国建筑门窗的发展

随着社会的不断发展，科学技术的不断进步，建筑标准的逐步提高，人们对建筑门窗工程的使用功能也不断提出了新的要求，希望所使用的门窗应具有变形小、重量轻、强度高、密封性能好、色彩美观、不易腐朽、不易变色等性能。而在客观方面，我国新型建筑材料的蓬勃发展，为改进门窗的材料、构造、做法提供了先决条件。

（1）在门窗材料方面。打破了过去只有木、钢做门窗材料的局面，出现了铝合金门窗、塑料门窗、塑钢门窗、渗铝空腹钢窗、彩色涂层钢板门窗等。

（2）在使用功能方面。出现了为保证居住安全的防盗门，为控制噪声影响的消声门，库房、橱窗使用方便的卷帘门窗，为满足消防要求的防火门窗，以及宾馆、饭店等公共建筑为方便顾客进出的自动感应门等。

（3）在装饰造型方面。随着人们对居住环境要求的提高，室内、外装潢也愈来愈受到重视。与装潢配套的门窗也已不能满足过去那种简单的镶板门、主夹板门，而要求在门窗框、门扇上进行包装，做出线条和花饰，于是出现了装饰门，与室内华丽的装饰相协调。为了适应建筑整体造型的要求，出现了圆形、弧形、折线形等不同的门窗形式。

12.2　门窗的组成及开启方式

12.2.1　门窗的组成

12.2.1.1　门的构造组成

一般门的构造主要由门框和门扇两部分组成。门框又称为门樘，一般由两边的垂直边梃和自上而下分别称作上槛、中槛、下槛的水平构件组成，多扇门还有中竖框。考虑到使用方便，门大多不设下槛。传统木门的门框用料，大门可为（60～70）mm×（140～150）mm（毛料），内门可为（50～70）mm×（100～120）mm，有纱门实用料宽度不宜小于150mm。门扇由上冒头、中冒头、下冒头和边梃等组成。为了通风采光，可在门的上部设亮窗，有固定、平开及上悬、中悬、下悬等形式，其构造同窗扇。门框与墙间的缝隙常用木条盖缝，称门头线，俗称贴脸，如图12.2所示。门上还有五金零件，常见的有铰链、门锁、插销、拉手、停门器、风钩等。

12.2.1.2　窗的构造组成

窗主要由窗框和窗扇两部分组成。窗框又称窗樘，一般由上框、下框、中横框、中竖框及边框等组成。窗扇由上冒头、中冒头（窗芯）、下冒头及边梃组成。依镶嵌材料的不同，有玻璃窗扇、纱窗扇和百叶窗扇等。平

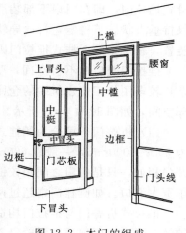

图 12.2　木门的组成

开窗的窗扇宽度一般为 400～600mm，高度为 800～1500mm，窗扇与窗框用五金零件连接，常用的五金零件有铰链、风钩、插销、拉手及导轨、滑轮等。窗框与墙的连接处，为满足不同的要求，有时加贴脸、窗台板、窗帘盒等，如图 12.3 所示。

图 12.3　木窗的组成

12.2.2　门窗的开启方式

12.2.2.1　门的开启方式

门的开启方式通常有：平开、弹簧、推拉、折叠、旋转、上翻（滑）及卷帘等。

（1）平开门。平开门是水平开启的门，它的铰链装于门扇的一侧与门框相连，使门扇围绕铰链轴转动。其门扇有单扇、双扇，向内开和向外开之分，所有出入口的外门均应外开。平开门构造简单，开启灵活，加工制作简便，易于维修，是建筑中最常见、使用最广泛的门。但其门扇受力状态较差，易产生下垂或扭曲变形，所以门洞一般不宜大于 3.6m×3.6m。门扇可以由木、钢或钢木组合而成，门的面积大于 5m² 时，例如用于工业建筑时，宜采用角钢骨架。而且最好在洞口两侧做钢筋混凝土的壁柱，或者在砌体墙中砌入钢筋混凝土砌块，使之与门扇上的铰链对应，如图 12.4（a）所示。

（2）弹簧门。弹簧门可以单向或双向开启。其侧边用弹簧铰链或下面用地弹簧转动。其使用方便，美观大方，广泛用于商店、医院、办公和商业大厦。托儿所、幼儿园、小学或其他儿童集中活动场不得使用弹簧门。为避免人流相撞，门扇或门扇上部应镶嵌玻璃，如图 12.4（b）所示。

（3）推拉门。推拉门开启时门扇沿轨道向左右滑行。通常为单扇和双扇，也可做成双轨多扇或多轨多扇，开启时门扇可隐藏于墙内或悬于墙外。根据轨道的位置，推拉门可分为上挂式和下滑式。当门扇高度小于 4m 时，一般采用上挂式推拉门，即在门扇的上部装置滑轮，滑轮吊在门过梁的预埋铁轨（上导轨）上。当门扇高度大于 4m 时，一般采用下滑式推拉门，即在门扇下部装滑轮，将滑轮置于预埋在地面的铁轨（下导轨）上。为使门保持垂直状态下稳定运行，导轨必须平直，并有一定刚度，下滑式推拉门的上部应设导向装置，较重型的上挂式推拉门则在门的下部设导向装置。

推拉门开启时不占空间，受力合理，不易变形，但在关闭时难以严密，构造亦较复杂，较多用作工业建筑中的仓库和车间大门。在民用建筑中，一般采用轻便推拉门分隔内部空间，如图 12.4（c）所示。

（4）折叠门。可分为侧挂式折叠门和推拉式折叠门两种。由多扇门构成，每扇门宽度为 500～1000mm，一般以 600mm 为宜，适用于宽度较大的洞口。侧挂式折叠门与普通平开门相似，只是门扇之间用铰链相连而成。当用普通铰链时，一般只能挂两扇门，不适用于宽大洞口。如侧挂门扇超过两扇时，则需使用特制铰链。

推拉式折叠门与推拉门构造相似，在门顶或门底装滑轮及导向装置，每扇门之间连以铰链，开启时门扇通过滑轮沿着导向装置移动。

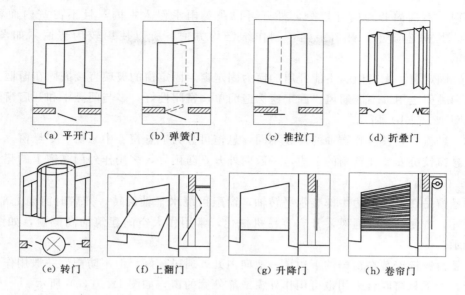

（a）平开门　　　　（b）弹簧门　　　　（c）推拉门　　　　（d）折叠门

（e）转门　　　　（f）上翻门　　　　（g）升降门　　　　（h）卷帘门

图 12.4　门的开启方式

折叠门开启时占空间少，但构造较复杂，一般在商业建筑或公共建筑中作灵活分隔空间用，如图 12.4（d）所示。

（5）转门。由两个固定的弧形门套和垂直旋转的门扇构成。门扇可分为三扇或四扇，绕竖轴旋转。转门对防止室内外空气流的对流有一定的作用，可作为寒冷地区公共建筑的外门及有空调房屋的外门，转门的通行能力较弱，不能作为疏散门。当设置在疏散口时，需在转门两旁另设疏散用门，如图 12.4（e）所示。

（6）上翻门。其特点是充分利用上部空间，门扇不占用面积，五金及安装要求高。它适用于不经常开关的门，如车库、仓库等场所。按需要可以使用遥控装置，如图 12.4（f）所示。

（7）升降门。升降门的特点是开启时门扇沿轨道上升，不占使用面积，常用于空间较高的民用与工业建筑，一般不经常开关，需要设置传动装置及导轨，如图 12.4（g）所示。

（8）卷帘门。它是由很多冲压成型的金属叶片连接而成的门，页片可用镀锌钢板或合金铝板轧制而成，页片之间用铆钉连接。另外还有导轨、卷筒、驱动机构和电气设备等组成部件。页片上部与卷筒连接，开启时页片沿着门洞两侧的导轨上升，卷在卷筒上。传动装置有手动和电动两种。它的特点是开启时不占使用面积，但五金制作相对复杂，造价高，常用于商业建筑的大门及某些公共建筑中用作防火分区的构件等，如图 12.4（h）所示。

12.2.2.2　窗的开启方式

窗的形式一般按开启方式分类。而窗的开启方式主要取决于窗扇铰链安装的位置和转动方式。通常窗的开启方式有平开、推拉、上悬、中悬以及内开下悬等。

（1）平开窗。铰链安装在窗扇一侧与窗框相连，向外或向内水平开启。有单扇、双扇、多扇，有向内开与向外之分，外开可以避免雨水侵入室内，且不占室内面积，故常采用。其构造简单，开启灵活，制作维修均方便，所以使用较为普遍，如图 12.5 (a) 所示。

(2) 固定窗。无窗扇、不能开启的窗为固定窗。固定窗的玻璃直接嵌固在窗框上，可供采光和眺望之用，不能通风。固定窗构造简单，密闭性好，多与门亮子和开启窗配合使用，如图 12.5 (b) 所示。

(3) 悬窗。因铰链和转轴的位置不同，悬窗可分为上悬窗、中悬窗、下悬窗。

上悬窗铰链安装在窗扇的上边，一般向外开，防雨好，多用作外门和窗上的亮子，如图 12.5 (c) 所示。

中悬窗是在窗扇两边中部装水平转轴，窗扇可绕水平轴旋转，开启时窗扇上部向内，下部向外，方便挡雨、通风，开启容易机械化，常用作大空间建筑的高侧窗，如图 12.5 (d) 所示。

下悬窗铰链安装在窗扇的下边，一般向内开，通风较好，但不防雨，一般用作内门上的亮子。上下悬窗联合采用也可用作外窗或靠外廊的窗，如图 12.5 (e) 所示。

(4) 立转窗。立转窗在窗扇上下冒头中部设转轴，立向转动，这种窗通风效果好，但不够严密，防雨及防寒性能差，不宜用于寒冷和多风沙的地区，如图 12.5 (f) 所示。

(5) 推拉窗。推拉窗分垂直推拉窗 [图 12.5 (g)] 和水平推拉窗 [图 12.5 (h)] 两种。水平推拉窗一般在窗扇上下设滑轨槽，垂直推拉窗需要升级及制约措施，窗扇都是前后交替不在同一直线上。推拉窗开启时不占室内空间，窗扇受力状态好，窗扇及玻璃尺寸均可较平开窗为大。尤其适用于铝合金及塑料窗。但通风面积受到限制，推拉窗的开启扇，其净宽不宜大于 900mm，净高不宜大于 1500mm。

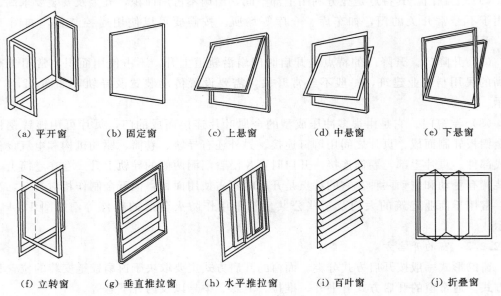

| (a) 平开窗 | (b) 固定窗 | (c) 上悬窗 | (d) 中悬窗 | (e) 下悬窗 |
| (f) 立转窗 | (g) 垂直推拉窗 | (h) 水平推拉窗 | (i) 百叶窗 | (j) 折叠窗 |

图 12.5　窗的开启方式

　　(6) 百叶窗。百叶窗主要用于遮阳、防雨及通风，但采光差，如图 12.5（i）所示。百叶窗可用金属、木材、钢筋混凝土等制作，有固定式和活动式两种形式。工业建筑中多用固定式百叶窗，叶片常做成 45°或 60°。

　　(7) 折叠窗。折叠窗全开启时视野开阔，通风效果好，但需用特殊五金件，如图 12.5（j）所示。

12.3 金 属 门 窗

12.3.1 钢门窗

　　钢制门窗与木门窗相比具有强度、刚度大，耐水、耐火性好，外形美观以及便于工厂化生产等特点。另外，钢窗的透光系数较大，与同样大小洞口的木窗相比，其透光面积高达 75% 左右，但钢门窗易受酸碱和有害气体的腐蚀，气密性、水密性较差，并且由于钢材的导热系数大，钢门窗的热损耗亦较多。目前，我国钢门窗的生产已具备标准化、工厂化和商品化的特点，各地均有钢窗的标准图供选用。非标准的钢门窗也可自行设计，并委托工厂进行加工，但费用高，工期长。故设计中应尽量采用标准钢门窗。

12.3.1.1 钢门窗的结构类型

　　钢门窗通常分为实腹和空腹两大类型。门窗材料基本是一致的，仅在细部构造上略有区别。实腹钢门窗由于金属表面外露，易于油漆，故耐蚀性能较好，空腹钢门窗的材料为空芯材料，其芯部空间的表面不便于油漆，因而门窗的耐腐蚀性能不如实腹的好，但空腹门窗的用钢量要比实腹门窗节省得多。目前，许多厂家已对空腹铜门窗进行了磷化处理，使其抗腐蚀能力有了很大提高。每一厂家都有钢门窗集，可以参照图集选用与设计洞口相符的门窗。

　　(1) 实腹式钢门窗。实腹式钢门窗料用的热轧型钢有 25mm、32mm、40mm 三种系列，肋厚 2.5～4.5mm，适用于风荷载不超过 0.7kN/m² 的地区。民用建筑中窗料多用 25mm 和 32mm 两种系列，钢门窗料多用 32mm 和 40mm 两种系列。

　　实腹式钢门窗适用于一般工业厂房、生产辅助建筑和洁净的空调车间。在选用合适的情况下，亦可用于民用住宅。

　　(2) 空腹式钢门窗。空腹式钢门窗料是采用低碳钢经冷轧、焊接而成的异型管状薄壁钢材，壁厚为 1.2～1.5mm。现在已很少采用。

12.3.1.2 钢门窗构造

　　1. 基本形式的钢门窗

　　为了适应不同尺寸门窗洞口的需要，便于门窗的组合和运输，钢门窗都以标准化的系列门窗规格作为基本单元。其高度和宽度为 3M（300mm）的模数，常用的钢窗高度和宽度为 600mm、900mm、1200mm、1500mm、1800mm、2100mm。钢门的宽度有 900mm、1200mm、1500mm、1800mm，高度有 2100mm、2400mm、2700mm。实腹钢门窗基本单元形式见表 12.2。

表 12.2　　　　　　　　　　　实腹钢门窗基本单元形式

高/mm ＼ 宽/mm	600	900 1200	1500 1800
600		（图）	
平开窗 900 1200 1500	（图）	（图）	（图）
1500 1800 2100	（图）	（图）	（图）
600 900 1200		（图）	（图）

高/mm ＼ 宽/mm	900	1200	1500 1800
门 2100 2400	（图）	（图）	（图）

　　实腹钢门窗的构造如图 12.6 所示。如图 12.6（a）所示为实腹平开窗立面，左边腰窗固定，右边腰窗为上悬式窗。如图 12.6（b）所示为实腹平开门的立面。

　　钢门窗的安装方法采用塞口法，门窗框与洞口四周通过预埋铁件用螺钉牢固连接。固定点的间距为 500～700mm。在砖墙上安装时多预留孔洞，将燕尾铁脚插入洞口，并用砂浆嵌牢，如图 12.7（a）所示。在钢筋混凝土梁或墙柱上则先预埋铁件，将钢窗的 Z 形铁脚焊接在预埋铁板上，如图 12.7（b）所示。钢门窗玻璃的安装方法与木门窗不同，一般先用油灰打底，然后用弹簧夹子或钢皮夹子将玻璃嵌固在钢门窗上，最后再用油灰封闭，如图 12.8 所示。

　　2. 钢门窗的组合与连接

　　钢门窗洞口尺寸不大时，可采用基本钢门窗，直接安装在洞口上。较大的门窗洞口则需用标准的基本单元和拼料组拼而成，拼料支承着整个门窗，以及保证钢门窗的刚度和稳定性。

　　基本单元的组合方式有三种，即竖向组合、横向组合和横竖向组合，如图 12.9 所示。基本钢门窗与拼料间用螺栓牢固连接，并用油灰嵌缝，如图 12.10 所示。

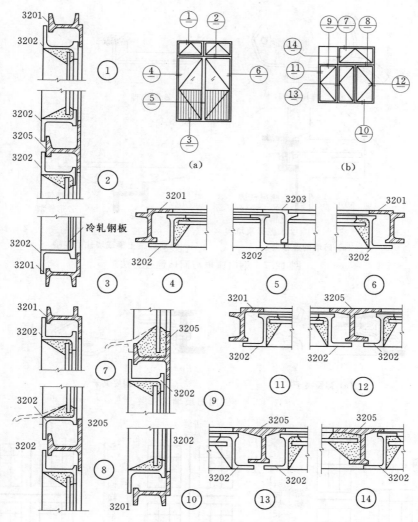

图 12.6 实腹钢门窗构造

12.3.2 铝合金门窗

铝合金门窗以其用料省、质量轻、密闭性好、耐腐蚀、坚固耐用、色泽美观、维修费用低等优点已经得到广泛的应用。

12.3.2.1 铝合金门窗的特点

（1）质量轻。铝合金门窗用料省、质量轻，每平方米耗用铝材质量平均为 8～120kg，而每平方米钢门窗耗用钢量平均为 17～20kg，较木门窗轻 50% 左右。

（2）性能好。铝合金门窗在气密性、水密性、隔声和隔热性能方面较钢、木门窗都有显著的提高。因此，它适用于装设采暖空调设备以及对防水、防尘、隔声、保温隔热有特殊要求的建筑。

（3）坚固耐用。铝合金门窗耐腐蚀，不需涂任何涂料，其氧化层不褪色、不脱落。这种门窗强度高、刚度好，坚固耐用，开闭轻便灵活，安装速度快。

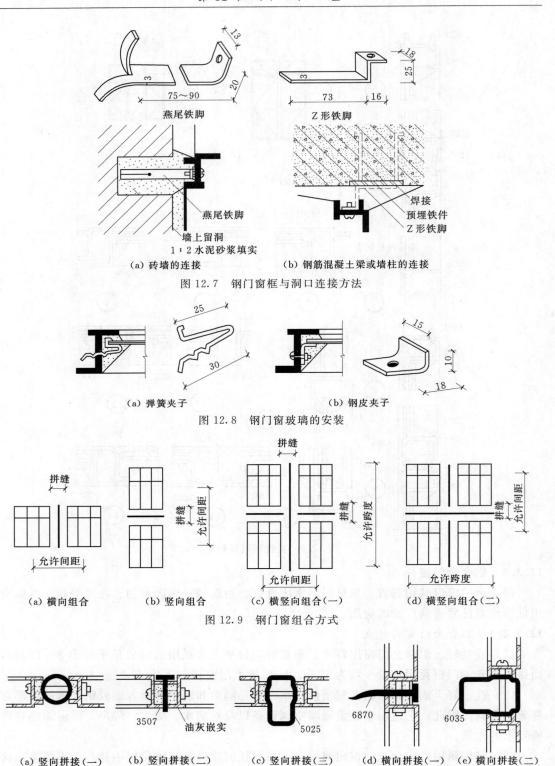

图 12.7 钢门窗框与洞口连接方法

图 12.8 钢门窗玻璃的安装

图 12.9 钢门窗组合方式

图 12.10 基本钢门窗与拼料的连接

（4）色泽美观。铝合金门窗框料型材，表面经过氧化着色处理，既可以保持铝材的银白色，也可以制成各种柔和的颜色或带色的花纹，如古铜色、暗红色、黑色等；还可以在铝材表面涂刷一层聚丙烯酸树脂保护装饰膜，制成的铝合金门窗造型新颖大方、表面光洁、外观美丽、色泽牢固，增加了建筑物立面和室内的美观。

（5）实现工业化生产。铝合金窗从框料型材加工、配套零件及密封性制作，到门窗装配试验都能大批量工业化生产，有利于实现门窗产品设计标准化，系列化，零配件通用化。

12.3.2.2 铝合金门窗构造

铝合金窗的开启方式多为水平推拉式，根据需要也可以采用平开式，如图 12.11 所示，

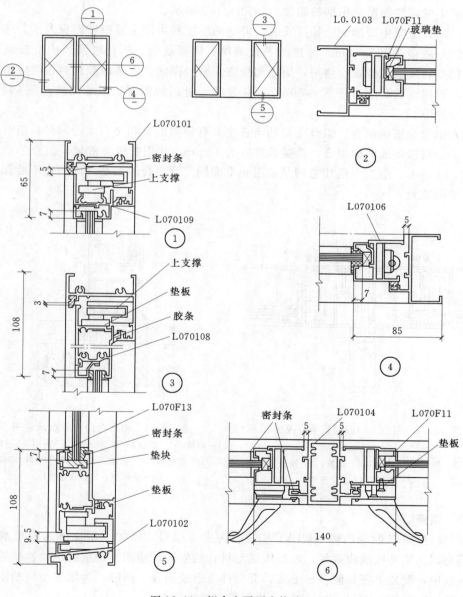

图 12.11 铝合金平开窗构造

下面就以铝合金推拉窗为例，讲述有关构造做法。

（1）铝合金窗框的构造。铝合金窗框应采用塞口的方式安装，其装入洞口应横平竖直，外框与洞口应弹性连接牢固，不得将窗外框直接埋入墙体。这样做一方面是保证建筑物在一般振动、沉降和热胀冷缩等因素引起的互相撞击、挤压时，不致使窗损坏；另一方面使外框不直接与硅、水泥浆接触，避免碱对铝型材的腐蚀，对延长使用寿命有利。

铝合金窗框与墙体的缝隙填塞，应按设计要求处理。一般多采用矿棉条或玻璃棉毡条分层填塞，缝隙外表留 5～8mm 深的槽口，填嵌密封材料。这样做主要是为防止窗框四周形成冷热交换区产生结露，影响建筑物的保温、隔声、防风沙等功能，同时也能避免砖、砂浆中的碱性物质对窗框的腐蚀，如图 12.12 所示。

（2）铝合金窗中玻璃的选择及安装。玻璃的厚度和类别主要根据面积大小、热功要求来确定。一般多选用 3～8mm 厚度的平板玻璃、镀膜玻璃、钢化玻璃或中空玻璃等。在玻璃与铝型材接触的位置设垫块，周边用橡皮条密封固定。安装橡胶密封条时应留有伸缩余量，一般比窗的装配边长 20～30mm，并在转角处斜边断开，然后用胶结剂粘贴牢固，以免出现缝隙。

（3）铝合金窗的组合。铝合金窗的组合主要有横向组合和竖向组合两种。组合时，应采用套插、搭接形成曲面组合，搭接长度宜为 10mm，并用密封膏密封，组合的节点详图如图 12.13 所示。应当引起注意的是要阻止平面同平面组合的做法，因为它不能保证铝合金窗安装的质量。

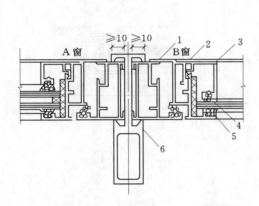 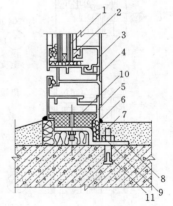

图 12.12　铝合金门窗安装节点及缝隙　　　　图 12.13　铝合金门窗节点示意图
处理示意图　　　　　　　　　1—玻璃；2—橡胶条；3—压条；4—内扇；5—外框；
1—外框；2—内扇；3—压条；4—橡胶条；　　6—密封膏；7—砂浆；8—地脚；9—软填料；
5—玻璃；6—组合杆件　　　　　　　　　10—塑料垫；11—膨胀螺栓

12.3.3　塑钢门窗

塑钢门窗是以聚氯乙烯（UPVC）树脂为主要原料，添加一定比例的稳定剂、着色剂、填充剂、紫外线吸收剂等，经挤压成型材，然后通过切割、焊接或螺栓连接的方式制成门窗框扇，配装上密封胶条、毛条、五金件等组装而成。同时，为增强型材的刚性，在型材空腔内需要添加钢衬（加强筋），故而得名塑钢门窗。

塑钢门窗是继木门窗、钢门窗、铝门窗之后的第四代节能门窗，不仅综合了前几种门窗的优点，而且更胜一筹，在我国得到大量应用。

（1）塑钢门窗易加工、强度高、轻便干净、开启灵活、外观朴素大方。

（2）采用多腔式结构，传热性能极小，仅为钢材的1/357，铝材的1/250，隔热性能良好，保温节能效果十分显著，尤其对具有暖气空调设备的现代建筑物更加适用。

（3）采用熔接工艺，而且所有的缝隙均装有优质密封胶条和毛条，因此具有良好的物理性能，如气密性、水密性、抗风性能。采用不同的玻璃组合结构，可增强隔音性能。

（4）不助燃、不导电、安全系数高、不易变色、不易变质、耐腐蚀、防脆化、抗衰老，质量上乘的塑钢门窗寿命可长达30年以上。

12.3.3.1 塑钢门窗的组装与构造

塑钢门窗的组装多用组角与榫接工艺，在钢衬型材的内腔插入金属连接件，用自攻螺钉直接锁紧形成闭合钢衬结构，使整窗的强度和整体刚度大大提高。塑钢门窗构造如图12.14所示。

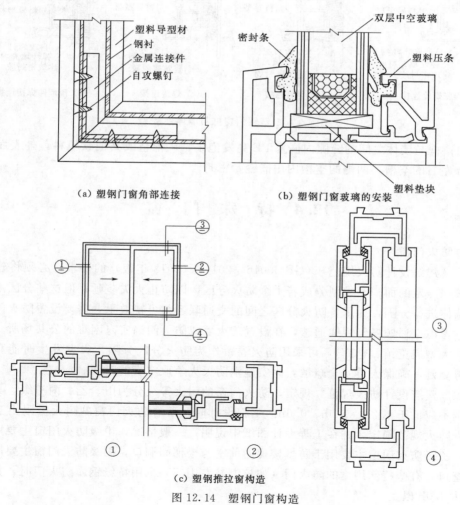

（a）塑钢门窗角部连接 （b）塑钢门窗玻璃的安装

（c）塑钢推拉窗构造

图 12.14 塑钢门窗构造

12.3.3.2 塑钢门窗的安装

塑钢门窗应采用塞口安装，不得采用立口安装。门窗框与墙体固定时，应先固定上框，后固定边框。门窗框上安装 Z 形铁件，固定点应距窗角、中竖框、中横框 150～200mm，固定点之间的间距不应大于 600mm，且不得将固定片直接安装在中横框、中竖框的挡头上。塑料门、窗框在连接固定点的位置背面钻 $\phi3.5$ 的安装孔，并用 $\phi4$ 自攻螺钉将 Z 形镀锌连接铁件拧固在框背面的燕尾槽内。将塑料门、窗框上已安装好的 Z 形连接铁件与洞口的四周固定。混凝土墙洞口，应采用射钉或塑料膨胀螺钉固定；砌体洞口，应采用塑料膨胀螺钉或水泥钉固定，但不得固定在砖缝上；加气混凝土墙洞口，应采用木螺钉将固定片固定在胶粘圆木上；有预埋铁件的洞口，应采用焊接方法固定，也可先在预埋件上按紧固件打基孔，再用紧固件固定。塑钢门窗框与墙体连接如图 12.15 所示。

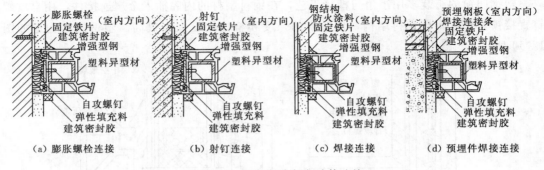

图 12.15 塑钢门窗框与墙体连接

在门窗框与墙体之间的缝隙内嵌塞 PE 高发泡条、矿棉毡或其他软填料，外表面各留出 10mm 左右的空槽，两侧的空槽内用嵌缝膏密封。

12.4 特 殊 门 窗

12.4.1 防火门窗

按照《建筑设计防火规范》（GB 50016—2014）（2018 年版）的要求，必须将建筑内部空间按照一定的面积要求划分成若干个防火分区，以防止火灾蔓延；但这些分区不可能完全由墙体进行分隔，为了各防火分区之间的交通联系与可视效果，需要设置防火门窗进行分隔。考虑交通顺畅与视线通透，在设置防火墙或防火门确实有困难的公共场所（如大型商场、大型展览馆、仓库），可采用防火卷帘作为防火分区分隔，火灾发生时能有效地抑制火势蔓延，确保人员安全疏散，为实施消防灭火争取宝贵的时间。

按照《建筑设计防火规范》规定，防火门窗的耐火等级分为甲、乙、丙三级，其耐火极限分别不应低于 1.2h、0.9h、0.6h。工程设计时，所有防火门窗的耐火极限由工程设计者根据防火规范确定，并在工程设计图纸中说明。一般情况，甲级防火门窗主要用于防火墙上，乙级防火门窗主要用于防烟楼梯的前室与楼梯间洞口，丙级防火门窗主要用于管道井检查口。有些特殊用途的防火门（如核电站专用门）采用特级钢质防火门时，其耐火极限可达 2.0h 以上。

12.4.1.1 防火门

按材质不同，防火门主要有木质、钢质、钢木质或其他材质（无机不燃材料）。木质防火门的门框、门扇骨架和门扇面板采用难燃木材或难燃木材制品制作，门扇内填充对人体无毒无害的防火隔热材料，并配以防火五金配件。钢制防火门的门框、门扇骨架和门扇面板采用冷轧薄钢板，门扇内填充对人体无毒无害的防火隔热材料，并配以防火五金配件。门框设密封槽，槽内嵌装由不燃性材料制成的密封条。木质防火门和钢质防火门的门框安装均是通过铁脚与墙内预埋钢板焊接或用膨胀螺栓连接，如图12.16所示。若为轻型砌块墙需在洞口两侧做钢筋混凝土构造柱连接。

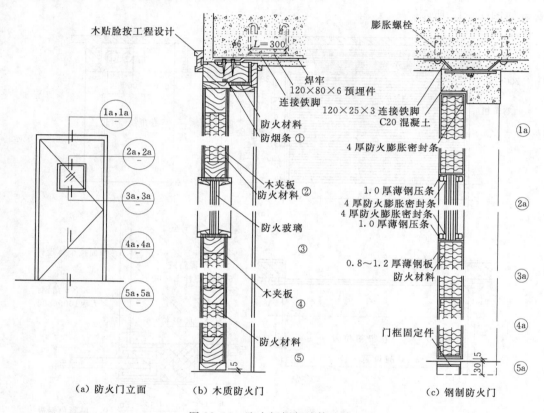

图 12.16 防火门框与墙体连接

防火门应为向疏散方向开启的平开门，且在关闭后能从任何一侧手动开启；用于疏散的走道、楼梯间和前室的防火门，应装设闭门器和顺序器，即开启后可自动关闭，且能按顺序关闭（常闭的防火门除外）。

12.4.1.2 防火窗

防火窗多采用钢质防火窗，由钢窗框、钢窗扇及防火玻璃组成。钢框架内部填充不燃性材料，防火玻璃有复合型（如防火夹层玻璃、薄涂型防火玻璃、防火中空玻璃等）和单片型（如色钾、硼硅酸盐、微晶防火玻璃等），其厚度与玻璃品种、构造及耐火极限有关，一般为16～30mm厚。窗框与玻璃之间的密封材料应为不燃材料或难燃材料。

防火窗分为固定式与活动式两种。

12.4.1.3 防火卷帘

防火卷帘包括钢防火卷帘与无机防火卷帘。无机防火卷帘是防火卷帘的新品种，主要采用无机防火纤维经过特殊加工而成。与钢质防火卷帘相比，无机防火卷帘具有体积小、质量轻、运行平稳、噪声低、外观好等优势，安全性更可靠。防火卷帘门由帘板、卷轴、箱体、导轨、座板、电气传动等部分组成，配有温感、烟感、光感报警系统与水幕喷淋系统，遇有火警可自动报警、自动喷淋、门体自重下降、定点延时关闭，受灾区域人员得以疏散。防火卷帘与墙体的安装固定可采用预埋钢板焊接或用膨胀螺栓连接；若为轻型砌块墙，需在洞口两侧做钢筋混凝土构造柱连接。钢防火卷帘的形式与安装如图 12.17 所示。

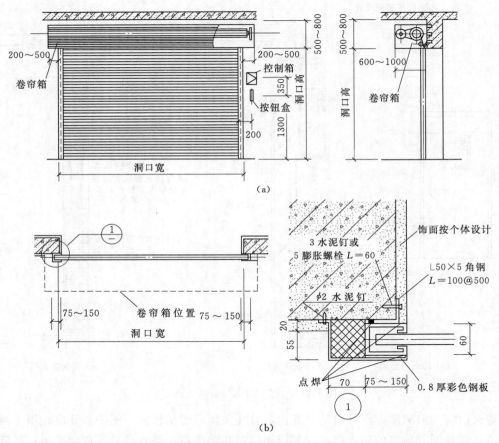

图 12.17 钢防火卷帘的形式与安装

按照《建筑设计防火规范》（GB 50016—2014）的规定，作为防火分区分隔时，在卷帘的一侧或两侧应设置独立的闭式自动喷水系统保护，既能消除烟气，降低环境温度，为人员的安全疏散提供更多时间；又能对卷帘传动部分及电控箱实行冷却，使其在火灾状态下能有效地运行。

12.4.2 隔声门窗

随着工业、交通、建筑业的发展，噪声已成为人们生活、工作、学习和环境中的一种公害。因为建筑围护结构中的门窗，尤其是一般民宅的门窗，隔声性能很差，隔声量远比外墙低，是外界噪声进入室内的主要通道，所以门窗隔声性能直接影响建筑室内环境的优劣。尤其是对于某些高噪声、干扰大的房间（如空调机房、冷冻机房、印刷车间等）或者对声学环境要求较高的厅堂（如会议室、播音室、录音室等），需安装隔声门窗。

门窗由框、扇和玻璃组成，在框、扇、玻璃之间又存在着缝隙，所以门窗的隔声性能取决于门窗型材的密度，玻璃的厚度，以及骨架与墙体之间、框扇之间、玻璃与框扇之间缝隙的处理。因此，提高门窗的隔声能力应从以下方面入手。

（1）加大门窗型材骨架的密度。加大门窗型材骨架的密度可以提高门窗的隔声能力，但同时也致使门窗过重而开关不便，五金零件也容易损坏。隔声门常采用多层复合结构，在两层面板之间填充吸声材料（如玻璃棉、玻璃纤维板、岩棉等）。

（2）增加玻璃的厚度。玻璃越厚，隔声性能越好，但对门窗扇的强度要求也高，型材要加大加厚，使得整个门窗笨重，而且成本提高。从实用角度出发，玻璃厚度以 4～5mm 为宜.。

（3）增加玻璃层数和间距。中空玻璃具有良好的降低噪声效果。中空玻璃的空气层越大，隔声效果越好，如图 12.18 所示。一般情况下，中空玻璃空气层的厚度常为 9mm 和 12mm，特殊情况为 20～100mm；但两层玻璃不应平行，以免引起共振，同时双层玻璃的厚度应不相同，削弱吻合效应的影响。玻璃要紧紧嵌在弹性垫中，以防止玻璃振动。

（4）改善门窗缝隙的密封措施。门窗缝处的密封处理可采用与节能门窗相似的做法。

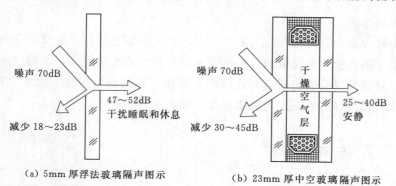

（a）5mm 厚浮法玻璃隔声图示　　　　（b）23mm 厚中空玻璃隔声图示

图 12.18　不同玻璃隔声效果比较

12.4.3　防射线门窗

因为放射线对人体有一定程度的损害，对用于科研、实验、医疗或生产等有辐射源的建筑，其放射室要做防护处理。

放射室的内墙均须装置 X 射线防护门，其防护材料为铅板，铅板的厚度须按具体情况经过计算确定。铅板既可以单面或双面包钉于门板外，也可以镶钉于门扇骨架内，如图 12.19 所示。医院的 X 射线治疗室和摄片室的观察窗，均需镶嵌 15～20mm 厚的铅玻璃，呈黄色或紫红色。铅玻璃系固定装置，但也要注意用铅板防护，四周均需交叉叠过，不留缝隙，安装要求可参考防射线门。

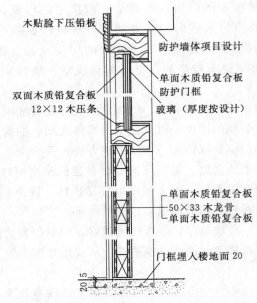

木贴脸下压铅板
防护墙体项目设计
单面木质铅复合板
防护门框
双面木质铅复合板
玻璃（厚度按设计）
12×12 木压条
单面木质铅复合板
50×33 木龙骨
单面木质铅复合板
门框埋入楼地面20

图 12.19　防射线木质平开门构造

12.5　遮　阳

12.5.1　遮阳的作用

建筑遮阳是为避免直射阳光照入室内，以减少太阳辐射热，避免夏季室内过热以及保护室内物品不受阳光照射而采取的一种措施。用于遮阳的方法很多，在窗口悬挂窗帘，利用门窗构件自身遮光以及窗扇开启方式的调节变化，利用窗前绿化、雨篷、挑檐、阳台、外廊及墙面花格都可以达到一定的遮阳效果，如图 12.20 所示。

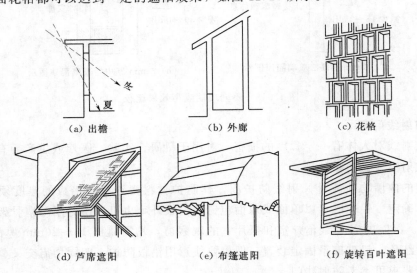

（a）出檐　　　　　　　（b）外廊　　　　　　　（c）花格

（d）芦席遮阳　　　　　（e）布篷遮阳　　　　　（f）旋转百叶遮阳

图 12.20　遮阳形式

一般房屋建筑，当室内气温在 29℃ 以上，太阳辐射强度大于 1005kJ/(m² · h)，阳光照射室内时间超过 1h、照射深度超过 0.5m 时，应采取遮阳措施；标准较高的建筑只要具备前两条即可考虑设置遮阳。遮阳的效果如下。

(1) 遮阳设施遮挡太阳辐射热。当窗口的遮阳形式符合窗口朝向所要求的形式时，遮阳后同没有遮阳之前所透进的太阳辐射热量的百分比，称为遮阳的太阳辐射透过系数。由实测得知：西向窗口用挡板式遮阳时的太阳辐射透过系数约为 17%；西南向用综合式遮阳时，约为 26%；南向用水平式遮阳时，约为 35%。

(2) 遮阳降低室温。在开窗通风而风速较小的情况下，有遮阳的房间的室温，一般比没有遮阳的低 1～2℃ 左右。

(3) 遮阳对采光和通风的不利影响。

1) 遮阳设施会减少进入屋里的光线，阴雨天时影响更大。设置遮阳板后，一般室内照度约降低 53%～73%。

2) 影响房间的通风，使室内风速约降低 22%～47%，这对防热是不利的。因此，遮阳的设计还要考虑采光，少挡风，最好能导风入室。

12.5.2　遮阳设计的依据

12.5.2.1　地理气候

我国处在北纬地区，纬度越低，天气越热，纬度越高，天气越冷。在低纬度的南方地区，夏天热的时间长，冬天冷的时间短，因此应加强夏季遮阳，防止建筑过热。同样尺寸的南向窗口，纬度较低的地区，太阳射进的深度比纬度较高的地区浅，故南向窗口的水平遮阳板的挑出长度，低纬度地区就可以比高纬度地区小。

12.5.2.2　窗口朝阳

窗口的朝向不同，太阳辐射进的热量也不同，且照射的深度和时间长短也不一样。东、西窗传入的热量比南窗将近大 1 倍，北窗是最小的。东、西窗的传热量虽然差不多，但东窗传入热量最多的时间是上午 7 时至 9 时左右，这时，室外气温还不高，室内积聚的热量也不多，所以影响不显著。西窗就不一样，它传入热量最多的时间是下午 3 时左右，这时，正是室内外温度均为最高的时候，所以影响比较大，使人们觉得西窗比东窗热得多。因此，西窗的遮阳比其他朝向窗口遮阳显得重要。当东、西窗未开窗时，则应加强南向窗的遮阳。

朝向不同的窗口，要求不同形式的遮阳，如果遮阳形式选择不合理，遮阳效果就大大降低或是造成浪费。

12.5.2.3　房间的用途

不同用途的房间，对遮阳的要求也不同。不允许阳光射进的特殊建筑，如博物馆、书库等，就应当按全年完全遮阳来进行设计；一般公共建筑物，主要是防止室内过热，按一年中气温最高的几个月和这段时间内每天中的某几个小时的遮阳来设计；一般居住的建筑，阳光短时射进来，或照射不深，采用简易活动遮阳设施较好。

综上所述，窗户遮阳的设计受多方面的影响，要全面来考虑，尽可能做到以下几点。

（1）既要夏天能遮阳，避免室内过热，又要冬天不影响必需的日照，以及保证春、秋季的阳光。

（2）晴天既能防止眩光，阴天又不致使室内光线太差，最好还能防雨。

（3）要减少对通风的影响，最好还能导风入室。

（4）构造简单、经济耐用，可能条件下同建筑立面设计配合，以取得美观的效果。

12.5.3　遮阳的形式

窗户遮阳板按其形状可分为水平遮阳、垂直遮阳、混合遮阳及挡板遮阳四种形式，如图 12.21 所示。

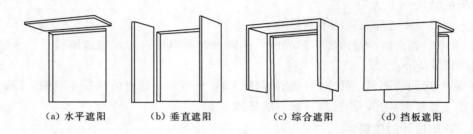

（a）水平遮阳　　　（b）垂直遮阳　　　（c）综合遮阳　　　（d）挡板遮阳

图 12.21　遮阳板基本形式

12.5.3.1　水平遮阳

在窗口上方设置一定宽度的水平方向遮阳板能够遮高度角较大的从窗口上方照射下来的阳光，适用于南向及其附近朝向的窗口。水平遮阳板可做成实心板式百叶板，较高大的窗口可在不同高度设置双层多层水平遮阳板，以减少板的出挑宽度，如图 12.21（a）所示。

12.5.3.2　垂直遮阳

在窗口侧面设置垂直方向的遮阳板，能够有效遮挡高度角较小的从窗口两侧斜射过来的阳光。根据光线的来向和具体处理的不同，垂直遮阳板可以垂直于墙面，也可以与墙面形成一定的垂直夹角，主要适用于偏南或偏西的窗口，如图 12.21（b）所示。

12.5.3.3　综合遮阳

综合遮阳是以上两种遮阳板的综合，能够遮挡从窗口左右两侧及前上方射来的阳光，遮阳效果比较均匀，主要适用于南向、东南、西向的窗口，如图 12.21（c）所示。

12.5.3.4　挡板遮阳

在窗口前方离开窗口一定距离设置与窗户平行方向的垂直挡板，可以有效地遮挡高度较小的正射窗口的阳光，主要适用于东、西向及其附近的窗口。这种遮阳形式不利于通风，遮挡了视线，可以做成隔栅式挡板，如图 12.21（d）所示。

基于以上 4 种形式，可以组合成各种各样的遮阳形式，如图 12.22 所示。这些遮阳板可以做成固定的，也可以做成活动的，后者可以灵活调节，遮阳、通风采光效果较好，但构造复杂需经常维护。固定式则坚固、耐用，较为经济。设计时应根据不同的使用要求、不同的纬度和建筑造型要求予以选用。

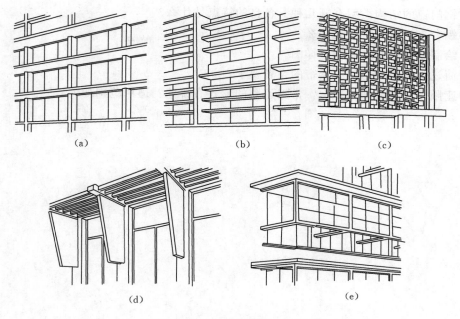

图 12.22　遮阳板组合形式

本章小结

（1）门的主要功能是供交通出入及分隔、联系建筑空间，带玻璃或亮子的门也可起通风、采光的作用；窗的主要功能是采光、通风及观望。常见门窗可用木、金属、塑料等材料制成。

（2）门的构造主要由门框和门扇两部分组成；窗的构造主要由窗框和窗扇两部分组成。

（3）门的开启方式通常有平开、弹簧、推拉、折叠、旋转、上翻（滑）及卷帘等。窗的开启方式有平开、推拉、上悬、中悬以及内开下悬等。

（4）金属门窗有钢门窗、铝合金门窗、塑钢门窗等。钢门窗通常分为实腹和空腹两大类型。

（5）特殊门窗有防火门窗、隔声门窗、防射线门窗。

（6）窗户遮阳板按其形状可分为水平遮阳、垂直遮阳、混合遮阳及挡板遮阳 4 种形式。

复习思考题

1. 门窗的功能和尺度要求是什么？

2. 门的开启方式有哪几种？各自的特点及适用的范围是什么？

3. 窗的开启方式有哪几种？各自的特点及适用的范围是什么？

4. 钢门窗的结构类型有哪几种？各自的特点是什么？

5. 铝合金门窗的特点是什么？

6. 绘制塑钢门窗安装构造详图。

7. 简述防火门窗与防火卷帘的设置要求。

8. 遮阳设计的依据是什么？常见遮阳的形式有哪些？适用范围如何？

第 13 章　建筑保温、隔热及节能

本章导读

本章的基本要求： 了解热量传递的方式与过程；了解影响外围护结构热工性能的主要因素；掌握热工设计分区及设计要求；掌握建筑保温构造；掌握建筑隔热构造；掌握建筑节能的基本原理、节能措施与技术。

本章重点、难点： 重点，提高外围结构热工性能的构造措施；提高外围护结构保温的构造措施；提高屋面、外墙、门窗隔热的构造方法；提高建筑节能的技术与措施。难点，提高建筑节能的技术与措施。

《严寒和寒冷地区居住建筑节能设计标准》（JGJ 26—2018）、《公共建筑节能设计标准》（GB 50189—2015）对居住建筑和公共建筑在节能措施方面都有了较详尽的规定，建筑的节能在我国节能减排的大环境下将发挥重要的作用。理解建筑热工的基本原理，剖析影响热工的主要因素，处理好建筑屋面、地面、门窗、外墙结构的保温与隔热构造是本章的重要内容。

13.1　建筑热工构造原理

13.1.1　热量的传递方式与传递过程

热量总是从高温处向低温处转移，热量传播分为三种方式：热传导、热对流和热辐射。热传导是指物体内部高温处的分子向低温处连续不断地传递热能的现象。热对流是指流体（如空气）中温度不同的各部分相对运动而使热量发生转移。流体内因温度不同而引起的自然流动为自由对流，而借助风力强迫其流动为强制对流。热辐射则是指热能按电磁波的形态传递的现象，温度较高的物质在其分子振动激烈时释放出的波称为辐射波。

建筑的外围护结构是传递热量的主要位置。外围护结构的传热要通过三个过程，即感热、导热和放热。感热是指外围护结构从室内空气中吸收热量的过程；导热是指热量在外围护结构内部由高温向低温传递的过程；放热是指由外围护结构外表面向低温空间散发热量的过程，如图 13.1 所示。

13.1.2　影响外围护结构热工性能的主要因素

影响外围护结构热工性能的因素较多，主要包括外围护结构材料的材质和厚度、外围护结构的"热桥"以及水汽。

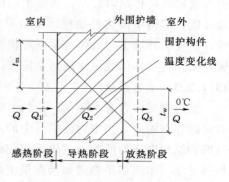

图 13.1　外围护结构的传热过程

13.1.2.1　材料影响

1. 材料材质

外围护结构的材料不同，导热系数也就不同。如黏土砖的导热系数就比混凝土实心砌块的导热系数小，因此黏土砖的热工性能就比混凝土实心砌块的热工性能好。

外围护结构材料可以是单一材料，也可以是复合材料。复合材料既能使围护结构保持一定的强度，又具有较好热工性能。通常岩棉、玻璃棉、膨胀珍珠岩、聚苯板等密度小、导热系数小的材料起保温作用，而强度高、耐久性好的材料，如砖、混凝土等起承重作用或围护作用。在墙体中也可以设置空气间层，起保温的作用，但要求空气间层处于密闭状态，不允许在夹层两侧的结构层上开口。如图 13.2 所示为三种复合墙体构造。

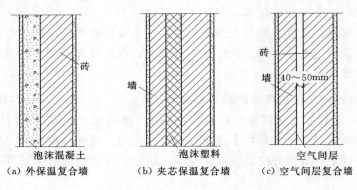

（a）外保温复合墙　　（b）夹芯保温复合墙　　（c）空气间层复合墙

图 13.2　复合墙体构造

2. 材料厚度

对于同一种材料，其厚度越大热阻也就越大，热工性能也就越好。为了改善外围护结构构件的热工性能，往往采取加大构件厚度的方法，但是随着建筑外围护结构厚度的增加，也会带来一些问题，如墙体加厚，室内空间减少，建筑造价提高等。

13.1.2.2　"热桥"影响

"热桥"是指在建筑的外围护结构中易于成为热流密集通道的某些局部构件。在建筑的外围护结构中门窗是主要的构件，但门窗在开启时，室内外的空气对流会产生热量的交换，即便在门窗闭合时，同样会成为太阳辐射热传入室内的通道。而且，门窗所采用的材料通常较薄，传热阻较小，再加上门窗间的缝隙会导致空气的对流传热，使得门窗成为建筑外围护结构中传热最敏感、最容易产生热桥的部位。此外，由于建筑结构体系的多样性，在建筑外墙上，墙体与梁柱等构件所用的材料不同，导致不同导热系数的材料相互接触，而在这些部位就易出现热量流失，如图 13.3 所示。

13.1.2.3　水汽影响

室内空气中含有水蒸气，空气温度越高，水蒸气含量就越高。由于建筑物外围护结构的两侧存在温差，当室内外空气中的水蒸气含量不相等时，水汽分子会从压力高的一侧通过围护结构向压力低的一侧渗透。在此过程中，如果温度较低，水汽就会形成冷凝水，使材料受潮。水汽如果渗透到保温层中，因为水的导热系数远比干燥的空气要高，这样就会降低材料的保温效果。在冬季室外温度较低的情况下，如果水汽受冻结冰，体积膨胀，就

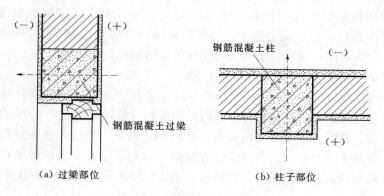

图 13.3 "热桥"示意图

会使材料的内部结构遭到破坏，称为冻融性破坏。如果水汽不能够被排出，就可能使材料发生霉变，影响使用寿命，热工性能被破坏。因此，水汽对建筑外围护结构的热工性能影响很大。

13.1.3 提高外围护结构热工性能的措施

针对影响外围护结构热工性能主要因素的分析，提高外围护结构热工性能主要有以下措施。

13.1.3.1 提高外围护结构的热阻

热量在传递过程中将遇到阻力，这种阻力称为热阻，其单位是 $m^2 \cdot K/W$。热阻越大，通过围护构件传出的热量越少，则围护构件的保温性能越好；反之，热阻越小，围护构件的热量损失就越多，保温性能越差。因此，对有保温要求的围护构件须提高其热阻。以下为围护构件热阻的计算方法。详细计算方法及各参数取值可参照《民用建筑热工设计规范》（GB 50176—2016）。

（1）单一材料的热阻。单一材料层的热阻应按式（13.1）计算。

$$R = \frac{\delta}{\lambda} \tag{13.1}$$

式中　R——材料层的热阻，$m^2 \cdot K/W$；

　　　δ——材料层的厚度，m；

　　　λ——材料的导热系数，$W/(m \cdot K)$。

（2）多层围护结构的热阻应按式（13.2）计算。

$$R = R_1 + R_2 + \cdots + R_n \tag{13.2}$$

式中　R_1、R_2、$\cdots$、R_n——各层材料的热阻，$m^2 \cdot K/W$。

（3）围护结构的传热阻。热量从围护结构一侧传至另一侧空间时，会受到三方面的阻力。在内表面吸热阶段遇到的阻力称为内表面换热阻，以 R_i 表示；在围护结构内部所遇到的阻力称为材料的热阻，以 R 表示；在围护结构外表面散热阶段遇到的阻力为外表面换热阻，以 R_e 表示。围护结构的传热阻，以 R_o 表示，应按下式计算：

$$R_o = R_i + R + R_e$$

若要增加外围护结构的热阻可采取如下措施：采用轻质高效保温材料与砖、混凝土或钢筋混凝土等材料组成的复合结构；采用密度为 $500\sim800\mathrm{kg/m^3}$ 的轻混凝土和密度为 $800\sim1200\mathrm{kg/m^3}$ 的轻骨料混凝土作为单一材料墙体；采用多孔黏土空心砖或多排孔轻骨料混凝土空心砌块墙体；采用封闭空气间层或带有铝箔的空气间层。

13.1.3.2　防止冷风渗透

当围护构件两侧空气存在压力差时，空气将从高压一侧通过围护构件流向低压一侧，这种现象称为空气渗透。空气渗透可由室内外温度差（热压）引起，也可由风压引起。由热压引起的渗透，热空气由室内流向室外，室内热量损失。风压则使冷空气向室内渗透，使室内变冷。为避免冷空气渗入和热空气直接散失，应尽量减少外围护结构构件的缝隙，如墙体砌筑砂浆饱满，改进门窗加工和构造，提高安装质量，对缝隙采取适当的构造措施和质量控制。

13.1.3.3　避免"热桥"

对建筑的"热桥"的部分应当进行加强处理，否则通过"热桥"部位进行的室内外热

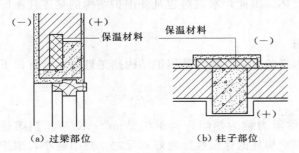

（a）过梁部位　　　（b）柱子部位

图 13.4　"热桥"局部保温措施

交换会使整个外围护结构的热工效能大打折扣。在外围护构件中，由于结构要求，经常设有导热系数较大的嵌入构件，如外墙中的钢筋混凝土梁、柱、过梁、圈梁、阳台板、雨篷板、挑檐板等。这些部位的保温性能都比主体部分差，热量容易从这些部位传递出去。为了避免和减轻"热桥"的影响，首先应避免嵌入构件的内外贯通，其次应对这些部位采取局部保温措施，如增设保温材料以切断"热桥"，如图 13.4 所示。

13.1.3.4　防潮防水

要做到建筑外围护结构的防潮防水应做到以下几点：阻止水汽进入保温材料内，如加入隔汽层等；建筑外围护结构外表面应采取防水措施，如屋顶防水层等；设计通道使进入外围护结构的水汽能够排出。外围护结构防潮防水示意图如图 13.5 所示。

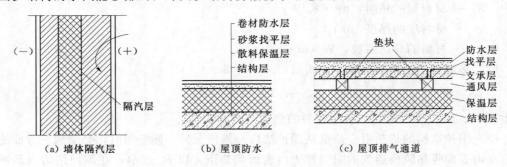

（a）墙体隔汽层　　　　（b）屋顶防水　　　　（c）屋顶排气通道

图 13.5　外围护结构防潮防水示意图

13.1.4　建筑热工设计分区及设计要求

建筑热工设计应与地区气候相适应。建筑热工设计一级分区及设计要求应符合表 13.1 的规定。

表 13.1　　　　　　　　　　　建筑热工设计一级分区指标及设计要求

分区名称	分 区 指 标		设 计 要 求
	主要指标	辅助指标	
严寒地区	最冷月平均温度≤－10℃	日平均温度≤5℃的天数≥145d	必须充分满足冬季保温要求，一般不考虑夏季防热
寒冷地区	最冷月平均温度为－10～0℃	日平均温度≤5℃的天数为90～145d	应满足冬季保温要求，局部地区兼顾夏季防热
夏热冬冷地区	最冷月平均温度为0～10℃，最热月平均温度为25～30℃	日平均温度≤5℃的天数为0～90d，日平均温度≥25℃的天数为40～110d	必须满足夏季防热要求，适当兼顾冬季保温
夏热冬暖地区	最冷月平均温度＞10℃，最热月平均温度为25～29℃	日平均温度≥25℃的天数为100～200d	必须充分满足夏季防热要求，一般可不考虑冬季保温
温和地区	最冷月平均温度为0～13℃，最热月平均温度为18～25℃	日平均温度≤5℃的天数为0～90d	部分地区应考虑冬季保温，一般可不考虑夏季防热

来源：《民用建筑热工设计规范》（GB 50176—2016），表 4.1.1。

13.2　建筑保温构造

　　建筑保温设计应考虑如下措施：建筑物宜设在避风和朝阳的地段；建筑物的体形设计宜减少外表面积；建筑物外部窗户面积不宜过大，应减少窗户缝隙长度，并采取密闭措施；外墙、屋顶、直接接触室外空气的楼板和不采暖楼梯间的隔墙等围护结构，应进行保温处理；居住建筑，在严寒地区、寒冷地区不宜设开敞式楼梯间和开敞式外廊；严寒地区、寒冷地区公共建筑出入口处应设门斗或热风幕等避风设施；当有散热器、管道、壁龛等嵌入外墙时，外墙的传热阻应大于或等于建筑物所在地区要求的最小传热阻；围护结构中的热桥部位应采取保温措施；严寒地区居住建筑的底层地面，在其周边一定范围内应采取保温措施。

13.2.1　建筑外墙的保温构造

　　建筑外墙的保温材料主要有三种：保温板材，如发泡聚苯乙烯保温板、挤塑形聚苯乙烯保温板、硬质或半硬质玻璃棉或岩棉保温板等；保温块材，如加气混凝土砌块等；保温砂浆，即添加颗粒状保温材料的砂浆。

　　建筑外墙保温按保温材料的位置可分为外墙外保温、外墙内保温和外墙夹芯保温，如图 13.6 所示。

13.2.1.1　外墙外保温

　　外墙外保温是目前大力推广的一种建筑保温节能技术。外墙外保温与内保温相比，技

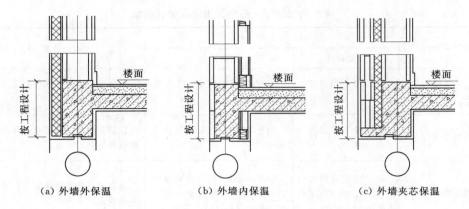

（a）外墙外保温　　　　　（b）外墙内保温　　　　　（c）外墙夹芯保温

图 13.6　外墙保温做法

术合理，有其明显的优越性。使用同样规格、同样尺寸和性能的保温材料，外保温比内保温的效果好。外墙外保温技术不仅适用于新建的结构工程，也适用于旧楼改造；外墙外保温设在主体结构的外侧，能够保护主体结构，延长建筑物的寿命；有效减少建筑的"热桥"，增加建筑的有效空间；同时消除冷凝水，提高居住的舒适度。

外墙外保温一般有保温板材外贴、保温砂浆外刷、外加保温砌块墙等几种构造做法。保温板材外贴的构造如图 13.7 所示。

外保温板材宜采用阻燃型和自防水能力较强的板材，如聚氨酯外墙保温板或阻燃型挤塑聚苯板等，以提高墙体的防水和防火能力。图 13.7 中所有节点以聚苯乙烯泡沫塑料板为保温隔热层，采用胶粘剂与基层墙体黏结，并辅以锚栓固定。聚苯板外侧做聚合物抗裂砂浆保护层，抗裂砂浆内嵌埋耐碱涂塑玻纤网格布。当以涂料为外饰面，保护层改为与主墙体锚固的镀锌钢丝网做法时，可在外贴的聚苯板外做面砖饰面。

13.2.1.2　外墙内保温

外墙内保温是在外墙结构的内部作保温层。其优点主要有：施工速度快，操作方便灵活，可以保证施工进度；应用时间较长，技术成熟，施工技术及检验标准完善。缺点主要有：多占用使用面积，"热桥"问题不易解决，容易引起开裂，影响二次装修；内墙悬挂固定物件容易破坏内保温结构。综上所述，内保温有诸多无法避免的缺点，其必然会被外保温所替代。

外墙内保温的做法主要有保温材料内贴、保温砂浆内刷等。目前，作为内贴式的保温材料主要有炉渣水泥聚苯复合板、增强石膏聚苯复合板等。如图 13.8 所示为炉渣水泥聚苯复合板内保温构造。

13.2.1.3　外墙夹芯保温

外墙夹芯保温的构造做法主要有 3E 墙板夹芯保温、混凝土装饰砌块夹芯保温、轻集料夹芯保温砌块等几种。下面以 3E 墙板夹芯保温构造为例作介绍。

3E 墙板夹芯保温是外墙材料采用 3E 轻型高强方孔墙板，以双板内夹高效保温材料为主的双墙夹芯保温构造，适用于框架及钢结构体系。3E 轻型高强方孔墙板主要由水泥、石粉、粉煤灰等成分组成，是无放射性元素的环保材料。其性能指标先进、质量优良，突出特点是高强度、高孔洞率、外形尺寸精确、平整度好、可任意切割和加工，安装方便、

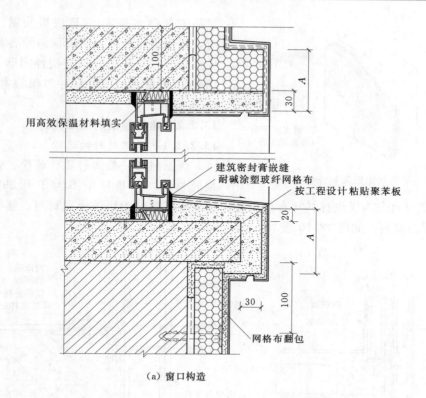

用高效保温材料填实

建筑密封膏嵌缝
耐碱涂塑玻纤网格布
按工程设计粘贴聚苯板

网格布翻包

（a）窗口构造

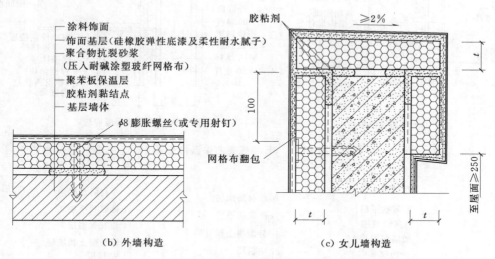

涂料饰面
饰面基层（硅橡胶弹性底漆及柔性耐水腻子）
聚合物抗裂砂浆
（压入耐碱涂塑玻纤网格布）
聚苯板保温层
胶粘剂黏结点
基层墙体
$\phi 8$ 膨胀螺丝（或专用射钉）

胶粘剂

网格布翻包

（b）外墙构造   （c）女儿墙构造

图 13.7　保温板材外贴构造

快捷、湿作业少，易于保证施工质量，是替代实心黏土砖的新型墙体材料。

　　采用此种材料的外墙夹芯保温构造应注意以下几点：3E 墙板适用于上下端有结构支撑的内隔墙及外墙，墙板安装高度小于或等于 4500mm，当大于该高度时应采取加强结构构造措施，墙板竖向拼接时，应相间错缝拼接；3E 墙板与不同墙体材料固定连接后，应粘贴耐碱玻纤网格布一层，其宽度为板缝每侧长度大于或等于 100mm，板与板连接采用

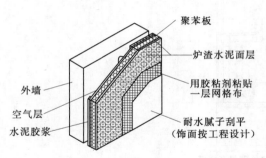

图 13.8　炉渣水泥聚苯复合板内保温构造

成品嵌缝砂浆挤实；3E 墙板与梁、板连接时，采用柔性连接，在板顶两端各设一块弹性点块儿，并采用 L 形连接件同梁、板构件用射钉连接。3E 墙板夹芯保温构造如图 13.9 所示。

13.2.2　建筑屋顶的保温构造

13.2.2.1　保温材料的选择

保温材料一般为轻质、疏松、多孔或纤维的材料，其热导率不大于 0.25W/(m·K)。按其成分可分为无机材料和有机材料；按其形状可分为松散保温材料、整体保温材料、板状保温材料，如图 13.10 所示。

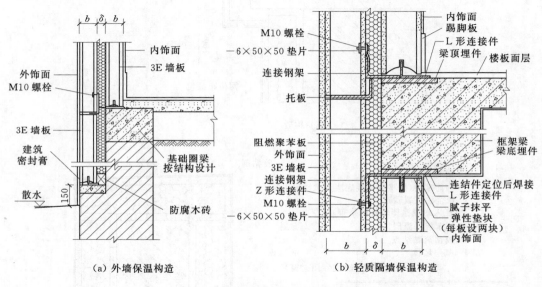

（a）外墙保温构造　　　　　　（b）轻质隔墙保温构造

图 13.9　3E 墙板夹芯保温构造

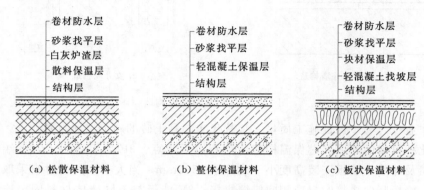

（a）松散保温材料　　　（b）整体保温材料　　　（c）板状保温材料

图 13.10　屋顶保温材料

（1）松散保温材料。常用的松散保温材料有膨胀蛭石（粒径 3～15mm）、膨胀珍珠岩、矿棉和炉渣（粒径 5～40mm）等。

（2）整体保温材料。常用水泥或沥青等胶结材料与松散保温材料拌和，整体浇筑在需保温的部位，如沥青膨胀珍珠岩、水泥膨胀珍珠岩、水泥膨胀蛭石和水泥炉渣等。

（3）板状保温材料。如加气混凝土板、泡沫混凝土板、膨胀珍珠岩板、膨胀蛭石板、矿棉板、泡沫塑料板、岩棉板、木丝板、刨花板、甘蔗板等。有机纤维板材的保温性能一般较无机板材为好，但耐久性较差，只有在通风条件良好、不易腐烂的情况下使用才较为适宜。

各类保温材料的选用应结合工程造价、铺设的具体部位、保温层是封闭还是敞露等因素加以考虑。

13.2.2.2 保温层位置的选择

寒冷地区或装有空调设备的建筑，其屋顶应设计成保温屋面。墙体在稳定传热条件下防止室内热损失的主要措施是提高墙体的热阻，这一原则同样适用于屋顶的保温，提高屋顶热阻的办法是在屋顶设置保温层。保温层的位置主要有以下几种方式。

1. 保温层设在防水层与结构层之间

这种方式是指保温层设在结构层和防水层之间，通常称为正置式保温，也称为内置式保温，如图 13.11 所示。

保温层上设找平层是因为保温材料的强度通常较低，表面也不够平整，其上需经找平后才便于铺贴防水卷材。正置式保温层下应铺设隔汽层。保温层下设隔汽层是因为冬季室内气温高于室外，热气流从室内向室外渗透，空气中的水蒸气随热气流从屋面板的孔隙渗透进保温层，一旦多孔隙的保温材料进了水便会大为降低其保温效果。

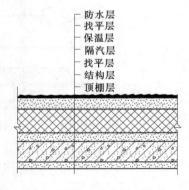

图 13.11　正置式保温构造

隔汽层阻止了外界水蒸气渗入保温层，但也产生一些副作用。因为保温层的上下均被不透水的材料封住，残存于保温层中的水汽就无法散发出去，积存在保温材料中的水分遇热会转化为蒸汽而体积膨胀，容易引起卷材防水层的起鼓。为了解决这个问题，需在保温层中设置排气道，道内填塞大粒径的炉渣，既可让水蒸气在其中流动，又可保证防水层的坚实牢靠。找平层内的相应位置也应留槽做排气道，并在其上干铺一层宽 200mm 的卷材，卷材用黏合剂单边点贴铺盖，如图 13.12 所示。

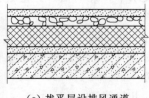

（a）找平层设排风通道

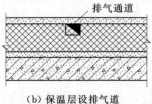

（b）保温层设排气道

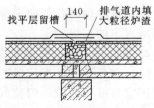

（c）排气道内填大粒径炉渣

图 13.12　保温层设透气层构造

2. 保温层设在防水层之上

这种方式是指保温层设在防水层之上的保温做法，也称为倒置式保温，如图 13.13 所示。其特点是保温层做在防水层之上，对防水层起到保护的作用，使之不受阳光和雨水的影响，温度变形较小，也不易受到来自外界的机械损伤。这种保温屋面的保温材料应采用憎水材料，如聚苯乙烯泡沫塑料板、聚氨酯泡沫塑料板等，不宜采用如加气混凝土或泡沫混凝土这类吸湿性强的保温材料。保温层上应铺设防护层，以防止保温层表面破损和延缓其老化过程。保护层应选择有一定重量的材料，可选择大粒径的石子或混凝土板作保护层，不能采用绿豆砂作为保护层。因此，倒置式屋面的保护层要比正置式的厚重一些。

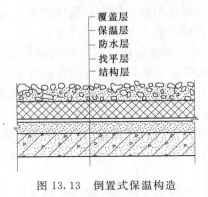

图 13.13　倒置式保温构造

3. 保温层设在结构层之下

在顶层屋面板底下做吊顶的建筑物中，屋面保温层也可以直接放置在屋面板底或者板底与吊顶之间的夹层内，如图 13.14 所示。

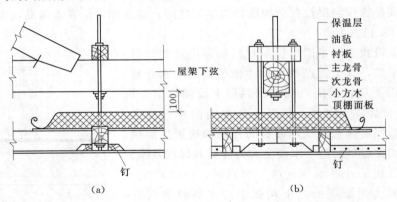

（a）　　　　　　　　　　　　　（b）

图 13.14　保温层在结构层与吊顶之间

13.2.3　建筑门窗的保温构造

13.2.3.1　门窗的保温性能

1. 居住建筑和公共建筑外部窗户的保温性能

（1）严寒地区各朝向窗户，不应低于现行国家标准《建筑外门窗气密、水密、抗风压性能检测方法》（GB/T 7106—2019）规定的Ⅱ级水平。

（2）寒冷地区各朝向窗户，不应低于上述标准规定的Ⅴ级水平；北向窗户，应达到上述标准规定的Ⅳ级水平。

2. 居住建筑和公共建筑窗户的气密性

（1）在冬季室外平均风速大于或等于 3.0m/s 的地区，对于 1～6 层建筑，不应低于现行国家标准《建筑外门窗气密、水密、抗风压性能检测方法》（GB/T 7106—2019）规定的Ⅲ级水平；对于 7～30 层建筑，不应低于上述标准规定的Ⅱ级水平。

（2）在冬季室外平均风速小于 3.0m/s 的地区，对于 1～6 层建筑，不应低于上述标准规定的Ⅳ级水平；对于7～30层建筑，不应低于上述标准规定的Ⅲ级水平。

3. 居住建筑各朝向的窗墙面积比

北向窗墙面积比不应大于0.20；东、西向不应大于0.25（单层窗）或0.30（双层窗）；南向不应大于0.35。当建筑设计上需要增大窗墙面积比时，所采用的窗墙面积比应符合《民用建筑热工设计规范》（GB 50176—2016）的规定。

13.2.3.2 提高门窗保温性能的措施

要提高建筑门窗保温性能，首先应弄清楚影响它的主要因素，有针对性地加以解决，才能收到较好的效果。做好门窗的保温应做好以下几个方面。

1. 改善玻璃性能

玻璃是非金属材料，虽然它的导热系数远远低于金属，但由于玻璃厚度较小，自身热阻非常小。因此，提高玻璃的性能是改善窗户保温性能的重要途径之一。

（1）设置空气间层。窗户玻璃由单玻变成双玻和三玻，玻璃保温性能会明显提高。玻璃保温性能的提高并不是玻璃厚度增加的缘故，而是两玻或三玻之间形成的密闭空气层具有良好的保温性能。密闭的空气层具有一定的热阻，空气层越厚热阻越大。

（2）设置反射镀膜。玻璃镀低辐射膜可以大大降低玻璃之间的辐射传热。对于南方地区，如果在中空玻璃的外层玻璃镀热反辐射膜，内层玻璃镀低辐射膜，不但将照射在玻璃上的太阳辐射热的85%～90%反射回去，而且中空玻璃的传热能力明显降低。

2. 改善窗框断面设计

框是门窗的支撑体系，由金属型材、非金属型材和复合型材加工而成。从保温角度看，型材断面最好设计为多腔型材，腔壁垂直于热流方向分布。因为型材内的多道腔壁对通过的热流起到多重阻隔作用，腔内传热相应被削弱。

3. 改善窗框比

窗框比是窗框表面与窗面积之比。它与窗立面设计、窗框表面面积和窗面积有关。在满足其他使用功能前提下，窗立面不宜分割太碎，不宜采用大断面的金属型材作小面积窗户。

13.2.4 建筑地面的保温构造

在严寒和寒冷地区，建筑底层室内如果采用实铺地面，地面应采取保温处理。此外，如果首层地面之下为不采暖的地下室时，地面应采取保温处理。采暖地面的热工性能，应根据地面的吸热指数确定。表13.2为《民用建筑热工设计规范》（GB 50176—2016）所规定的采暖建筑地面热工性能类别。

不同类型采暖建筑对地面热工性能的要求应符合表13.3的规定。

表 13.2   采暖建筑地面热工性能类别

地面热工性能类别	地面吸热指数	地面热工性能类别	地面吸热指数
Ⅰ	<17	Ⅲ	>23
Ⅱ	17～23		

表 13.3　　　　　　　不同类型采暖建筑对地面热工性能的要求

采 暖 建 筑 类 型	对地面热工性能的要求
高级居住建筑、幼儿园、托儿所、疗养院等	采用 Ⅰ 类地面
一般居住建筑、办公楼、学校等	采用 Ⅱ 类地面
临时逗留用房及室温高于 23℃ 的房间	采用 Ⅲ 类地面

地面的保温构造如图 13.15 所示。

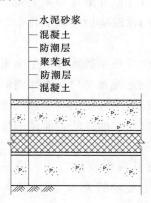

　　水泥砂浆
　　混凝土
　　防潮层
　　聚苯板
　　防潮层
　　混凝土

图 13.15　地面保温构造

13.3　建 筑 隔 热 构 造

　　炎热地区的夏季，太阳的辐射较强，外围护结构的隔热能力直接影响室内的舒适度，也直接影响建筑的节能。在设计中主要有两种措施：①加强建筑的自然通风；②对围护结构进行隔热处理。

13.3.1　反射隔热

13.3.1.1　外墙反射

　　建筑的外墙尽量做成浅色且光滑的外表面，增加光线的反射，减少维护结构对太阳辐射热的吸收。

13.3.1.2　门窗反射

　　门窗玻璃能够透射大量的光线，同时也能够带给室内大量的热量。在建筑设计中，应尽量避免西晒问题，建筑的主要房间应多采用南北向开窗。同时玻璃对光线的反射也不容忽视。太阳光主要由红外线、可见光和紫外线组成，如果能将大量的红外线和紫外线反射回室外，只透射可见光，将大大减少太阳光中的热量进入室内。目前建筑玻璃的隔热贴膜应用比较广泛，尤其是在大面积的玻璃幕墙中。

13.3.1.3　屋面反射

　　屋面受到太阳的辐射后，一部分热量被屋面吸收，另一部分被反射回去。不同材料的热量反射率是不同的，反射率的大小取决于屋面材料的粗糙度以及颜色的深浅等。设计中如果能够恰当的利用材料的这一特性，就能取得良好的隔热效果。

13.3.2　通风隔热

13.3.2.1　外墙通风

外墙的保温层层能起到一定的隔热作用，但因保温层较密实，室内通风效果不好。建筑的外墙可以通过设置空气间层，并留有进风口和出风口达到对流的作用，将大量辐射热带走，起到隔热的作用。当外墙装修采用干挂大块石板时，石板与外围护墙之间的间层就可以作为空气间层，在外墙的底部和檐口处留有缝隙，夏季就可以把大量辐射热带走。

13.3.2.2　屋顶通风

屋顶通风隔热就是在屋盖设置架空通风层，一方面是利用架空层的面层遮挡直射阳光，另一方面架空层内被加热的空气与室外冷空气产生对流将架空层内的热量源源不断地排走，从而达到降低室内温度的目的。

架空通风层通常用砖、瓦、混凝土等材料及其制品制做，如图 13.16 所示。

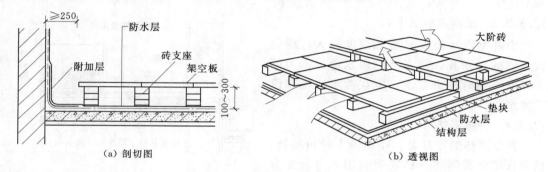

（a）剖切图　　　　　　　　　　（b）透视图

图 13.16　屋顶通风隔热构造

13.3.2.3　顶棚通风

当建筑有顶棚时，可以利用顶棚与屋面间的空间作通风隔热层，在外墙或檐口部位设置进风口和排风口，可以很好地将大量的辐射热带走，如图 13.17 所示。

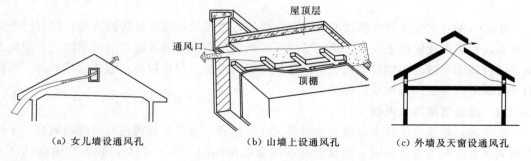

（a）女儿墙设通风孔　　　　（b）山墙上设通风孔　　　　（c）外墙及天窗设通风孔

图 13.17　顶棚通风隔热示意图

13.3.3　蓄水隔热

蓄水隔热主要应用在平屋顶的建筑中。其原理是：利用水蒸发时带走屋面上大量的热量，减少屋盖吸收的热量，起到隔热的作用。同时，水面还能反射阳光，减少阳光辐射对屋面的热作用。蓄水屋面既可以起到隔热的作用，又可以起到减少防水层开裂、延长其使用寿命的作用。屋顶蓄水隔热构造如图 13.18 所示。

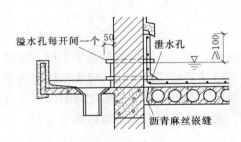

图 13.18　屋顶蓄水隔热构造

13.3.3.1　蓄水水层深度

蓄水水层太深，屋面荷载较大，但太浅隔热效果又不好，所以应选择适宜的水层深度。理论上，50mm 深的水就可以起到隔热作用。但考虑到水的蒸发因素，实际比较适宜的深度为 150～200mm。为保证蓄水均匀，屋面坡度不宜大于 0.5%。

13.3.3.2　屋面的防水

屋面的防水层可采用刚性防水屋面或采用柔性防水屋面。采用刚性防水屋面时，应注意设置分隔缝。屋面的防水层应及时养护，避免漏水。

13.3.3.3　泄水孔和溢水孔

为避免雨水较大时蓄水深度较大，应设置足够的溢水孔，使多余的雨水溢出。为便于屋面检修时排出蓄水，应在蓄水池底部设置泄水孔。

13.3.4　种植隔热

种植隔热的原理是：在屋盖上种植植物，借助栽培介质隔热及植物吸收阳光进行光合作用和遮挡阳光的双重功效来达到降温隔热的目的，如图 13.19 所示。

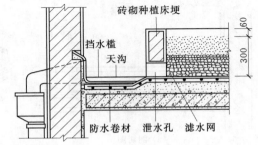

图 13.19　种植隔热构造

13.4　建　筑　节　能

建筑节能有利于建筑可持续发展和环境保护，也是发展国民经济的需要，同时可带动建筑业及相关产业的快速发展。建筑节能可以从建筑物自身的节能和空调系统的节能两方面采取合理的措施减小建筑能耗。我国建筑节能技术虽然起步较晚，但是已经取得了丰富的研究成果，并被广泛地推广使用。

13.4.1　建筑节能基本原理

近年来，建筑节能技术已成为全世界关注的热点，也是当前国内外节能领域的一个热点研究课题。西方发达国家，建筑能耗占社会总能耗的 30%～45%，我国建筑能耗已占社会总能耗的 20%～25%，正逐步上升到 30%。因此，建筑节能是目前节能领域的当务之急。

13.4.1.1　建筑节能的含义

建筑节能是指在建筑材料生产、房屋建筑施工及使用过程中，合理地使用、有效地利用能源，以便在满足同等需要或达到相同目的的条件下，尽可能降低能耗，达到提高建筑舒适性和节省能源的目标。

13.4.1.2 建筑节能的重要意义

1. 建筑节能有利于环境保护

(1) 建筑节能可改善大气环境。我国采暖区以煤炭取暖为主，目前我国采暖燃煤的 CO_2 排放量为 1.9 亿 t/年，SO_2 和烟尘排放量约为 300 万 t/年。这些气体和烟尘的排放，导致温室效应、呼吸道疾病、酸雨等生态环境问题。而降低建筑能耗、提高建筑节能显然是改善大气环境的重要途径。

(2) 建筑节能可改善室内热环境。室内热环境是室内温度、空气湿度、气流速度和环境热辐射的总称，它是影响人体冷热感觉的环境因素。适宜的室内热环境可使人体易于保持平衡，从而使人体产生舒适感。节能建筑则可改善室内热环境，做到冬暖夏凉。符合节能要求的采暖居住建筑的保温能力是非节能建筑的 1.5~2.6 倍，外墙保温能力约为非节能建筑的 2.0~3.0 倍，窗户保温能力约为非节能建筑的 1.3~1.6 倍，节能建筑的采暖能耗仅为非节能建筑的一半左右，但冬季室内温度可保持在 18℃ 左右，并使围护结构内表面保持较高的温度，从而避免结露、长霉，显著改善冬季室内热环境。节能建筑围护结构热绝缘系数较大，对夏季隔热也极为有利。

2. 建筑节能是发展国民经济的需要

人均能源资源占有量过低与单位国民生产总值能耗过高，是长期以来我国国民经济和社会发展中的突出问题。而建筑能耗较高在我国被长期忽视，目前单位建筑面积的能耗已是发达国家的 2~3 倍，且建筑能耗占总能耗的比例已从 1978 年的约 10% 上升到了 2016 年的 47%。根据发达国家的经验，这个比例还将持续上升。因此，建筑节能将成为提高全社会能源使用效率的首要问题。

随着国家对建筑节能要求的日益提高，新节能建筑的兴建和已有建筑的节能改造等所产生的市场需求，使建筑节能产品的生产企业大量涌现，同时，也促进了设计、施工单位不断调整其技术结构和产品结构。这不仅带动了节能墙体材料、门窗、变流量供暖系统、节能制冷设备、节能照明设施等新兴产业的发展，而且将会推动建材业、建筑业的结构调整与升级，形成国民经济新的增长点。

3. 建筑节能是提高经济效益的重要措施

建筑节能需要投入一定的资金，但投入少、产出多。实践证明，选择适合当地条件的节能技术，使用 4%~7% 的建筑造价，就可达到 30% 的节能指标。建筑节能的回收期一般为 3~6 年，与建筑物使用周期 60~100 年相比，其经济效益是非常突出的，可见，在一次投资后，可在短期内回收，并能长期收益。

随着国家对建筑节能要求的日益提高，新的居住建筑的大量兴建，加之已有建筑大规模的节能改造等所产生的市场需求，使建筑节能产品的生产企业大量涌现；同时，也促进了设计、施工不断调整其技术和产品问题，这不仅可以带动节能墙体材料、门窗、变流量供暖系统、节能制冷设备、节能照明设施等新兴产业的发展，而且将会推动建材业、建筑业的结构调整与升级，增加就业机会并形成国民经济的增长点。

13.4.1.3 建筑节能的基本原理

在冬季，为了保持室内温度，建筑物必须获得热量。建筑物的总得热包括采暖设备的供热（约占 70%~75%），太阳辐射得热（通过窗户和其他围护结构进入室内，约占 15%~

20%）和建筑物内部得热（包括炊事、照明、家电和人体散热，约占 8%～12%），这些热量再通过围护结构的传热和空气渗透向外散失。建筑物的总失热包括围护的传热耗热量和通过门窗缝隙的空气渗透耗热量。当建筑物的总得热和总失热达到平衡时，室温得以保持，如图 13.20 所示。

图 13.20　得热与失热示意图

建筑的得热和失热的途径及其影响因素是研究建筑采暖和节能的基础。对于建筑物来说，节能的主要途径是：减少建筑物的外表面积和加强围护结构保温，以减少传热耗热量；提高门窗的气密性，以减小空间渗透耗热量。在减少建筑物总失热量的前提下，尽量利用太阳辐射得热和建筑物内部得热，最终达到节约采暖设备传热量的目的。

锅炉在运行过程中，一般只能将燃料所含热量的 55%～70% 转化为有效热能。这些热量通过室外管网输送，沿途又将损失 10%～15%，剩余的热量供给建筑物，成为采暖供热量。因此，对于采暖供热系统来说，节能的主要途径是：改善采暖供热系统的设计和运行管理，以提高锅炉的运行效率；加强管道的保温，以提高室外管道的输送效率。

13.4.2　建筑节能措施与技术

建筑节能可分为两个部分：①建筑物自身的节能；②空调系统的节能。建筑物自身的节能主要从设计规划、围护结构、遮阳设施等方面考虑；空调系统的节能从减小冷热源能耗、输送系统的能耗、系统的运行管理等方面进行考虑。以下主要讲述建筑物自身的节能措施。

13.4.2.1　建筑节能规划与设计

根据建筑功能和当地的气候参数，在总体规划和单体设计中，科学合理地确定建筑朝向、平面形状、空间布局、外观体型、间距、层高、选用节能型建筑材料、保证建筑外围护结构的保温隔热等热工特征及对建筑周围环境进行绿化设计，设计要有利于施工和围护，全面应用节能技术措施，最大限度减小建筑能耗量，获得理想的节能效果。

1. 建筑朝向和平面形状的确定

同样形状的建筑物，南北朝向比东西朝向的冷负荷小，因此建筑物应尽量采用南北朝向。如对一个长宽比为 4∶1 的建筑物，经测试表明，东西向比南北向的冷负荷约增加 70%，因此，选择合理的建筑朝向是一项重要的节能措施。在建筑物内布置空调房间时，应尽量避免布置在东西朝向的房间、东西墙上有窗户的房间以及平屋顶的顶层房间。

空调建筑的平面形状，应在体积一定的情况下，采用外围护结构表面积小的建筑平面形状。因为外表面积越小，冷负荷越小，能耗越小。

2. 合理规划空间布局及控制体型系数

如果是依靠自然通风降温的建筑，空间布局应比较开敞，窗洞面积较大，以利于自然通风。设有空调系统的建筑，其空间布局应十分紧凑，尽量减小建筑物外表面积和窗洞面积，这样可以减小空调负荷。

体型系数是建筑物外表面积 F 与其所包围的体积 V 的比值。对于相同体积的建筑物，其体型系数越大，说明单位建筑空间的热散失面积越高。研究表明，体型系数每增大

0.01，能耗指标约增加 2.5%。因此从节能角度考虑，在建筑设计时应尽量控制建筑物的体型系数。但如果出于造型和美观的要求需要采用较大的体型系数时，应尽量增加围护结构的热阻。

3. 绿化对建筑节能的影响

绿化对居住区气候条件起到十分重要的作用，它能调节改善气温，调节碳氧平衡，减弱温室效应，减轻城市的大气污染，降低噪声，遮阳隔热，改善居住区微小气候，改善建筑室内环境，是节约建筑能耗的有效措施。

13.4.2.2 增加建筑围护结构的保温隔热性能

围护结构是指建筑物及其房间各面的围护物，分为透明和不透明两种类型。不透明围护结构有墙、屋面、底板、顶棚等；透明围护结构有窗户、天窗、阳台门、玻璃隔断等。按是否与室外空气直接接触，又分为外围护结构和内围护结构，与外界直接接触为外围护结构，包括外墙、屋面、窗户、阳台门、外门以及不采暖楼梯间的隔墙和户门等。不特别指明的情况下，围护结构即为外围护结构。

一般增大围护结构的费用仅为总投资的 3%～6%，而节能却可达 20%～40%。通过改善建筑物围护结构的热工性能，在夏季可减少室外热量传入室内，在冬季可减少室内热量的流失，使建筑热环境得以改善，从而减少建筑冷、热消耗。

加强围护结构保温，要选择导热系数小的材料。内表面换热系数越小，单位时间内通过围护结构的热量就越小，建筑保温效果越好。

1. 墙体保温隔热措施

（1）外墙外保温复合墙。在承重外墙外表面上，粘贴或吊挂聚苯板或岩棉板，然后粘上网布或挂钢筋网增强，再做抹灰面层，形成外墙外保温复合墙，如图 13.21 所示。这类墙保温隔热性能好，能有效防止墙面面层产生裂缝，但造价高，施工较复杂。

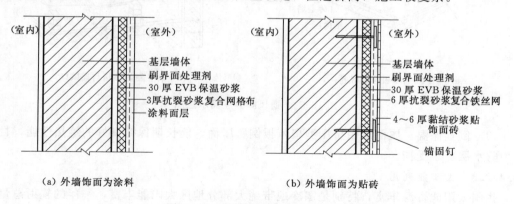

（a）外墙饰面为涂料　　　　　　　　（b）外墙饰面为贴砖

图 13.21　外墙外保温复合墙构造

（2）外墙夹芯复合墙。外墙夹芯复合墙是将保温层夹在墙体中间，主墙体采用混凝土或砖砌在保温材料两侧。保温材料可采用聚苯板、岩棉板、玻璃棉板或袋装膨胀珍珠岩等，并于主墙施工时砌入。这种墙应用联合钢筋拉结，并做防锈处理。穿过保温层的拉结钢筋会造成热桥，降低保温效果。

（3）外墙内保温复合墙。内保温复合墙是指由承重材料与高效保温材料进行复合组成的墙体。承重材料可为砖、砌体和混凝土墙体，高效保温复合材料可为聚苯板、岩棉板或玻璃棉板、充气石膏面板、水泥膨胀珍珠岩板等。饰面材料主要用纸面石膏板、玻璃纤维增强水泥板、玻璃纤维增强饰面石膏、玻璃增强聚合物砂浆等。内保温复合墙应注意对抗震柱、楼板、隔墙等周边部位热桥的构造处理；还应注意内保温墙面面层产生裂缝的问题。

2. 门窗保温隔热措施

在建筑外围护结构中，门窗的保温能力较差，门窗缝隙是冷风渗透的主要通道。提高门窗的气密性以减小空气渗透散热量，改善门窗的保温隔热性能，是节约能源、提高热舒适性的一个技术重点。

减少直接透过窗户进入室内的阳光，可采用外廊、阳台、挑檐、遮阳板、热反射窗帘等遮阳措施。门窗的遮阳设施可选用特种玻璃、双层玻璃、窗帘或遮阳板等。

3. 屋面保温隔热措施

（1）反射降温。建筑物屋面做成白色或浅白色饰面，降低表面对太阳辐射热的吸收系数。

（2）通风降温。在屋面上设置通风的空气间层，利用间层中空气的流动带走热量，减弱太阳辐射对屋面的影响，如图 13.22 所示。

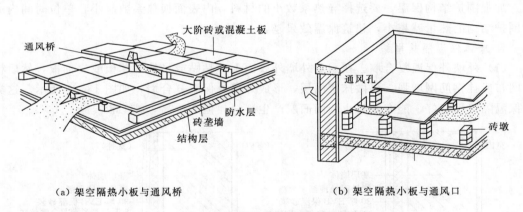

（a）架空隔热小板与通风桥　　　　　　　（b）架空隔热小板与通风口

图 13.22　通风降温屋面示意图

（3）倒置保温。屋面采用挤压型聚苯板倒置屋面，能长期保持良好的绝热性能，且能保护防水层免于受损。

13.4.2.3　太阳能利用

我国太阳能资源丰富，特别是寒冷地带绝大部分地区太阳能丰富，一年的辐射总量在 $500kJ/cm^2$ 以上，其热量相当于 170kg 标准煤/m^2 以上。经过良好设计，充分利用太阳辐射得热和建筑物内部得热，最终达到节约采暖设备供热的目的，这种建筑称为太阳能建筑。

建筑中太阳能的利用可分为主动式、被动式和混合式三种。

（1）主动式采暖系统太阳能建筑。主动采暖、系统供暖的建筑称为主动式太阳能建筑。主动采暖系统主要由集热器、管道、储热物质、散热器等组成。主动式系统要用到专用的设备，一次性投资较大，一般用于供热系统兼作采暖系统，单纯用于采暖系统者少见。太阳能兼做主动式采暖系统供热水的情况日益增多，但是集水器的水温不宜加热过高，否则效率将降低，原因是向周围环境散热增多，吸热升温时间也需增长。

（2）被动式采暖系统太阳能建筑。被动式太阳采暖系统的特点是将建筑物的全部或一部分作为集热器又作为储热器和散热器，因而，既不要连接管道，又不要水泵或风机。被动式采暖系统一般由双层玻璃窗、集热储热墙、活动隔热保温装置等组成，如图 13.23 所示。

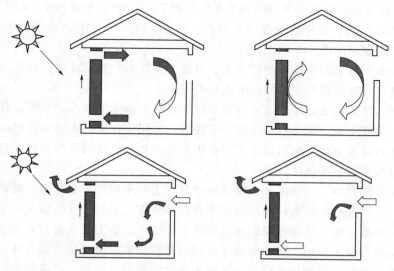

图 13.23　被动式太阳能房的示意图

（3）混合式采暖系统太阳能建筑。被动式采暖系统中，集热装置主要为南向双层玻璃窗，由它直接收集射入室内的太阳能，称为直接受益被动太阳房。集热储热墙是一种附有玻璃或透明塑料薄片形成空气间层的墙体，白天太阳光加热空气间层，并通过墙顶和墙底不通风口形成对流向室内供暖。夜间主要靠储热墙体释放热量向室内供暖，称为集热储热墙式被动太阳房。被动式太阳能利用不必另加设备系统的优势，优先得到利用，并得到积极提倡。在 20 世纪 70 年代初，美国各地设有专职银行资助居民自建并研究太阳能房，1976—1986 年就建成 20 万栋各种被动式太阳能房，其中办公用房 1.5 万栋；欧洲各国也在住宅和各类民用房屋中提倡太阳能的利用。

13.4.2.4　建筑节能技术

我国建筑节能工作起步较晚，节能技术水平与发达国家相比有较大差距。目前，由于政府的重视，制订了一系列的政策法规，开展了许多科研项目，取得了丰富的研究成果，使得我国的建筑节能技术水平已有很大提高。

1. 太阳能利用技术

太阳能是建筑外部热环境的主要条件，是一种最丰富、最便捷、无污染的再生能源，但能量密度低，具有方向性、变动性和间接性等特点，收集和储存均困难。

太阳能的收集利用方面有：廉价而耐用的太阳能电池；自动跟踪太阳的反射镜，可将收集的太阳光反射到室内或通过光导纤维输送到热房间，并通过发光器将光能释放进行日光浴、栽培花卉蔬菜或供地下室、背阴处使用。

在太阳能的储存方面已取得很多成果，如建造大型太阳能集中供热站，设置大型地下储热库以及各种适用的储热装置。

2. 墙体节能技术

墙体材料是建材工业的重要组成部分，其产值接近建材工业总产值的 1/3，能耗占建材工业总能耗的一半左右。我国墙体材料每年生产能耗超过 5000 万 t 标准煤，几种采暖能耗近 1 亿 t 标准煤，合计占全国能源消耗总量的 15%；砖瓦企业占地 450 万亩，达全国建材企业占地的 67%，每年烧砖毁田 7 万～8 万亩；墙体材料年运输量达 20 万 t/km 以上，占我国短途运输量的 1/6 以上。

为此，我国正在大力开发和推广节土、节能、多功能、利用环保并且复合可持续发展要求的各类新型墙体材料，主要有以下几种类型。

（1）砖墙。外墙内表面抹水泥或石膏型膨胀珍珠岩砂浆的实心砖或空心砖墙。

（2）加气混凝土墙。加气混凝土热导率较低，宜用于框架填充墙和多层住宅外墙。

（3）轻集料混凝土墙。采用以浮石、火山灰渣或其他集料制作的多排孔混凝土空心砌块，并用保温砂浆砌筑的墙体。

（4）内保温复合墙。内保温复合墙体饰面材料主要采用纸面石膏板、玻璃纤维增强水泥板、玻璃纤维增强饰面石膏、纤维增强聚合物砂浆等，较易于安装施工。

（5）外保温复合墙。外墙外保温复合墙体是外墙节能的发展方向，其优点是：保温材料对主体结构具有保护作用；有利于消除或减弱热桥影响；由于储热能力较强的主体结构位于室内一侧，有利于房间的热稳定性，减少室温的波动；避免二次装修对内保温层造成的损坏。

3. 门窗节能技术

（1）尽量减少门窗面积。门窗是建筑能耗散失的最薄弱部位，面积约占建筑外围护结构面积的 30%，其能耗约占建造总能耗的 2/3，其中传热损失为 1/3。所以门窗是外围护结构节能的重点，在保证日照、采光、通风、观景条件下，尽量减少外门窗洞口的面积。

（2）设置遮阳设施，考虑空调设备的位置。减少阳光直接辐射屋顶、墙、窗以及透过窗户进入室内，可采用外廊、阳台、挑檐、遮阳板、热反射窗帘等遮阳措施。门窗的遮阳设施可选用特种玻璃、双层玻璃、窗帘、遮阳板等。

（3）提高门窗的气密性，减小冷空气渗透。加设密闭条是提高门窗气密性的重要手段之一。

（4）尽量使用新型保温节能门窗。采用热阻大、能耗低的节能材料制造的新型保温节能门窗可大大提高热工性能，同时还要特别注意玻璃的选材。玻璃窗的主要用途是采光，但由于玻璃窗的耗能量占制冷机最大负荷的 20%～30%，冬季单层玻璃窗的耗热量占锅炉负荷的 10%～20%，因而控制窗墙比在 30%～50% 范围内时，窗玻璃尽量选特性玻璃，如吸热玻璃、反射玻璃、隔热遮光薄膜玻璃等。

（5）合理控制窗墙比。窗墙比是窗洞口与墙的面积比值。增大窗墙比不利于空调建筑节能，应尽量减小空调房间两侧温差大的外墙及窗的面积。因为外窗的耗热量占建筑物总耗热量的 35%～45%，故在保证室内采光通风的前提下，前期建筑设计要合理控制窗墙比，一般北向不大于 25%，南向不大于 35%，东西向不大于 30%。

4. 供热采暖系统节能技术

（1）提高供热锅炉和管网的负荷率和热效率。

（2）科学组织采暖运行。

（3）采用热量按户计算及控温技术。

（4）加强管道保温。

本章小结

（1）热量总是从高温处向低温处转移，这个过程一般分为三种方式：热传导、热对流和热辐射。建筑的外围护结构是传递热量的主要部分，外围护结构的传热均要通过三个过程，即吸热、传热和放热。

（2）影响外围护结构热工性能的因素有：材料影响、"热桥"影响以及水汽影响。提高外围护结构热工性能的措施有：提高外围护结构的热阻；防止冷风渗透；避免"热桥"；注意防潮防水。

（3）建筑外墙的保温材料主要有三种：保温板材、保温块材、保温砂浆。建筑外墙保温中按保温材料的位置可分为外保温、内保温和夹芯保温。外墙内保温的主要做法有：保温材料内贴，保温砂浆内刷。外墙夹芯保温主要做法有：3E 墙板夹芯保温；混凝土装饰砌块夹芯保温；轻集料夹芯保温砌块。

（4）建筑屋顶的保温材料主要有：松散保温材料、整体保温材料、板状保温材料三种。保温层的位置可设在防水层与结构层之间，防水层之上以及结构层之下。

（5）在严寒和寒冷地区，建筑底层室内如果采用实铺地面，地面应采取保温处理。

（6）炎热地区的夏季，太阳的辐射较强，外围护结构的隔热能力直接影响室内的舒适度，也直接影响建筑的节能。在设计中主要有两种措施：①加强建筑的自然通风；②对围护结构进行隔热处理。

（7）综合采用太阳能利用技术、墙体、门窗和供热供暖系统的节能措施，趋利避害，选择经济合理的节能方案，必定可以获得显著的节能效果，最终实现我国可持续发展的伟大战略。

复习思考题

1. 热量的传递形式和传递过程有哪些？

2. 影响建筑外围护结构热工性能的因素有哪些，怎样改善外围护结构的热工性能？

3. 什么是"热桥"，它是怎样影响建筑热工性能的？

4. 我国的建筑热工设计分区是怎样的，不同设计分区有什么设计要求？

5. 建筑外墙外保温的构造有哪些形式，其构造做法是怎样的？

6. 建筑屋顶的保温材料有哪些？建筑屋顶保温层的设置有哪几种形式？

7. 提高建筑门窗的保温性能的措施有哪些?
8. 建筑地面的保温构造应怎样处理?
9. 建筑外围护结构反射隔热、通风隔热的原理是什么? 各有什么构造设计要点?
10. 我国建筑节能技术有哪些?

第14章 变 形 缝

本章导读

本章基本要求：了解变形缝的类型及作用；掌握伸缩缝、沉降缝、防震缝的构造做法；熟练掌握伸缩缝、沉降缝、防震缝的设置要求。

本章重点、难点：重点，伸缩缝、沉降缝、防震缝的设置要求；伸缩缝、沉降缝、防震缝的构造做法。难点，伸缩缝、沉降缝、防震缝的设置要求。

14.1　变形缝的作用及类型

建筑物由于受气温变化、地基不均匀沉降以及地震等因素影响，结构内部会产生附加应力和变形，如果处理不当，建筑物将会产生裂缝甚至破坏，影响使用与安全。为了避免这些情况的发生，一般可以采取两种措施：①加强建筑物的整体刚度，提高其抗变形能力；②在建筑物易变形的敏感部位或其他必要的部位预先留出一定宽度的缝隙，将建筑物分成若干独立的单元，以保证建筑物各部分能自由变形，互不影响，这些缝隙即变形缝。

对应不同的变形情况，变形缝可分为以下三种。

(1) 伸缩缝——对应气温变化引起的变形。

(2) 沉降缝——对应地基不均匀沉降引起的变形。

(3) 防震缝——对应地震可能引起的变形。

变形缝的构造及材料应根据其部位和需要分别采取防水、防火、保温等安全防护措施，并使其在产生位移或变形时不受阻、不被破坏，所采用的材料，应满足相应部位的耐火等级。

14.2　变形缝构造

14.2.1　伸缩缝

伸缩缝又叫温度缝，是为防止建筑物因温度变化引起的破坏而设置的变形缝。建筑物在受到温度变化的影响时，会发生热胀冷缩的变形，在结构内部产生温度应力，导致构件开裂。建筑物的长度越大，变形越大。因此，为避免由于这种温度应力引起构件开裂，常常沿建筑物长度方向每隔一定距离或在结构变化较大处预留垂直缝隙，将建筑物断开。

伸缩缝要求基础以上的建筑构件全部断开，基础部分因受温度变化影响较小，不需断开。伸缩缝的宽度一般在 20～30mm，以保证缝两侧的建筑构件能在水平方向自由伸缩。

伸缩缝的最大间距与结构所用材料、结构类型、施工方式、建筑所处环境和位置有关。根据《砌体结构设计规范》（GB 50003—2011）和《混凝土结构设计规范》（GB

50010—2010）的规定，砌体结构和钢筋混凝土结构房屋伸缩缝的最大间距见表 14.1 和表 14.2。

表 14.1 砌体结构房屋伸缩缝的最大间距

屋盖或楼盖类别		间距/m
整体式或装配整体式钢筋混凝土结构	有保温层或隔热层的屋盖、楼盖	50
	无保温层或隔热层的屋盖	40
装配式无檩体系钢筋混凝土结构	有保温层或隔热层的屋盖、楼盖	60
	无保温层或隔热层的屋盖	50
装配式有檩体系钢筋混凝土结构	有保温层或隔热层的屋盖	75
	无保温层或隔热层的屋盖	60
瓦材屋盖、木屋盖或楼盖、轻钢屋盖		100

注 1. 对烧结普通砖、多孔砖、配筋砌块砌体房屋，取表中数值；对石砌体、蒸压灰砂普通砖、蒸压粉煤灰普通砖、混凝土砌块、混凝土普通砖和混凝土多孔砖房屋，取表中数值乘以 0.8 的系数，当有实践经验并采取有效措施时，可不遵守本表规定。
　　2. 在钢筋混凝土屋面上挂瓦的屋盖，应按钢筋混凝土屋盖采用。
　　3. 按本表设置的墙体伸缩缝，一般不能同时防止由于钢筋混凝土屋盖的温度变形和砌体干缩变形引起墙体局部裂缝。
　　4. 层高大于 5m 的烧结普通砖、多孔砖、配筋砌块砌体结构单层房屋，其伸缩缝间距可按表中数值乘以 1.3。
　　5. 温差较大且变化频繁地区和严寒地区不采暖的房屋及构筑物墙体的伸缩缝最大间距，应根据表中数值予以适当减小。
　　6. 墙体的伸缩缝应与结构的其他变形缝相重合，在进行立面处理时，必须保证缝隙的伸缩作用。

表 14.2 钢筋混凝土结构房屋伸缩缝最大间距 单位：m

结构类型		室内或土中	露天
排架结构	装配式	100	70
框架结构	装配式	75	50
	现浇式	55	35
剪力墙结构	装配式	65	40
	现浇式	45	30
挡土墙、地下室墙等类结构	装配式	40	30
	现浇式	30	20

注 1. 装配整体式结构房屋的伸缩缝间距宜按表中现浇式的数值取用。
　　2. 框架-剪力墙结构或核心筒结构房屋的伸缩缝间距可根据结构的具体布置情况，取表中框架结构与剪力墙结构之间的数值。
　　3. 当屋面无保温或隔热措施时，框架结构、剪力墙结构的伸缩缝间距宜按表中露天栏的数值选用。
　　4. 现浇挑檐、雨罩等外露结构的伸缩缝间距不宜大于 12m。

14.2.1.1 墙体伸缩缝构造

墙体伸缩缝形式主要视墙体材料、厚度及施工条件而定，一般可做成平缝、错口缝和凹凸缝，如图 14.1 所示，但地震区只能用平缝。

外墙伸缩缝位于露天，为保证其沿水平方向自由伸缩，并防止雨雪对室内的渗透，需对伸缩缝进行嵌缝和盖缝处理，缝内应填具有防水、防腐蚀性的弹性材料，如沥青麻丝、

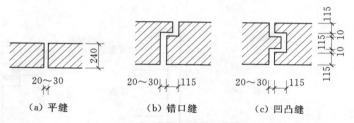

图 14.1　砖墙伸缩缝的截面形式

橡胶条、塑料条或金属调节片等。对防水要求较高时，则应在嵌缝材料的外缘，再嵌以弹性聚氨基甲酸酯嵌缝膏或硅橡胶嵌缝膏。通常盖缝板条一侧固定，以保证结构在水平方向的自由伸缩。内墙及外墙伸缩缝构造如图 14.2 和图 14.3 所示。

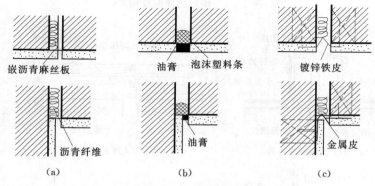

图 14.2　砖外墙伸缩缝的构造

14.2.1.2　楼地层伸缩缝构造

　　楼地层伸缩缝的位置与缝宽大小应与墙体、屋顶变形缝一致，缝内常用弹性材料（如油膏、沥青麻丝、橡胶、金属或塑料调节片等）做嵌缝处理，上铺活动盖板或橡胶、塑胶地板等地面材料，顶棚的盖缝条只能固定于一端，以保证两端构件能自由伸缩变形，如图 14.4 所示。

14.2.1.3　屋面伸缩缝构造

　　屋面伸缩缝构造的基本要求是既保证屋顶有水平伸缩的可能，又要防止雨水流入缝内。等高屋面变形缝是在屋面板上缝的两侧砌筑矮墙，其高度应不小于 180mm，并将防水层做到矮墙上进行泛水构

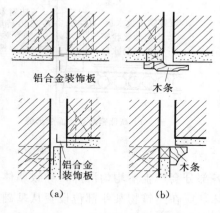

图 14.3　砖内墙伸缩缝的构造

造处理。高低屋面变形缝是在低屋面板上砌筑矮墙，采用镀锌铁皮盖缝时，其固定方法与泛水构造相同，也可采用从高跨墙内悬挑钢筋混凝土板盖缝的方法。常见柔性防水屋面和刚性防水屋面伸缩缝构造，如图 14.5 和图 14.6 所示。

14.2.2　沉降缝

　　在同一幢建筑中，由于建筑物各部分高度、荷载、结构及地基承载力的不同，建筑物

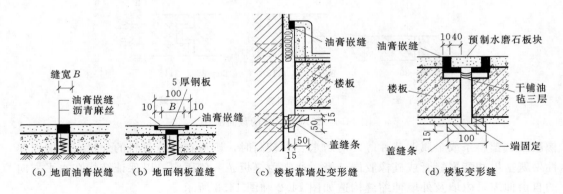

图 14.4　楼地层伸缩缝构造

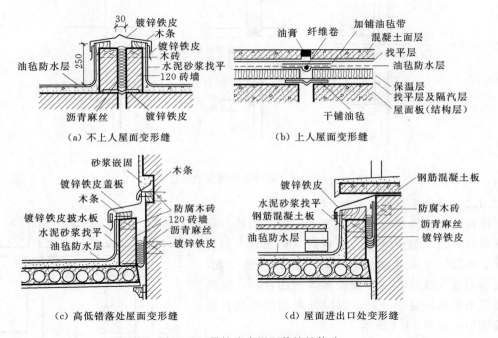

图 14.5　柔性防水屋面伸缩缝构造

各部分会产生不均匀沉降，导致墙体拉裂。为了预防建筑物因各部分不均匀沉降而引起破坏，应在建筑物某些部位设置从基础至屋面全部断开的垂直预留缝，把一幢建筑物分成几个可自由沉降的独立单元，这种垂直预留缝称为沉降缝。凡属下列情况时均应考虑设置沉降缝。

（1）同一建筑物相邻部分的高度相差较大、荷载大小相悬殊或结构形式变化较大，易导致地基沉降不均时。

（2）当建筑物各部分相邻基础的形式、宽度及埋置深度相差较大，造成基础底部压力有很大差异，易形成不均匀沉降时。

（3）当建筑物建造在不同地基上，且难以保证均匀沉降时。

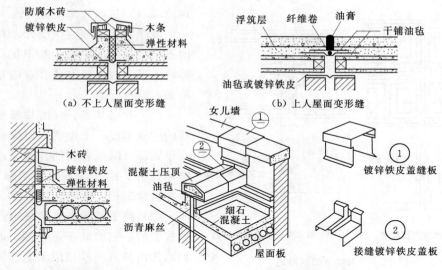

（a）不上人屋面变形缝　　　　　　（b）上人屋面变形缝

（c）高低错落处屋面变形缝　　　　（d）屋面变形缝构造示意

图 14.6　刚性防水屋面伸缩缝构造

（4）建筑物体型比较复杂，连接部位又比较薄弱时。

（5）新建建筑物与原有建筑物紧紧毗连时。

沉降缝的设置位置如图 14.7 所示。

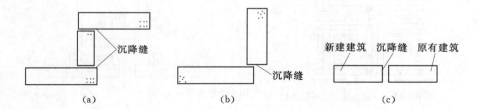

（a）　　　　　　　　　（b）　　　　　　　　　（c）

图 14.7　沉降缝的设置位置

沉降缝的宽度与地基情况和建筑物高度有关，沉降缝宽度一般为 30～70mm，建在软弱地基上的建筑物其缝宽应适当增加。沉降缝宽度见表 14.3。

表 14.3 　　　　　　　　　　　　沉 降 缝 的 宽 度

地基情况	建筑物高度 H/m	沉降缝宽度/mm
一般地基	$H < 5$	30
	$H = 5 \sim 10$	50
	$H = 10 \sim 15$	70
软弱地基	2～3 层	50～80
	4～5 层	80～120
	5 层以上	＞120
湿陷性黄土地基		≥30～70

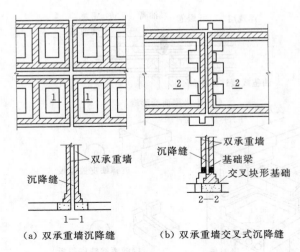

图 14.8 双墙基础沉降缝

（a）双承重墙沉降缝　（b）双承重墙交叉式沉降缝

14.2.2.1 基础的沉降缝构造

沉降缝从基础就应断开，并应避免因不均匀沉降造成的相互干扰，常见的砖墙条形基础处理方法有双墙基础和挑梁基础两种方案。

（1）双墙基础。双墙基础是在沉降缝的两侧都设有承重墙，以保证每个独立单元都有纵横墙封闭连接。这种结构整体性好，刚度大，但基础偏心受力，并在沉降时相互影响，如图 14.8 所示。

（2）挑梁基础。挑梁基础是对沉降量较大的一侧墙基不做处理，而另一侧的墙体由悬挑的基础梁来承担。这样能保证沉降缝两侧的墙基能自由沉降而不相互影响。挑梁上端另设隔墙时，应在挑梁上端增设横梁，并尽量采用轻质墙，以减少悬挑基础梁的荷载，如图 14.9 所示。

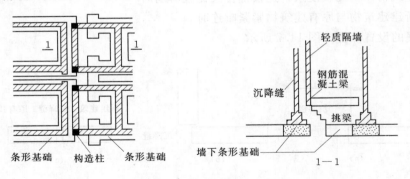

图 14.9 挑梁基础沉降缝

14.2.2.2 墙身、屋顶的沉降缝构造

墙身及楼地层沉降缝的构造与伸缩缝构造基本相同，但要求建筑物的两个独立单元能自由沉降，墙身的沉降缝盖缝条应满足水平伸缩和垂直沉降变形的要求，所以，它的金属调节片不同于伸缩缝，如图 14.10 所示。

屋顶沉降缝的构造应充分考虑屋顶沉降对屋面防水材料及泛水的影响，如图 14.11 所示。

14.2.3 防震缝

防震缝是为了防止建筑物各部分在地震时相互撞击、引起破坏而设置的变形缝。根据《建筑抗震设计规范》（GB 50011—2010）的规定，抗震设防烈度为 6 度及以上地区的建筑，必须进行抗震设计；抗震设防烈度大于 9 度的地区，建筑抗震设计应按有关规定执行。对体型复杂、平立面特别不规则的建筑结构，可按实际需要在适当部位设置防震缝，形成多个较规则的抗侧力结构单元。

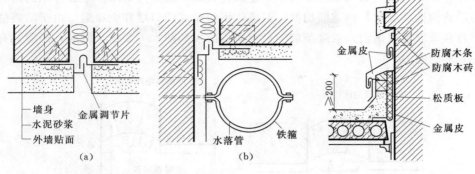

图 14.10 墙身沉降缝构造 图 14.11 屋顶沉降缝构造

(1) 多层砌体结构房屋有下列情况之一时,宜设置防震缝。

1) 建筑物立面高差在 6m 以上。

2) 建筑物有错层,且错层楼板高差较大。

3) 建筑物相邻各部分结构刚度、质量截然不同。

(2) 多层和高层钢筋混凝土结构房屋有下列情况时,宜设置防震缝。

1) 建筑平面中,凹角长度较长或凸出部分较多。

2) 建筑物有错层,且错层楼板高差较大。

3) 建筑物相邻各部分的结构刚度或荷载相差悬殊。

4) 地基不均匀,各部分沉降差过大。

防震缝宽度与结构形式、设计烈度、建筑物高度有关,对多层砌体房屋,应优先采用横墙承重或纵横墙混合承重的结构体系,缝宽一般取 50~100mm,在缝两侧均应设置墙体,以加强防震缝两侧房屋的刚度。对多(高)层钢筋混凝土结构房屋,防震缝应沿建筑物全高设置,缝的两侧应布置双墙或双柱,或一墙一柱,以使各部分结构都有较好的刚度。钢筋混凝土结构房屋防震缝最小宽度应符合下列要求。

(1) 框架结构房屋,当高度不超过 15m 时,可采用 100mm。

(2) 框架-剪力墙结构房屋可采用 (1) 中规定的数值的 70%,剪力墙结构房屋可采用 (1) 中规定值的 50%,且均不小于 100mm。

(3) 防震缝两侧结构类型不同时,宜按较宽防震缝结构的类型和较高房屋的高度确定。

(4) 当高度超过 15m 时,按不同设防烈度增加缝宽。

1) 6 度地区:建筑每增高 5m,缝宽增加 20mm。

2) 7 度地区:建筑每增高 4m,缝宽增加 20mm。

3) 8 度地区:建筑每增高 3m,缝宽增加 20mm。

4) 9 度地区:建筑每增高 2m,缝宽增加 20mm。

防震缝应与伸缩缝、沉降缝统一布置,并满足防震缝的设计要求。一般情况下,防震缝基础可不断开,但在平面复杂的建筑中或建筑相邻部分刚度差别很大时,则需将基础断开。如按沉降缝要求设置的防震缝也应将基础断开。

墙体防震缝构造，如图 14.12 所示。建筑物抗震一般只考虑水平地震作用的影响，所以，防震缝构造及要求与伸缩缝相似，但墙体不应做成错口缝和企口缝。由于防震缝一般较宽，通常采取覆盖做法，盖缝条应满足牢固、防风和防水等要求，同时，还应具有一定的适应变形的能力。

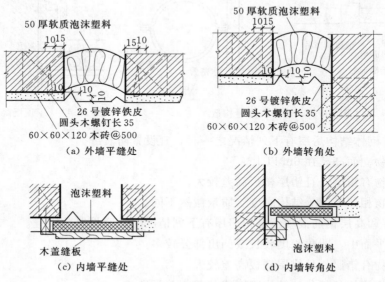

（a）外墙平缝处　　　　　　　　（b）外墙转角处

（c）内墙平缝处　　　　　　　　（d）内墙转角处

图 14.12　墙体防震缝构造

14.2.4　三种变形缝的关系

伸缩缝、沉降缝和防震缝在构造上有一定的区别，但也有一定的联系。三种变形缝的关系比较见表 14.4。

表 14.4　　　　　　　　　　　三种变形缝的关系比较

变形缝的类型	伸缩缝	沉 降 缝	防 震 缝
对应变形原因	温度变化	不均匀沉降	地震作用
墙体缝的形式	平缝、错口缝、企口缝	平缝	平缝
缝的宽度 /mm	20～30	一般地基： 建筑物高<5m，缝宽 30； 建筑物高 5～10m，缝宽 50； 建筑物高 10～15m，缝宽 70。 软弱地基： 2～3 层建筑物，缝宽 50～80； 4～5 层建筑物，缝宽 80～120； 5 层以上建筑物，缝宽>120。 湿陷性黄土地基： 缝宽≥30～70	多层砌体结构房屋： 缝宽 50～100。 框架、框剪结构房屋： 当建筑物高度≤15m 时，缝宽 100。 当建筑物高度>15m 时， 6 度地区，建筑每增高 5m，缝宽增加 20； 7 度地区，建筑每增高 4m，缝宽增加 20； 8 度地区，建筑每增高 3m，缝宽增加 20； 9 度地区，建筑每增高 2m，缝宽增加 20
盖缝板的允许变形方向	水平方向自由变形	垂直方向自由变形	水平与垂直方向自由变形
基础是否断开	可不断开	必须断开	宜断开

本章小结

（1）变形缝是为避免建筑由于受到温度变化、地基不均匀沉降和地震等作用的破坏，人为地将建筑物分为若干相对独立单元的构造措施。变形缝有三种，即伸缩缝、沉降缝和防震缝。伸缩缝、沉降缝和防震缝应尽可能合并设置，并分别满足不同缝隙的功能要求。

（2）伸缩缝是为防止建筑因温度变化引起的破坏而设置的变形缝，伸缩缝要求把建筑物的墙体、楼板层、屋顶等基础以上部分全部断开。宽度一般在 20～30mm，以保证缝两侧的建筑构件在水平方向自由伸缩。沉降缝是为防止因建筑各部分不均匀沉降引起的破坏而设置的变形缝，沉降缝要求从基础到屋顶所有构件全部断开。缝宽度与地基的性质和建筑物的高度有关，一般地基情况下宽度在 30～70mm。防震缝是为了防止建筑物各部分在地震时相互撞击引起破坏而设置的变形缝。防震缝应与伸缩缝、沉降缝统一布置，在地震设防区，建筑物的伸缩缝和沉降缝必须满足防震缝的要求。一般情况下，防震缝基础可不分开，但在平面复杂的建筑中，或建筑相邻部分刚度差别很大时，则需将基础分开。按沉降缝要求的防震缝也应将基础分开。防震缝的宽度在多层砌体结构房屋中按设防烈度的不同，一般取 50～100mm。

（3）建筑材料与结构类型不同，变形缝的结构处理方式也不相同。变形缝的构造处理方法要同时考虑墙体内外、屋面以及楼地面的有关部分。变形缝的嵌缝和盖缝处理要满足防风、防雨、保温、隔热和防火等要求，还要考虑室内外的美观。

复习思考题

1. 变形缝的作用是什么？伸缩缝、沉降缝和防震缝各有什么特点？
2. 不同类型变形缝的设置条件是什么？其宽度如何确定？
3. 基础沉降缝的结构处理形式有哪几种？
4. 墙体变形缝的截面形式有哪几种？
5. 将伸缩缝、沉降缝和防震缝合并设置应注意什么问题？

第15章 工业建筑设计概论

本章导读

本章基本要求：了解工业建筑的特点和分类；了解多层厂房的特点及设计原则；掌握单层工业厂房装配式钢筋混凝土排架结构的组成；掌握单层厂房的起重运输设备；掌握工业厂房柱网确定的原则。

本章重点、难点：重点，单层工业厂房装配式钢筋混凝土排架结构的组成，单层厂房的起重运输设备，工业厂房柱网的确定；难点，单层工业厂房装配式钢筋混凝土排架结构的组成。

工业建筑是指从事各类工业生产及直接为生产服务的房屋，一般称为"厂房"或"车间"。

工业建筑设计的主要任务是设计厂房的平面形状、柱网尺寸、剖面形式、建筑体型；合理选择结构方案和围护结构的类型，进行细部构造设计；协调建筑、结构、水、暖、电、气、通风等各工种；正确贯彻"坚固适用，技术先进，经济合理"的原则。

因此，工业建筑设计应考虑的因素包括：满足生产工艺的需要；满足有关技术要求；要有良好的综合效益；应创造良好的生产环境；应注意建筑美观。但由于生产工艺不同、技术要求高，对建筑平面空间布局、建筑构造、建筑结构及施工等有很大影响。

15.1 概　　述

15.1.1 工业建筑的特点

（1）厂房平面要根据生产工艺的特点设计。厂房的建筑设计要在生产工艺设计的基础上进行，并能适应由于生产设备更新或改变生产工艺流程而带来的变化。

（2）厂房内部空间较大。厂房的内部空间由于设备多、体量大，各部门生产联系密切，有多种起重运输设备通行，因此，厂房内部应具有较大的内部面积和宽敞的空间。

（3）厂房的建筑构造比较复杂。大多数单层厂房采用多跨的平面组合形式，组合式侧窗、天窗，使屋面排水、防水、保温、隔热等建筑构造的处理比较复杂，技术要求比较高。

（4）厂房骨架的承载能力较大。由于屋顶重量大，且多有吊车荷载，因此，在单层厂房中，多用钢筋混凝土排架结构承重；在多层厂房中，多用钢筋混凝土骨架承重。

对于特别高大、或有重型吊车、或有高温、或地震烈度较高地区的厂房，宜采用钢骨架承重。

15.1.2 工业建筑的分类

15.1.2.1 按厂房的用途分类

（1）主要生产厂房。主要生产厂房是指进行产品加工的主要工艺流程的厂房，如钢铁厂的烧结、焦化、炼铁、炼钢车间。

（2）辅助生产厂房。辅助生产厂房是指为主要生产厂房服务的各类厂房，如机械修理、工具等车间。

（3）动力类厂房。动力类厂房是指为工厂提供能源和动力的各类厂房，如发电站、锅炉房、煤气站等。

（4）储藏类建筑。储藏类建筑是指为生产提供存储原料、半成品、成品的仓库，如炉料、油料、半成品、成品库房等。

（5）运输类建筑。运输类建筑是存放与检修各种运输工具的库房。如汽车库、消防车库、电瓶车库等。

15.1.2.2 按车间内部生产状况分类

（1）热加工车间。热加工车间是在高温和融化状态下进行生产，并在生产过程中可能散发大量余热、烟雾、灰尘、有害气体的车间，如铸工、锻工、热处理车间。

（2）冷加工车间。冷加工车间是在常温状况下进行生产的车间，如机械加工车间、金工车间等。

（3）恒温恒湿车间。恒温恒湿车间是在恒温、恒湿条件下进行生产的车间，如精密仪器车间、纺织车间等。

（4）洁净车间。洁净车间要求在保持高度洁净的条件下进行生产，防止大气中灰尘及细菌的污染，如集成电路车间、精密仪器加工及医药、食品工业的一些车间等。

15.1.2.3 按厂房层数分类

（1）单层厂房。单层厂房主要用于重型机械制造工业、冶金工业等重工业。这类厂房的特点是设备体积大、质量大，厂房内以水平运输为主，如图 15.1 所示。

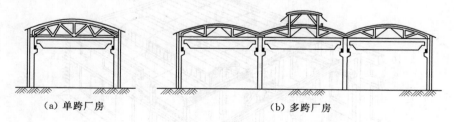

（a）单跨厂房　　　　　　　　　　（b）多跨厂房

图 15.1　单层厂房剖面图

（2）多层厂房。多层厂房多应用于电子、食品等轻工业。这类厂房的特点是设备较轻、体积较小，工厂的大型机床一般放在底层，小型设备放在楼层上。厂房内部的垂直运输以电梯为主，水平运输以电瓶车为主。在厂房面积相同的情况下，4 层左右的厂房造价最为经济。多层厂房剖面如图 15.2 所示。

（3）混合层数厂房。混合层数的厂房由单层跨和多层跨组合而成，多用于热电厂、化工厂等。高大的生产设备位于中间的单跨内，边跨为多层，如图 15.3 所示。

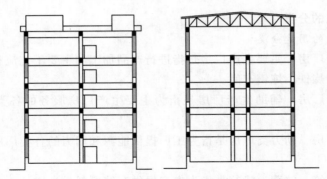

图 15.2 多层厂房剖面图

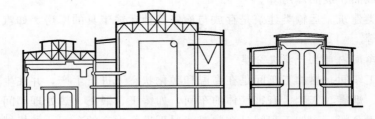

图 15.3 混合层数厂房剖面图

15.2 单层工业厂房

15.2.1 单层厂房的组成

单层厂房通常为装配式钢筋混凝土排架结构。如图 15.4 所示为单层厂房装配式钢筋混凝土骨架及主要构件示意图。

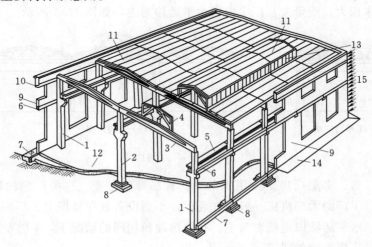

图 15.4 单层厂房装配式钢筋混凝土骨架及主要构件示意图

1—边列柱；2—中列柱；3—屋面大梁；4—天窗架；5—吊车梁；6—连系梁；7—基础梁；8—基础；
9—外墙；10—圈梁；11—屋面板；12—地面；13—天窗扇；14—散水；15—风荷载

15.2.1.1 承重结构

厂房的承重结构由横向排架和纵向连系构件组成。

（1）横向排架。横向排架由屋架（或屋面梁）、柱和基础组成。

（2）纵向连系构件。纵向连系构件由屋面板（或檩条）、吊车梁、连系梁、柱间和屋架间支撑等组成。

15.2.1.2 围护结构

厂房的围护结构主要由屋面、外墙、门窗、天窗和地面等组成，如图15.5所示。

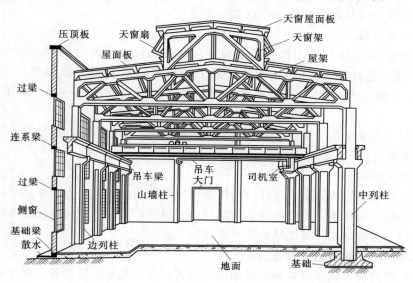

图15.5 单层厂房构件组成

单层工业厂房排架结构的主要荷载为：①竖向荷载，包括屋面荷载、墙体自重和吊车竖向荷载，并分别通过屋架、墙梁、吊车梁等构件传递到柱身；②水平荷载，包括纵横外墙风荷载和吊车纵横向冲击荷载，并分别通过墙、墙梁、抗风柱、屋盖、柱间支撑、吊车梁等构件传到柱身。所有上述荷载均由柱身传到基础。另外，基础梁的竖向荷载不通过柱身直接传递到基础上，基础所承受的全部荷载传递到地基上。

15.2.1.3 其他结构

其他结构包括散水、坡道、吊车梯、室外消防梯、内部隔墙等。

15.2.2 单层厂房结构类型和选择

单层厂房结构的分类方式有：按其承重结构的材料分为混合结构、钢筋混凝土结构、钢结构等；按其施工方法分为装配式和现浇式钢筋混凝土结构；按其主要承重结构的形式分为排架结构、刚架结构和空间结构。

15.2.2.1 排架结构

排架结构是将厂房承重柱的柱顶与屋架或屋面梁做铰接连接，而柱下端则嵌固于基础中，构成平面排架，各平面排架再经纵向结构构件连接组成为一个空间结构。它是目前单层厂房中最基本、应用最普遍的结构型式，可分为以下几种形式。

（1）砖混结构。采用砖柱或钢筋混凝土柱，屋面结构可按有关条件选用木屋架、钢木屋架、钢筋混凝土屋架或屋面梁等。柱距一般为 4～6m，跨度不大于 15m，适用于无吊车厂房或吊车起重量不超过 3t 的中小型厂房。

（2）钢筋混凝土结构。承重柱可选用钢筋混凝土的矩形截面柱、工字形截面柱、双肢形截面柱、圆管形截面柱，还可以采用钢与钢筋混凝土组合的混合型柱等。屋面结构可选用钢筋混凝土屋架或屋面梁、预应力混凝土屋架或屋面梁，也可采用钢屋架。一般柱距为 6～12m，跨度为 12～30m。

（3）钢结构。钢结构厂房采用钢柱、钢屋架作为厂房的承重结构。一般柱距为 12m，也有的将 6m 和 12m 柱距混合使用，跨度不小于 30m。

15.2.2.2 刚架结构

刚架结构的基本特点是柱和屋架（横梁）合并为同一个刚性构件。柱与基础的连接通常为铰接（也有作固接的）。钢筋混凝土刚架与钢筋混凝土排架相比，可节约钢材约 10％，混凝土约 20％。一般常采用预制装配式钢筋混凝土刚架，也有选用钢刚架的。

钢筋混凝土刚架常用于跨度不大于 18m，一般檐高不超过 10m，无吊车或吊车起重量在 10t 以下的车间。

15.2.2.3 空间结构

屋面体系为空间结构体系。这种结构体系使屋面结构由单向受力的平面结构，成为能多向受力的空间结构体系，充分发挥了建筑材料的强度，提高了结构的稳定性。一般常见的有折板结构、网络结构、薄壳结构、悬索结构等。

15.2.3 单层厂房的起重运输设备

在工业厂房内应根据原材料和产品的质量布置相应的起重运输设备。常用的起重运输设备有单轨悬挂式吊车、梁式吊车、桥式吊车等。

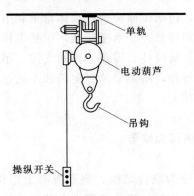

图 15.6 单轨悬挂式吊车

（1）单轨悬挂式吊车。单轨悬挂式吊车由电动葫芦和工字钢轨道组成。电动葫芦以工字钢为轨道，可沿直线、曲线或分岔往返运行。工字钢轨道可悬挂在屋架或屋面梁上，起重量一般在 2t 左右，特殊情况下可达 5t。单轨悬挂式吊车结构简单，造价低廉，但它不能横向运行，须借助人力和车辆辅助运输，适用于小型或辅助车间，如图 15.6 所示。

（2）梁式吊车。梁式吊车由梁架、工字钢轨道和电动葫芦组成。梁架可以悬挂在屋架或屋面梁下悬的纵向轨道上。梁式吊车可以纵横双向运行，使用方便。梁式吊车的起重量有 1t、2t、3t、5t 4 种，如图 15.7 所示。

（3）桥式吊车。桥式吊车由桥架和起重行车（亦称大车和小车）组成，桥架行驶在吊车梁的轨道上。桥式吊车的起重量较大，由 5t～500t 不等，并有主钩与副钩之分，还可根据生产需要设置抓斗、电磁吸盘、夹钳、料槽等专用吊具，如图 15.8 所示。

桥式吊车按其工作的重要性和繁忙程度分为重级、中级和轻级三种工作制度。操作应

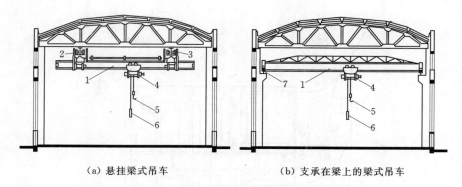

（a）悬挂梁式吊车 （b）支承在梁上的梁式吊车

图 15.7 梁式吊车

1—钢梁；2—运行装置；3—轨道；4—提升装置；5—吊钩；6—操纵开关；7—吊车梁

在操作室进行，因而在厂房的端部或中部应设置供司机上下的钢梯。

15.2.4 单层厂房平面设计

15.2.4.1 工厂总平面与厂房平面设计的关系

工厂总平面按功能可分为 5 个区域：生产区、辅助生产区、动力区、仓库区、厂前区。

进行工厂总平面图设计应满足如下要求。

（1）根据全厂的生产工艺流程、交通运输、卫生、防火、风向、地形、地质等条件确定建筑物、构筑物的相对位置。

（2）合理地组织人流和货流，避免交叉和迂回。

（3）布置地上和地下的各种工程管线，进行厂区竖向布置及美化、绿化厂区等。

影响总平面布置的因素主要包括：人流与货流的影响、地形的影响、风向的影响。

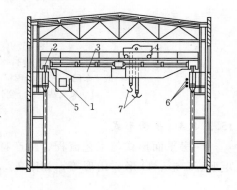

图 15.8 桥式吊车

1—吊车司机室；2—吊车轮；3—桥架；4—起重小车；5—吊车梁；6—电线；7—吊钩

此外，总平面布置应紧凑，注意节约用地；建筑物外形尽量规整，如图 15.9 所示。

15.2.4.2 厂房生产工艺与平面设计的关系

单层厂房平面及空间组合设计是在工艺设计与工艺布置的基础上进行的，故生产工艺平面布置决定着建筑平面。生产工艺平面图的内容包含：工艺流程的组织、起重运输设备的选择和布置、工段的划分、运输通道的宽度及其布置、厂房面积的大小等。

一个完整的工艺平面图，主要包括以下 5 个内容。

（1）根据生产的规模、性质、产品规格等确定的生产工艺流程。

（2）选择和布置生产设备和起重运输设备。

（3）划分车间内部各生产工段及其所占面积。

（4）初步拟定厂房的跨间数、跨度和长度。

（5）提出生产对建筑设计的要求，如采光、通风、防震、防尘、防辐射等。

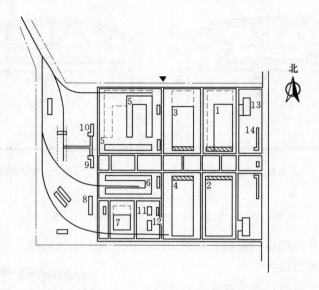

图 15.9 某机械制造厂总平面图

1—辅助车间；2—装配车间；3—机械加工车间；4—冲压车间；5—铸工车间；

6—锻工车间；7—总仓库；8—木工车间；9—锅炉房；10—煤气发生站；

11—氧气站；12—空气压缩站；13—食堂；14—厂部办公室

15.2.4.3 平面形式

厂房平面形式与工艺流程、生产特征、生产规模等有直接关系。厂房的平面形式多为矩形、L 形、U 形、山形等，如图 15.10 所示。

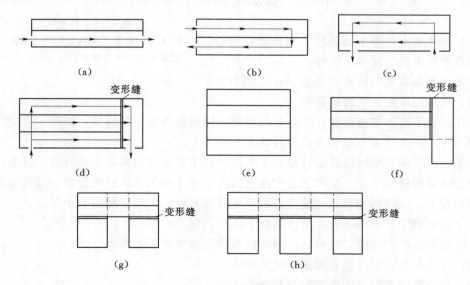

图 15.10 厂房平面形式

采用多跨平面比采用单跨平面可以减少占地面积，运输路线简捷，外墙长度少，造价较低，缺点是构造复杂，采光不利。生产中有大量余热与烟尘的车间应加强通风、换气，

L形、山形平面在热加工车间中采用较多。

15.2.4.4 柱网的选择

承重结构的柱子在平面上排列时所形成的网格称为柱网。柱网的尺寸是由柱距和跨度组成的。柱子相邻横向定位轴线间的距离称为柱距；相邻纵向定位轴线间的距离称为跨度。

柱网的选择，其实质是选择厂房的柱距与跨度，如图 15.11 所示。柱距和跨度尺寸必须符合国家规范《厂房建筑模数协调标准》（GB/T 50006—2010）的有关规定。

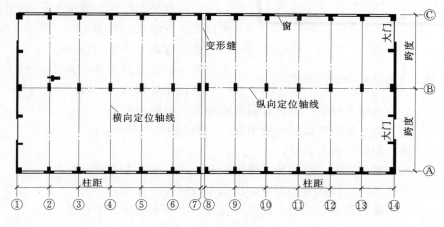

图 15.11 柱网示意图

（1）跨度尺寸的确定。跨度不大于 18m 时，应采用扩大模数 30M 数列，即 9m、12m 等。跨度超过 18m 时，宜采用扩大模数 60M 数列，即 18m、24m 等。

（2）柱距尺寸的确定。柱距应采用扩大模数 60M 数列，即 6m 和 12m。厂房山墙处抗风柱柱距应采用扩大模数 15M 数列。

15.2.5 单层厂房剖面设计

15.2.5.1 厂房高度的确定

单层厂房的高度是指厂房室内地坪到屋顶承重结构下表面的垂直距离。在一般情况下，它与柱顶距地面的高度基本相等，如图 15.12 所示。

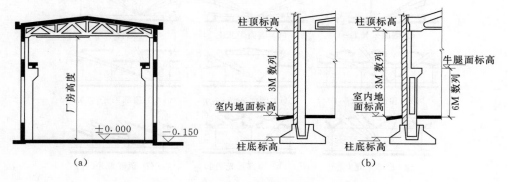

图 15.12 厂房高度的确定

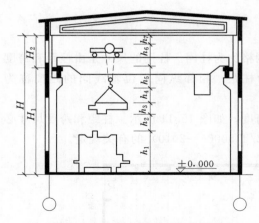

图 15.13 有吊车厂房高度的组成

柱顶高度的确定：

（1）无吊车厂房。无吊车厂房的柱顶标高通常指最大生产设备及其使用、安装、检修时所需的净空高度，一般不低于 3.9m，以保证室内最小空间，以及满足采光、通风的要求。柱顶高度应符合 300mm 的整倍数，若为砖石结构承重，柱顶高度应为 100mm 的倍数。

（2）有吊车厂房。有吊车厂房的柱顶标高由以下 7 项组成，如图 15.13 所示。

柱顶标高　　$H = H_1 + H_2$

轨顶标高　　$H_1 = h_1 + h_2 + h_3 + h_4 + h_5$

轨顶至柱顶高度　$H_2 = h_6 + h_7$

式中　h_1——需跨越最大设备、室内分隔墙或检修所需的高度；

h_2——起吊物与跨越物间的安全距离，一般为 400～500mm；

h_3——被吊物体的最大高度；

h_4——吊索最小高度，根据加工件大小而定，一般大于 1000mm；

h_5——吊钩至轨顶面的最小距离，由吊车规格表中查得；

h_6——吊车梁轨顶至小车顶面的净空尺寸，由吊车规格表中查得；

h_7——屋架下弦至小车顶面之间的安全间隙，根据国家标准《通用桥式起重机》
（GB/T 14405—2011）和吊车起重量，可取为 300mm、400mm、500mm。

15.2.5.2 室内地坪标高的确定

单层厂房室内地坪的标高，由厂区总平面设计确定，其相对标高定为 ±0.000。为防止雨水流入室内，室外标高一般应低于室内标高 150mm，为通行方便，室外入口处应设置坡道，其坡度不宜过大。

15.2.5.3 厂房的天然采光

厂房的采光方式有侧面采光、上部采光、混合采光，如图 15.14 所示。

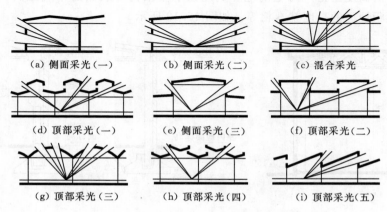

（a）侧面采光（一）　　（b）侧面采光（二）　　（c）混合采光

（d）顶部采光（一）　　（e）侧面采光（三）　　（f）顶部采光（二）

（g）顶部采光（三）　　（h）顶部采光（四）　　（i）顶部采光（五）

图 15.14 单层厂房天然采光方式

厂房的采光要根据室内工作面对采光的要求来确定窗的大小、形式及位置，保证室内光线的强度、均匀度，避免眩光，以满足正常工作的需求，如图 15.15 所示。

图 15.15 采光曲线示意图

厂房的侧面采光，若为单侧采光，应使厂房有效进深在侧窗口上沿至工作面高度 H 的两倍以内，如图 15.16 所示。若进深增大，超过了单侧采光的有效范围，则需采用双侧采光或人工照明等方式。厂房的高低侧窗布置，如图 15.17 所示。

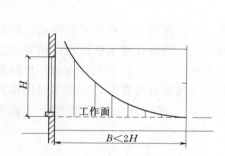

图 15.16 单侧采光光照衰减示意图

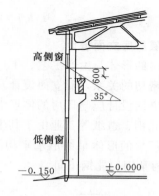

图 15.17 高低侧窗示意图

厂房的上部采光一般设置天窗，采光天窗以矩形天窗最为常用，如图 15.18 所示。

15.2.5.4 厂房的自然通风

厂房自然通风的基本原理是通过热压和风压作用进行的。通风天窗的通风要点是保证排风口处于负压区，如图 15.19 所示。

热车间产生的余热和有害气体较多，对它的自然通风要更加重视。热车间剖面如图 15.20 所示。

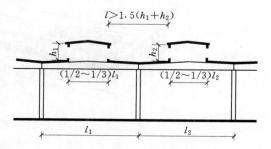

图 15.18 矩形天窗宽度与跨度的关系

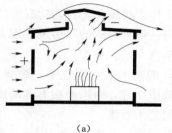

（a）

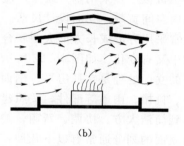

（b）

图 15.19 热压和风压共同作用时的气流情况

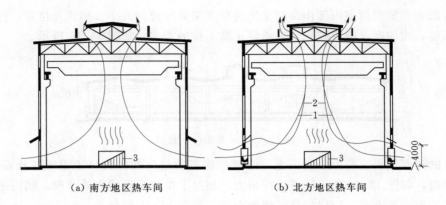

（a）南方地区热车间　　　　　　　（b）北方地区热车间

图 15.20　热车间剖面示意图
1—夏季气流；2—冬季气流；3—工业炉

15.2.6　单层厂房立面设计

单层厂房的形体与生产工艺、工厂环境、厂房规模、厂房的平面形式、剖面形式及结构类型等有密切的关系，而立面设计及室内空间处理是在建筑整体设计的基础上进行的。

厂房的立面设计应与厂房的体形组合综合考虑。厂房的工艺特点对厂房的形体有很大的影响。如轧钢、造纸等工业由于其生产工艺流程是直线式的，厂房多采用单跨或单跨并列的形式，厂房的形体呈线形水平构图的特征，立面往往采用竖向划分以求变化。如图15.21 所示为某钢厂轧钢车间。

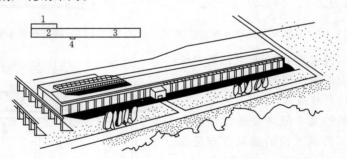

图 15.21　某钢厂轧钢车间
1—加热炉；2—热轧；3—冷轧；4—操纵室

一般中小型机械厂多采用垂直式生产流程，厂房体型多为长方形或长方形多跨组合，造型平稳，室内空间宽敞，立面设计灵活。由于生产机械化、自动化程度的提高，为节约用地和投资，常采用方形或长方形大型联合厂房。该种形式的厂房规模宏大，要求立面设计在统一完整中又有变化。如图 15.22 所示为某汽车联合装配厂。

单层厂房的立面处理是在厂房平、剖面设计的基础上利用柱子、勒脚、门窗、墙面、墙梁、窗台线、挑檐、雨篷等部件，按照建筑构图原理，对墙面做有机的组合与划分，使厂房的立面达到简洁大方、协调、新颖、美观的艺术效果。

单层厂房立面的划分通常有以下几种：水平划分，如图 15.23 所示；垂直划分，如图15.24 所示；混合划分，如图 15.25 所示。

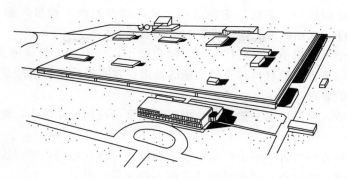

图 15.22　某汽车联合装配厂

图 15.23　单层厂房立面的水平划分

图 15.24　单层厂房立面的垂直划分

图 15.25　单层厂房立面的混合划分

15.3　多层工业厂房

多层厂房主要用于轻工业类厂房，如食品、纺织、化工、印刷、电子等行业中。多层厂房对提高城市建筑用地率，改善城市景观等方面起着积极作用。

15.3.1　多层厂房的特点

多层厂房与单层厂房相比较，具有以下特点。

（1）交通运输面积大。多层厂房各层间除水平运输外，还增加了垂直运输，设有楼梯、电梯等垂直运输设备，增大了交通运输的建筑面积和空间。

（2）建筑占地面积少。多层厂房能节约土地，减少基础工程量，缩短厂区道路、管线、围墙等的长度，从而降低了建设投资和维修费用。

（3）外围护结构面积小。多层厂房屋顶面积较小，可不设天窗，屋面雨水排除方便，屋顶构造简单，可节省建筑材料并获得节能的效果。在寒冷地区，可减少冬季采暖费，且易满足恒温恒湿的要求。

（4）分间灵活。多层厂房一般为梁、板、柱承重，柱网尺寸较小，使得厂房的通用性相对有所提高。

（5）设备布局方便合理。多层厂房中较重的设备可放在底层，较轻设备放在楼层。但多层厂房对重荷载、大设备、强振动的适应性不如单层厂房。

15.3.2　多层厂房的适用范围

（1）生产上需要垂直运输的工业。其生产原材料大部分先送到顶层，再向下层的车间逐一传送加工，直至产品成型，如大型面粉厂等。

（2）生产上要求在不同的层高上操作的工业，如化工厂、热电站主厂房等。

（3）生产工艺对生产环境有特殊要求的工业，如电子、精密仪表类的厂房。这类厂房要求在恒温恒湿及洁净等条件下进行生产，多层厂房易满足这些技术要求。

（4）生产上虽无特殊要求，但生产设备及产品均较轻，且运输量亦不大的厂房。

（5）位于城市市区内，建筑用地紧张及必须满足城建规划的需要。

15.3.3　多层厂房设计的一般原则

多层厂房设计应根据生产工艺的要求，并结合建筑结构、采暖通风、水电设备等各个工种的技术要求和环境特征进行综合考虑，应满足以下原则。

（1）应保证生产工艺流程短捷，尽量避免不必要的往返，尤其是上下层间的往返。

（2）应尽可能将运输量大、荷载重、用水量多的生产工段布置在底层。

（3）一些有特殊要求的工段，应尽可能分别集中布置。

（4）应满足通风、采光等方面的要求，合理布置各生产工段的位置。对环境有害或具有危险的工段，要予以特别注意和合理处置。

15.3.4　多层厂房的平面设计

15.3.4.1　平面布置的形式

根据生产特点的不同，多层厂房的平面布置形式一般有以下 4 种形式。

（1）内廊式。内廊式指多层工业厂房中每层的各生产工段按工艺流程，布置在内廊的两侧房间里，如图 15.26（a）所示。该平面形式适用于生产工段所需面积不大，生产中各工段间既需要联系，又需要避免干扰的要求。

（2）统间式。统间式指各工段一般按工艺流程布置在大统间里，如图 15.26（b）所示。该平面形式适用于生产工段需要较大面积，相互间联系密切，不宜用隔墙分开的车间。

（3）大跨度式。大跨度式指平面采用加大厂房宽度，形成大宽度式的平面，如图 15.26（c）、（d）所示。该平面形式适用于生产工段需要大面积、大空间或高精度的厂房。

（4）混合式。混合式是指根据生产工艺及使用面积的不同需要，采用上述各种平面形式混合布置，如图 15.26（e）所示。

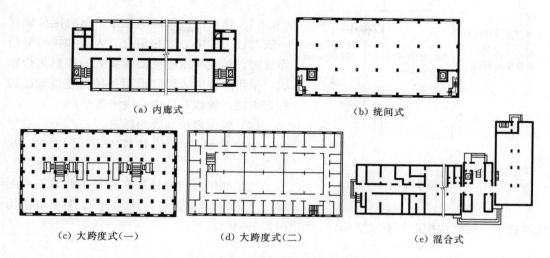

图 15.26　多层厂房平面布置形式

15.3.4.2　柱网选择

（1）柱网类型。多层厂房的柱网形式一般有 4 种类型：内廊式、等跨式、不等跨式、大跨度式，如图 15.27 所示。

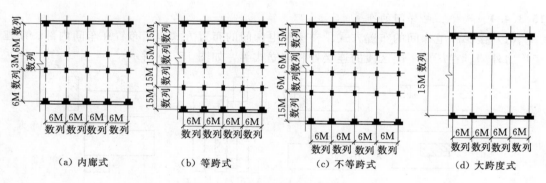

图 15.27　多层厂房的柱网类型

（2）柱网尺寸。

1）跨度（进深）：采用 15M 数列，如 6.0m、7.5m、9.0m、10.5m 和 12.0m。

2）柱距（开间）：采用 6M 数列，如 6.0m、6.6m、7.2m。

内廊式厂房的跨度可采用 6M 数列，如 6.0m、6.6m 和 7.2m；走廊的跨度应采用 3M 数列，如 2.4m、2.7m 和 3.0m。

15.3.4.3　定位轴线的标定

1. 砌体墙承重

内纵、横墙的定位轴线一般与顶层承重内墙的中心线相重合；外纵、横墙的定位轴线可按砌块的块材类别分别位于距顶层砌体墙内缘半块块材或半块的倍数或墙厚的一半处。砌体墙承重的定位如图 15.28 所示。

图 15.28 砌体墙承重的定位

2. 钢筋混凝土框架承重

（1）横向定位轴线的标定。横向定位轴线一般与柱子的中心线相重合。人流和货流异门布置时，横向伸缩缝或防震缝处的横向定位轴线，采用加设插入距并设两条横向定位轴线的标定方法，轴线与柱中心线相重合。

（2）纵向定位轴线的标定。

中柱的纵向定位轴线与顶层柱中心线重合。

边柱的纵向定位轴线在边柱下柱截面高度（h_1）范围内浮动定位，浮动值 a_n 主要根据构配件的统一和结构构造等要求来确定，如图 15.29 所示。

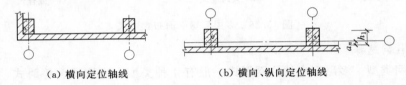

（a）横向定位轴线　　　（b）横向、纵向定位轴线

图 15.29 框架承重的定位

15.3.4.4 楼梯、电梯间的布置

（1）楼梯和电梯间的布置方式。楼梯和电梯间的布置方式包括布置在车间内部、贴建于厂房外墙、在厂房不同区段的连接处和独立式等，如图 15.30 所示。

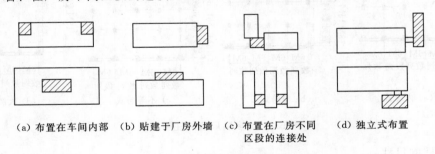

（a）布置在车间内部　（b）贴建于厂房外墙　（c）布置在厂房不同　　（d）独立式布置
　　　　　　　　　　　　　　　　　　　　　区段的连接处

图 15.30 楼梯和电梯间的布置方式

（2）楼梯和电梯的交通组织。多层厂房的电梯间和主要楼梯通常布置在一起，组成交通枢纽，并常与生活、辅助用房组合在一起，以利于方便适用又节约建筑空间。其具体位置不仅与生产流程直接有关，而且对建筑平面布置、体型组合与立面设计以及防震、防火等要求均有影响。楼梯和电梯的交通组织如图 15.31 所示。

15.3.5 多层厂房的剖面设计

多层厂房的剖面设计应结合平面、立面设计同时考虑，其主要任务是合理确定厂房剖面形式、层数、层高、工程技术管线的布置和内部设计等相关问题。

15.3.5.1 剖面形式

由于厂房平面柱网的不同，多层厂房的剖面形式也相应地有各种形式，如图 15.32

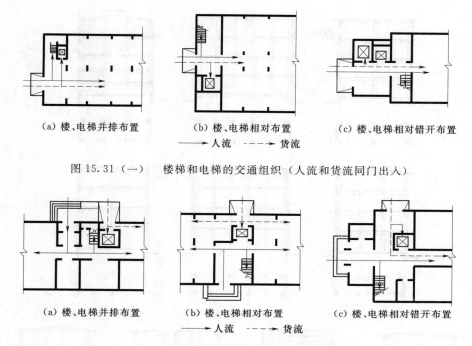

图 15.31（一）　楼梯和电梯的交通组织（人流和货流同门出入）

图 15.31（二）　楼梯和电梯的交通组织（人流和货流异门出入）

所示。

15.3.5.2　层数的确定

多层厂房层数的选择主要取决于生产工艺、城市规划和经济因素 3 个方面，其中生产工艺起着主导作用。

（1）生产工艺的影响。厂房根据生产工艺流程进行竖向布置。在确定各工段的相对位置和面积时，厂房的层数也相应确定了。如服装厂的缝制车间，按其生产工艺流程的要求，一般是顶层布置裁剪工段，中间层布置缝纫工段，低层布置整烫工段。中间层的缝纫工段往往根据生产服装的类型不同或缝纫数量的多少，又可分为一至数个不同类型的缝纫工段，若干个工段占一层楼，则一般缝纫车间层数常为 3～5 层。

（2）城市规划的影响。在城市布置多层厂房时，层数的确定要符合城市规划、城市设计、天际轮廓线以及周围环境、工厂群体组合等的要求。要结合厂址的地质条件、结构形式、施工方法以及抗震、防灾的不同要求来确定。

（3）经济因素的影响。多层厂房的经济问题通常应从设计、结构、材料、施工等多方面进行综合分析，我国多层厂房的层数一般为 2～6 层，也有提高到 6～9 层的。国外多层厂房一般为 4～9 层，也有高达 25 层左右的。

从我国目前情况看，根据资料所绘成的曲线，经济的层数为Ⅲ～Ⅴ层，如图 15.33 所示。

15.3.5.3　层高的确定

（1）层高和生产、运输设备的关系。多层厂房的层高在满足生产工艺要求的同时，还

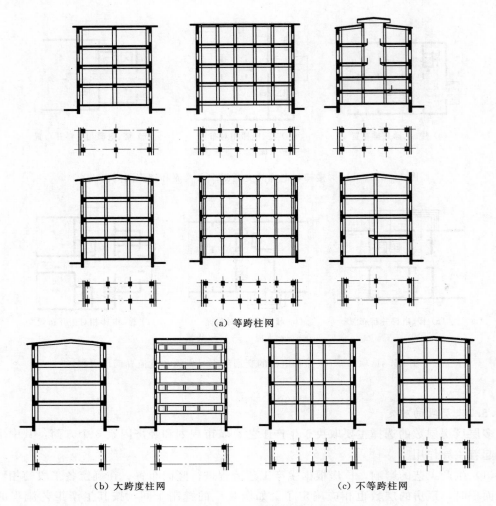

（a）等跨柱网

（b）大跨度柱网　　　　　　　　　　　（c）不等跨柱网

图 15.32　多层厂房剖面形式

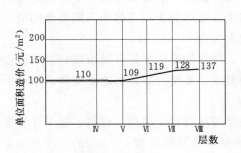

图 15.33　层数与单位面积造价的关系

要考虑用车、传送装置等运输设备对厂房层高的影响。

（2）层高和通风采光的关系。一般采用自然通风的车间，厂房净高应根据《工业企业设计卫生标准》（GBZ 1—2010）规定中所要求的每名工人应占有的容积计算确定。对于散发热量工段，则根据通风计算选择层高。

（3）层高和管道布置的关系。管道布置对层高的影响较大，如图 15.34 所示。图 15.34（a）、（b）中的厂房需要加大底层或顶层的层高，图 15.34（c）中的厂房的层高也应采取相应变化。例如要求恒温恒湿的工段中空调管道断面较大，有的高达 2m 左右，这时管道高度就成为决定层高的主要因素。

322

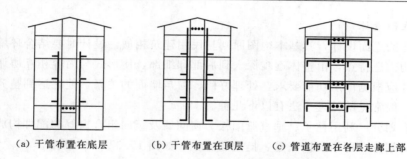

(a) 干管布置在底层　　　(b) 干管布置在顶层　　　(c) 管道布置在各层走廊上部

图 15.34　多层厂房管道布置方案

（4）层高和室内空间比例关系。在满足生产工艺要求与经济合理的前提下，厂房的层高应考虑室内建筑空间的比例关系，使其空间比例协调。

（5）层高与经济的关系。层高与单位面积造价的变化呈正比关系，如图 15.35 所示。从图 15.35 中可看出，层高每增加 0.6m，单位面积造价提高约 8.3%。目前，我国多层厂房常采用的层高有 4.2m、4.5m、4.8m、5.1m、5.4m、6.0m 等。在同一幢厂房内层高尺寸不超过两种为宜（地下层高除外）。

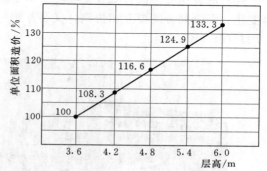

图 15.35　层高与单位面积造价的关系

15.3.6　多层厂房的体型组合与立面设计

多层厂房的体型组合与立面设计应力求使厂房外观形象和生产使用功能、物质技术应用达到有机的统一，给人以简洁、朴实、明快和大方的感觉。

15.3.6.1　体型组合

多层厂房的体型受生产工艺、周围环境的影响。应注意处理好生产、生活与办公、辅助用房等几个部分的组合关系。多层厂房由于生产设备外形不大，生产空间的大小变化不显著，因而其体型比较整齐单一。这样有利于结构的统一和工业化施工，也有利于内部布置及建筑艺术的处理。如图 15.36 所示为多层厂房体型组合的几种方式。

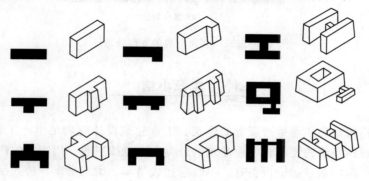

图 15.36　多层厂房体型组合的几种方式

15.3.6.2　立面设计

多层厂房的立面设计，其基本构图原则与民用建筑相似，设计时要结合环境、功能使用要求和结构构造特点，由整体逐步深入到局部和细部，使形式与内容相互协调统一。

立面设计应根据厂房功能要求，处理好门、窗与墙面的关系，使之达到整齐、匀称的艺术效果。一般常见的处理手法有以下几种。

（1）垂直划分。利用柱子、垂直遮阳板、窗间墙及竖向组合窗等构配件构成以垂直线条为主的立面划分，可给人以庄重、挺拔的感觉，如图 15.37（a）所示。

（2）水平划分。利用通长的带形窗、遮阳板以及檐口、勒脚等构件构成以水平线条为主的立面划分，可给人感到简洁明快、平稳舒展的感觉，如图 15.37（b）所示。

（3）混合划分。混合划分是垂直、水平划分的混合形式，这种划分形式使整个建筑更富变化。混合划分既要互相协调，又要互相衬托，从而取得生动、和谐的艺术效果，如图 15.37（c）所示。

（a）垂直划分　　　　　　　　　　（b）水平划分

（c）混合划分

图 15.37　多层厂房的立面处理

本章小结

（1）工业建筑是为工业生产服务的建筑。工业建筑设计应满足生产工艺、建筑技术、卫生、安全及建筑经济的要求。工业建筑的分类方式可按层数、用途、生产状况等划分。

（2）单层厂房的起重运输设备有：单轨悬挂式吊车、梁式吊车、桥式吊车等。

（3）单层厂房主要结构的组成是屋盖、吊车梁、柱、基础、支撑系统与围护结构；单层厂房的结构类型有排架结构、刚架结构、空间结构等形式。

（4）单层厂房平面形式有矩形、T形、L形、H形和山形等。单层厂房柱网的布置应满足《厂房建筑模数协调标准》（GB/T 50006—2010）的有关规定。

（5）多层厂房主要适用于电子、仪表、电器、精密机械、服装、食品、玩具等加工业。它具有节约土地、减少室外道路和管线长度，建筑物围护面积较小和生产设备、生产产品较轻等特点。

（6）多层厂房的平面形式有统间式、内廊式、大跨度式、混合式4种。多层厂房剖面设计的内容主要是确定厂房的层数和层高；多层厂房立面设计包括体型组合、立面设计、入口处理等方面的内容。

复 习 思 考 题

1. 什么叫工业建筑？有哪些特点？
2. 工业建筑有哪些类型？
3. 装配式钢筋混凝土排架结构厂房的主要结构构件有哪些？
4. 什么是柱网？确定柱网的原则是什么？常用的柱距、跨度尺寸有哪些？
5. 与单层厂房相比，多层厂房有何特点？多层厂房的适用范围有哪些？
6. 多层厂房的结构形式有哪几种？多层厂房的平面布置的形式有哪些？
7. 多层厂房的层数、层高与哪些因素有关？

附录Ⅰ　课程设计指导书与任务书

房屋建筑学课程设计是土木工程专业实现培养目标的重要实践性教学环节，是学生对所学的房屋建筑学有关课程学习的内容进行深化、拓展、综合训练的重要阶段。为了使大家进一步明确设计的具体内容及要求，特作如下指导。

Ⅰ.1　课 程 设 计 指 导 书

Ⅰ.1.1　目的与要求

Ⅰ.1.1.1　目的

（1）通过课程设计能达到系统巩固并扩大所学的理论知识与专业知识，使理论联系实际。

（2）在指导教师的指导下能独立解决有关工程的建筑施工图设计问题，并能表现出一定的科学性与创造性，从而提高设计、绘图、综合分析问题与解决问题的能力。

（3）了解在建筑设计中，建筑、结构、水、暖、电各工种之间的责任及协调关系，为走上工作岗位，适应我国安居工程建设的需要，打下良好的基础。

Ⅰ.1.1.2　要求

学生应严格按照指导老师的安排有组织、有秩序地进行本次设计。经过老师讲解辅导、答疑以后，学生自行进行设计。完成主要工作以后，在规定的时间内再进行答疑、审图。之后每位学生将全部设计图纸加上封面装订成册。

Ⅰ.1.2　设计图纸内容及深度

在选定的设计方案基础上，进行建筑施工图设计，完成一定数量的图纸，具体内容如下。

Ⅰ.1.2.1　施工图首页和总平面图

建筑施工图首页一般包括图纸目录、设计总说明、总平面图、门窗表、装修做法表等。

设计总说明主要是对图样上无法表明的和未能详细注写的用料及做法等的内容作具体的文字说明。

总平面图主要是表示出新建房屋的形状，位置，朝向，与原有房屋及周围道路、绿化等地形、地物的关系。可看出与新建房屋室内、底层地坪的设计标高±0.000相当的绝对标高，单位为 m。

Ⅰ.1.2.2　建筑平面图

（1）外部尺寸。如果平面图的上下、左右是对称的，一般外部尺寸标注在平面图的下方及左侧，如果平面图不对称，则四周都要标注尺寸。外部尺寸一般分三道标注：最外面的一道是外包尺寸，表示房屋的总长度和总宽度；中间一道尺寸表示定位轴线间的距离；最里面一道尺寸，表示门窗洞口、门或窗间墙、墙端等细部尺寸。底层平面图还应标注室外台阶、花台、散水等尺寸。

（2）内部尺寸，包括房间内的净尺寸、门窗洞、墙厚、柱、砖垛和固定设备（如厕所、盥洗、工作台、搁板等）的大小、位置及墙、柱与轴线的平面位置尺寸关系等。

（3）纵、横定位轴线编号及门窗编号。门窗在平面图中，只能反映出它们的位置、数量和洞口宽度尺寸，窗的开启形式和构造等情况是无法表达的。每个工程的门窗规格、型号、数量都应有门窗表说明，门代号用 M 表示，窗代号用 C 表示，并加注编号以便区分。

（4）标注房屋各组成部分的标高情况。如室内外地面、楼面、楼梯平台面、室外台阶面、阳台面等处都应当分别注明标高。对于楼地面有坡度时，通常用箭头加注坡度符号表明。

（5）从平面图中可以看出楼梯的位置、楼梯间的尺寸、起步方向、楼梯段宽度、平台宽度、栏杆位置、踏步级数、楼梯走向等内容。

（6）在底层平面图中，通常将建筑剖面图的剖切位置用剖切符号表达出来。

（7）建筑平面图的下方标注图名及比例，底层平面图应附有指北针表明建筑的朝向。

（8）建筑平面中应表示出各种设备的位置、尺寸、规格、型号等，它与专业设备施工图相配合，供施工等用，有的局部详细构造做法用详图索引符号表示。

Ⅰ.1.2.3 屋顶平面图

屋顶平面图中应表明屋面排水分区、排水方向、坡度、檐沟、泛水、雨水口、女儿墙等的位置。

Ⅰ.1.2.4 建筑立面图

建筑立面图应反映出房屋的外貌和高度方向的尺寸。

（1）立面图上的门窗可在同一类型的门窗中较详细地各画出一个作为代表，其余用简单的图例表示。

（2）立面图中应有三种不同的线型：整幢房屋的外形轮廓或较大的转折轮廓用粗实线表示；墙上较小的凹凸（如门窗洞口、窗台等）以及勒脚、台阶、花池、阳台等轮廓用中粗实线表示；门窗分格线、开启方向线、墙面装饰线等用细实（虚）线表示。室外地坪线可用比粗实线稍粗一些的实线表示，尺寸线与数字均用细实线表示。

（3）立面图中外墙面的装饰做法应有引出线引出，并用文字简单说明。

（4）立面图在下方中间位置标注图名及比例。左右两端外墙均用定位轴线及编号表示，以便与平面图相对应。

（5）立面图中应标明房屋上面各部分的尺寸情况（如雨篷、檐口挑出部分的宽度。勒脚的高度等局部小尺寸）；注写室外地坪、出入口地面、勒脚、窗台、门窗顶及檐口等处的标高。数字写在横线上的是标注构造部位顶面标高，数字写在横线下的是标注构造部位底面标高（如果两标高符号距离较小，也可不受此限制）。标高符号位置要整齐，三角形大小应该标准、一致。

（6）立面图中有的部位要画详图索引符号，表示局部构造另有详图表示。

Ⅰ.1.2.5 建筑剖面图

要求用两个横剖面图或一个阶梯剖面图来表示房屋内部的结构形式、分层及高度、构造做法等情况。

（1）外部尺寸有三道：第一道是窗（或门）、窗间墙、窗台、室内、外高差等尺寸；第二道尺寸是各层的层高；第三道是总高度。承重墙要画定位轴线，并标注定位轴线的间距尺寸。

（2）内部尺寸有两种：地坪、楼面、楼梯平台等标高；所能剖到部分的构造尺寸。必要时要注写地面、楼面及屋面等的构造层次及做法。

（3）剖面图表达清楚房屋内的墙面、顶棚、楼地面的面层，如踢脚线、墙裙的装饰和设备的配置情况。

（4）剖面图的图名应与底层平面图上剖切符号的编号一致，和平面图相配合。

（5）剖面图应看清房屋的入口、屋顶、天棚、楼地面、墙、柱、池、坑、楼梯、门、窗各部分的位置、组成、构成、用料等情况。

Ⅰ.1.2.6 外墙身详图

外墙身详图实际上是建筑剖面图的局部放大图，用较大的比例（如1∶20）画出。可只画底层、顶层或加一个中间层来表示。画图时，往往在窗洞中间处断开，成为几个节点详图的组合。详图的线型要求与剖面图一样。在详图中，对屋面、楼面和地面的构造，应采用多层构造说明方法表示。

（1）在勒脚部分，表示出房屋外墙的防潮、防水和排水的做法。

（2）在楼板与墙身连接部分，应标明各层楼板（或梁）的搁置方向与墙身的关系。

（3）在檐口部分，表示出屋顶的承重层、女儿墙、防水及排水的构造。

此外，应表示出窗台、过梁（或圈梁）的构造情况。一般应注出各部位的标高、高度方向和墙身细部的大小尺寸。图中标高注写有两个或几个数字时，有括号的数字表示相邻上一层的标高。同时注意用图例和文字说明表达墙身内外表面装修的截面形式、厚度及所用的材料等。

Ⅰ.1.2.7 楼梯详图

应尽可能将楼梯平面图、剖面图及踏步，栏杆等详图画在同一张图纸内，平、剖面图比例要一致，详图比例要大些。

（1）楼梯平面图要画出房屋底层、中间层和顶层三个平面图。标明楼梯间在建筑中的平面位置及有关定位轴线的布置；标明楼梯间、楼梯段、楼梯井和休息平台面形式、尺寸，踏步的宽度和踏步数，标明楼梯走向；标明各层楼地面的休息平台面的标高；在底层楼梯平面图中注出楼梯垂直剖面图的剖切位置及剖视方向等。

（2）楼梯剖面图若能在建筑剖面图中表达清楚，则不必再绘。

（3）楼梯节点详图包括踏步和栏杆的大样图，应表明其尺寸、用料、连接构造等。

Ⅰ.1.2.8 其他设备详图

其他设备详图可视具体要求绘出。

Ⅰ.1.3 设计方法和步骤

Ⅰ.1.3.1 方案图设计阶段

(1) 分析研究设计任务书，明确设计的目的和要求，根据所给条件，算出各类房间所需数目及面积。

(2) 学习设计基础知识和任务书上所提供参考资料，参观已建成的同类建筑，扩大眼界，广开思路。

(3) 在学习参观的基础上，对设计要求、具体条件及环境进行功能分析，从功能角度找出各部分、各房间的相互关系及位置。

(4) 进行块体设计，即将各类房间所占面积粗略地估计平面和空间尺寸，用徒手单线画出初步方案的块体示意（比例为 1：100 或 1：200）。

(5) 在块体设计基础上，划分房间，进一步调整各类房间和细部之间的关系，深入发展成为定稿方案草图，比例为 1：100 或 1：200。

Ⅰ.1.3.2 施工图设计阶段

(1) 修改、完善方案图。

(2) 确定门窗大小、规格和形状。

(3) 结合立面及室内空间设计，进行划分墙段和标注尺寸。

(4) 绘出节点详图内容，并在所需相应位置标出详图索引号。

(5) 进行屋面排水设计，确定排水方式，落水管的规格及尺寸并画出檐口大样。

(6) 列出门窗统计表和主要经济技术指标。

Ⅰ.1.4 几项具体意见

(1) 图纸一律用仪器或电脑绘制，2 号图纸不少于 6～8 张，3 号图纸不少于 3～5 张，均要求做成文本，标题栏格式统一规定见附表 Ⅰ.1。

附表 Ⅰ.1　　　　　　　　　　　　标　题　栏

学　校　名　称		项目名称	××××住宅楼工程	
设计			图别	建施
制图	图　名		图号	
指导教师			比例	
成绩			日期	

(2) 门窗统计表格式见附表 Ⅰ.2。

附表 Ⅰ.2　　　　　　　　　　　　门　窗　统　计　表

类别	代号	标准图代号	洞口尺寸/mm		数量（樘）		备注
			宽	高	一层数量	合计	
门							
窗							

(3) 装修部分除用文字说明外，亦可采用表格形式，填写相应的做法或代号，见附表 Ⅰ.3。

附表Ⅰ.3　　　　　　　　　装 修 统 计 表

类别	装修构造简图及作法	部　　位			
		起居室	卧室	厨房	卫生间
墙面					
地面					
楼面					
屋面					
顶棚					
墙裙					

　　（4）要进行合理的图面布置（包括图样、图名、尺寸、文字说明及技术经济指标），并做到主次分明，排列均匀紧凑，线型分明，表达清晰，投影关系正确，符合制图标准。

　　（5）绘图顺序，一般是先平面，然后剖面、立面和详图；手工仪器绘图时，先用硬铅笔打底稿，再加深或上墨；同一方向或同一线型的线条相继绘出，先画水平线（从上到下），后画铅直线或斜线（从左到右）；先画图，后注写尺寸和说明。一律采用工程字体书写，以增强图面效果。

Ⅰ.1.5　设计图纸评分标准

　　设计图纸评分标准共分为五级。

　　（1）优。按要求完成全部内容，建筑构造合理，投影关系正确，图面工整，符合制图标准，整套图纸无错误。

　　（2）良。根据上述标准有一般性小错误，图面基本工整，小错误在 5 个以内。

　　（3）中。根据上述标准，没有大错误，小错误累计在 8 个以内，图面表现一般。

　　（4）及格。根据上述标准，一般性错误累计在 9 个以上，或有一个原则性大错误，图面表现较差。

　　（5）不及格。有两个以上原则性大错误，如：①定位轴线不对；②剖面形式及空间关系处理不对；③结构支承搭接关系不对；④建筑构造处理不合理；⑤图纸内容不齐全；⑥平立剖面及详图协调不起来；⑦重要部位投影错误。

Ⅰ.1.6　使用说明

　　建议课程设计工作量的多少由教师视学生专业水平而定，附录中课程设计任务书仅供参考。

　　（1）在教学条件受专业资料等多种因素所限的情况下，可以先给学生已有的 4 张施工图，让学生将已有的 4 张施工图抄绘一遍，同时要求完成任务书上所规定的工作量，即：①设计说明、门窗表、图纸目录；②标准层平面图；③正立面图；④墙身节点详图；⑤楼梯详图；⑥厨、卫详图等。最后给抄绘的施工图加上规定的统一封面，再装订成册，也可以达到所要求的教学效果。

　　（2）也可由教师给定其他方案或学生选定方案后，再进行施工图设计。

Ⅰ.2　课 程 设 计 任 务 书

　　本课程的课程设计可结合各地教学的实际，从以下题目中任选，或自行编制。

Ⅰ.2.1　课程设计任务书（一）

Ⅰ.2.1.1　设计题目

单元式多层住宅设计。

Ⅰ.2.1.2　目的要求

通过建筑设计理论课的学习，对本地区或附近地区精品住宅小区的参观，进行一次建筑方案设计，使学生初步了解一般民用建筑设计原理和方法，初步掌握建筑设计的基本方法与步骤，进一步训练和提高绘图技巧。

Ⅰ.2.1.3　设计条件

（1）本设计为城市型住宅，位于城市居住小区或工矿住宅内，为单元式多层住宅。

（2）面积指标：平均每套建筑面积为 80~120m²。

（3）套型及套型比自行选定。

（4）层数：六~七层。

（5）抗震设防烈度及耐火等级：8 度、二级；屋面防水等级：Ⅱ~Ⅲ 级。

（6）结构类型：自定（砖混或框架）。

（7）单元组合数：2~3 个。

（8）房间组成及要求（功能空间低限面积标准）如下：起居室 18~25m²（含衣柜面积）；主卧室 12~16m²；双人次卧室 12~14m²；单人次卧室 8~10m²；餐厅不小于 8m²；厨房不小于 6m²，包括灶台、调理台、洗涤台、搁置台、上柜、下柜、抽油烟机等；卫生间 4~6m²（双卫可适当增加），包括浴盆、淋浴器、洗脸盆、坐便器、镜箱、洗衣机位、排风道、机械排气等；门厅 2~3m²；贮藏室 2~4m²（吊柜不计入）；工作室 6~8m²。

Ⅰ.2.1.4　设计内容及深度

本设计因时间有限，缺乏工种配合，故要求局部做到建筑施工图的深度。

（1）总平面图：比例为 1:500。

（2）建筑平面图：包括底层平面、标准层平面图及屋顶平面图，比例为 1:100 或 1:200。

（3）建筑立面图：包括正立面、背立面及侧立面图，比例为 1:100 或 1:200。

（4）建筑剖面图：1~2 个，其中 1 个必须剖到楼梯间，比例为 1:50 或 1:100。

（5）建筑详图：表示局部构造的详图，如楼梯详图、外墙身详图、屋顶详图等。比例自定。屋顶的大样应选择与排水、防水、隔热构造有关的主要构造节点。绘制 2~3 个大样，比例为 1:10、1:5、1:2。

（6）简要设计说明、图纸目录、门窗表、装修表等。

（7）技术经济指标。

$$使用面积系数＝（总套内使用面积/总建筑面积）×100\%$$

$$公用使用面积系数＝（套外公共使用面积/建筑面积）×100\%$$

$$平均每套建筑面积＝总建筑面积/总套数$$

Ⅰ.2.2　课程设计任务书（二）

Ⅰ.2.2.1　设计题目

中小学教学楼设计。

I.2.2.2　目的要求

通过理论教学、参观和设计实践，使学生对建筑设计的步骤和方法有一定的认识，了解并掌握建筑设计的一般原则，基本掌握单一空间设计的基本原理和方法，以及空间组合的基本原则；在立面及体型设计中，能应用所学的建筑构图美学规律进行设计。

I.2.2.3　设计条件

(1) 建设地点：本建筑位于中小城市或工矿区新建的住宅区内，地段可参照附图 I.1，亦可自己另选地段。

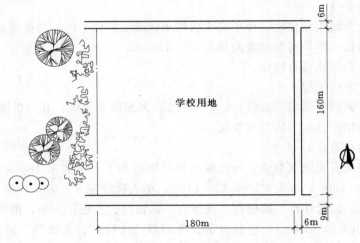

附图 I.1　学校地形图

(2) 抗震设防烈度及耐火等级：8 度、二级。

(3) 结构类型：框架结构为主。

(4) 建筑层数：四～五层为主。总建筑面积在 3000m² 左右。

(5) 房间名称及使用面积指标见附表 I.4。

(6) 总平面布置。

1) 教学楼。

2) 运动场：设 250m 环行跑道（附 100m 直跑道），田径场 1 个，篮球场 2 个，排球场 2 个，羽毛球场 1 个。

3) 通道及绿化。

I.2.2.4　设计内容及深度

本设计因时间有限，缺乏工种配合，故要求局部做到建筑施工图的深度。

(1) 总平面图：比例为 1∶500。

(2) 建筑平面图：包括各层平面图，比例为 1∶150 或 1∶200。

(3) 建筑立面图：包括正立面、背立面及侧立面图，比例为 1∶150 或 1∶200。

(4) 建筑剖面图：1～2 个，其中 1 个必须剖到楼梯间，比例为 1∶50 或 1∶100。

(5) 屋顶构造详图：本设计均做平屋顶，防水采用柔性或刚性防水屋面，排水方案为有组织排水，屋顶作隔热处理。屋顶的大样应选择与排水、防水、隔热构造有关的主要构造节点。绘制 2～3 个大样，比例为 1∶10、1∶5。

附表Ⅰ.4 房间名称及使用面积

类 别	房间名称	间数	每间使用面积/m²	备 注
教学用房	普通教室	18	53～57	普通教室每班定员50人；语言教室附加控制室40～45m²；美术室附加教具室40～45m²；教师休息室可每层或隔层设
	实验室	3～4	85～90	
	仪器准备室	3～4	40～46	
	音乐教室	1	70～75	
	乐器室	1	15～20	
	语言教室	1	85～90	
	电脑教室	2～4	85～90	
	美术教室	1	85～90	
	教师休息室	2～4	16～20	
行政用房	教学办公室	15	13～20	传达、值班可设在楼外
	党政办公室	8	13～20	
	社团办公室	23	13～20	
	传达、值班室	2	10～20	
生活、辅助用房	教职工宿舍			在总平面中应布置运动场、宿舍、食堂及室外厕所等
	教职工食堂			
	厕所			

（6）设计说明。

1）所设计的建筑物的性质、用途及设计意图和依据。

2）技术经济指标：建筑面积、使用面积、K 值（使用面积系数）。

3）装修标准：墙面、楼地面、屋面、楼梯、门窗、顶棚等所用材料、色彩和做法。

Ⅰ.2.3　课程设计任务书（三）

Ⅰ.2.3.1　设计题目

高校图书馆设计。

Ⅰ.2.3.2　目的要求

通过图书馆课程设计，初步掌握处理功能较复杂、造型艺术要求较高并且带有一定技术含量的大型公共建筑的设计方法。训练和培养建筑构思和空间组合的能力，处理好复杂功能建筑室内与室外以及建筑造型之间的关系。

Ⅰ.2.3.3　设计条件

（1）建设地点：某高校校园内。

（2）设计规模：总建筑面积约为18000m²。

（3）建筑层数：不超过六层，层高为4200mm。

（4）功能组成及面积定额：按照《图书馆建筑设计规范》（JGJ 38—2015）中高等学校图书馆建筑设计要求确定。

Ⅰ.2.3.4　设计内容及深度

本设计因时间有限，缺乏工种配合，故要求局部做到建筑施工图的深度。

（1）总平面图：比例为1∶500。

（2）建筑平面图：包括各层平面图，比例为1∶200或1∶300。

（3）建筑立面图：包括正立面、背立面及侧立面图，比例为1∶200或1∶300。

（4）建筑剖面图：1～2个，其中1个必须剖到楼梯间，比例为1∶100或1∶200。

（5）室内地坪、楼地面、屋顶构造及细部构造图。绘制2～3个大样，比例为1∶10。

（6）技术经济指标：总用地面积、总建筑面积、容积率等。

附录Ⅱ 某公司宿舍楼建筑施工图

某公司宿舍楼建筑施工图包括如下部分。

（1）某公司宿舍楼建筑施工图图纸目录，见附图Ⅱ.0。

（2）某公司宿舍楼建筑施工图设计说明，见附图Ⅱ.1、Ⅱ.2。

（3）某公司宿舍楼建筑节能设计说明、广西居住建筑节能设计一览表，见附图Ⅱ.3。

（4）某公司宿舍楼外围护结构构造及热工性能参数表、外窗热工性能参数表，见附图Ⅱ.4。

（5）某公司宿舍楼建筑总平定位图，见附图Ⅱ.5。

（6）某公司宿舍楼一层平面图，见附图Ⅱ.6。

（7）某公司宿舍楼二～六层平面图，见附图Ⅱ.7。

（8）某公司宿舍楼屋面平面图，见附图Ⅱ.8。

（9）某公司宿舍楼①轴～⑨轴立面图，见附图Ⅱ.9。

（10）某公司宿舍楼⑨轴～①轴立面图，见附图Ⅱ.10。

（11）某公司宿舍楼⑥轴～Ⓐ轴立面图，见附图Ⅱ.11。

（12）某公司宿舍楼1—1剖面图，见附图Ⅱ.12。

（13）某公司宿舍楼楼梯大样图，见附图Ⅱ.13。

（14）某公司宿舍楼节点大样图，见附图Ⅱ.14、Ⅱ.15。

（15）某公司宿舍楼门窗大样图，见附图Ⅱ.16。

附图Ⅱ.0～附图Ⅱ.16详见书后插页。

参 考 文 献

[1] 付云松，李晓玲. 房屋建筑学 [M]. 北京：中国水利水电出版社，2009.

[2] 郝峻弘. 房屋建筑学 [M]. 2 版. 北京：清华大学出版社，2015.

[3] 叶雁冰，刘克难. 房屋建筑学 [M]. 北京：机械工业出版社，2014.

[4] 齐秀梅，乔景顺，陈卫东. 房屋建筑学 [M]. 2 版. 北京：北京理工大学出版社，2013.

[5] 崔艳秋，吕树俭. 房屋建筑学 [M]. 3 版. 北京：中国电力出版社，2015.

[6] 王海军，魏华. 房屋建筑学 [M]. 北京：高等教育出版社，2015.

[7] 宿晓萍，隋艳娥. 房屋建筑学 [M]. 北京：北京大学出版社，2013.

[8] 颜志敏. 房屋建筑学 [M]. 哈尔滨：哈尔滨工业大学出版社，2013.

[9] 杨振. 房屋建筑学 [M]. 北京：中国质检出版社，2014.

[10] 武六元，杜高潮，张阳. 房屋建筑学 [M]. 2 版. 北京：中国建筑工业出版社，2013.

[11] 陆可人，欧晓星，刁文怡. 房屋建筑学 [M]. 3 版. 南京：东南大学出版社，2015.

[12] 潘睿. 房屋建筑学 [M]. 3 版. 武汉：华中科技大学出版社，2014.

[13] 张庆芳. 房屋建筑学 [M]. 北京：化学工业出版社，2016.

[14] 黄云峰，刘惠芳，王强. 房屋建筑学 [M]. 武汉：武汉大学出版社，2013.

[15] 何栋梁，曹伟军，王会勤. 房屋建筑学 [M]. 西安：西北工业大学出版社，2016.

[16] 尚晓峰. 房屋建筑学 [M]. 武汉：武汉大学出版社，2013.

[17] 龚静，谭富微. 房屋建筑学 [M]. 北京：中国水利水电出版社，2012.

[18] 罗亿. 建筑幕墙设计与施工 [M]. 2 版. 北京：化学工业出版社，2012.

[19] 王学勇，闫恩城. 建筑构造 [M]. 北京：中国水利水电出版社，2014.

[20] 张文忠. 公共建筑设计原理 [M]. 4 版. 北京：中国建筑工业出版社，2008.

[21] 彭一刚. 建筑空间组合论 [M]. 3 版. 北京：中国建筑工业出版社，2008.

[22] 朱昌廉. 住宅建筑设计原理 [M]. 3 版. 北京：中国建筑工业出版社，2011.

[23] 张丽丽，孙三民. 建筑节能 [M]. 上海：上海交通大学出版社，2016.

[24] 王学谦. 建筑防火设计手册 [M]. 3 版. 北京：中国建筑工业出版社，2015.

[25] 赵志文. 建筑装饰构造 [M]. 2 版. 北京：北京大学出版社，2016.

[26] 张格梁. 建筑防火设计技术指南 [M]. 北京：中国建筑工业出版社，2015.

[27] 王宣，王旭光. 建筑装饰构造 [M]. 2 版. 北京：化学工业出版社，2012.

[28] 樊振和. 建筑构造原理与设计 [M]. 4 版. 天津：天津大学出版社，2011.

[29] 王立雄，党睿. 建筑节能 [M]. 3 版. 北京：中国建筑工业出版社，2015.

[30] 王波，孙文迁. 建筑节能门窗设计与制作 [M]. 北京：中国电力出版社，2016.

[31] 安巧霞. 房屋建筑学习题集及实训指导书 [M]. 北京：中国水利水电出版社，2011.

[32] 王钟箐. 房屋建筑学课程设计指导 [M]. 北京：北京理工大学出版社，2016.

[33] 陈蕾，华昕若. 房屋建筑学课程设计 [M]. 北京：中国建筑工业出版社，2015.

[34] 中华人民共和国住房和城乡建设部. 建筑设计防火规范：GB 50016—2014（2018 年版）[S]. 北京：中国建筑工业出版社，2018.

[35] 中华人民共和国住房和城乡建设部. 住宅设计规范：GB 50096—2011 [S]. 北京：中国建筑工业出版社，2011.

[36] 中华人民共和国住房和城乡建设部. 民用建筑设计统一标准：GB 50352—2019 [S]. 北京：中国

建筑工业出版社，2019.

［37］ 中华人民共和国住房和城乡建设部. 中小学校设计规范：GB 50099—2011［S］. 北京：中国建筑工业出版社，2012.

［38］ 中华人民共和国住房和城乡建设部. 图书馆建筑设计规范：JGJ 38—2015［S］. 北京：中国建筑工业出版社，2015.

［39］ 中华人民共和国住房和城乡建设部. 房屋建筑制图统一标准：GB/T 50001—2017［S］. 北京：中国建筑工业出版社，2017.

［40］ 中华人民共和国住房和城乡建设部. 严寒和寒冷地区居住建筑节能设计标准：JGJ 26—2019［S］. 北京：中国建筑工业出版社，2019.

［41］ 中华人民共和国住房和城乡建设部. 民用建筑热工设计规范：GB 50176—2016［S］. 北京：中国建筑工业出版社，2016.

［42］ 中华人民共和国住房和城乡建设部. 公共建筑节能设计标准：PGB 50189—2015［S］. 北京：中国建筑工业出版社，2015.

［43］ 中华人民共和国住房和城乡建设部. 屋面工程技术规范：GB 50345—2012［S］. 北京：中国建筑工业出版社，2012.

［44］ 国家人民防空办公室. 地下工程防水技术规范：GB 50108—2008［S］. 北京：中国计划出版社，2008.

［45］ 付瑶. 图书馆建筑设计［M］. 北京：中国建筑工业出版社，2007.

［46］ 鲍家声. 现代图书馆建筑设计［M］. 北京：中国建筑工业出版社，2002.

［47］ 朱炳寅，娄宇，杨琦. 建筑地基基础设计方法及实例分析［M］. 2版. 北京：中国建筑工业出版社，2013.

图 纸 目 录

广西××建筑设计有限公司			单位资质		
			设计号	××××	日期 2017.03
建设单位	广西××建设有限责任公司		设计阶段 施工图		图号 建筑-00
项目名称	××公司宿舍楼		专业 建筑	第1页共1页	
序号	图号 (通知单编号)	图 名	图幅	备注/修改说明	
1	建施-00	建筑施工图图纸目录	A3		
2	建施-01	建筑施工图设计说明（一）	A3		
3	建施-02	建筑施工图设计说明（二）、室内装修做法表	A3		
4	建施-03	建筑节能设计说明、广西居住建筑节能设计一览表	A3		
5	建施-04	外围护结构构造及热工性能参数、外窗热工性能参数表	A3		
6	建施-05	建筑总平定位图	A2		
7	建施-06	一层平面图	A3		
8	建施-07	二～六层平面图	A2		
9	建施-08	屋面平面图	A2		
10	建施-09	①轴～⑨轴立面图	A3		
11	建施-10	⑨轴～①轴立面图	A3		
12	建施-11	⑥轴～Ⓐ轴立面图	A3		
13	建施-12	1—1剖面图	A3		
14	建施-13	楼梯大样图	A3		
15	建施-14	节点大样图（一）	A3		
16	建施-15	节点大样图（二）	A3		
17	建施-16	门窗大样图	A3		

项目负责： 审核： 校对： 设计：

附图Ⅱ.0 建筑施工图图纸目录